低碳阴谋

LOW-CARBON PLOT

中国与欧美的生死之战

勾红洋◎著

山西出版集团
山西经济出版社

图书在版编目(CIP)数据

低碳阴谋:中国与欧美的生死之战 / 勾红洋著.—太原:山西经济出版社,2010.4

ISBN 978-7-80767-289-0

Ⅰ.①低… Ⅱ.①勾… Ⅲ.①二氧化碳–减量–排气–研究②国际经济关系–研究③国际政治–研究Ⅳ.①X511②F114③D5

中国版本图书馆 CIP 数据核字(2010)第 057627 号

低碳阴谋

作　者:	勾红洋
选题策划:	赵建廷　张宝东
责任编辑:	刘晓宇
特约策划:	俞根勇
特约监制:	刘杰辉　俞根勇
特约编辑:	叶　青
装帧设计:	荆棘设计
出 版 者:	山西出版集团·山西经济出版社
地　　址:	太原市建设南路 21 号
邮　　编:	030012
经 销 者:	新华书店
承 印 者:	三河市汇鑫印务有限公司
开　　本:	760mm×1050mm　1/16
印　　张:	17
字　　数:	200 千字
版　　次:	2010 年 5 月第 1 版
印　　次:	2010 年 5 月第 1 次印刷
书　　号:	ISBN 978-7-80767-289-0
定　　价:	32.00 元

目 录 | CONTENTS

第八章 碳国策，从低碳走向未来

藏身"碳"背后的惊世谎言

一、哥本哈根的冬天有点冷

一切都在意料之中，由于各方分歧巨大，哥本哈根气候变化大会并没有达成有法律约束力的协议。

哥本哈根气候大会被称为"拯救人类的最后一次机会"，如果人类再不限制二氧化碳的排放，"离地球毁灭只有6度"这样的说法，在各种媒体中并不鲜见，哥本哈根气候大会无果而终，让很多人深感失望和愤怒。

我们通过报纸、电视、网络经常听到一些可怕的预言，随着温室气体的不断增加，全球气温不断升高，生物大量灭绝、阿拉斯加的冻土层融化、太平洋岛国鲁瓦图即将没入海中、内蒙古的沙漠范围不断扩大及秘鲁的冰河日渐消融……

但现实却与人们的担心背道而驰。哥本哈根寒冷的天气反而给与会者留下了深刻的印象。

会议开始几天还只是寒风凛冽，而后几天基本上是大雪纷飞，地面上的积雪达10厘米厚。哥本哈根大会还在进行时，德国大部分地区就已持续降雪，气温一直都在零下 10℃ 左右。巴伐利亚州冯腾湖甚至降到零下 33.6℃，创下欧洲有纪录以来的最低值。4 列穿梭于伦敦与巴黎之间的欧洲之星城际列车同时被困海底隧道，这是海底隧道运营 15 年来首次发生此类事故，而德国有些城际快车的门都打不开，被冻上了。

欧洲如此，遥远的亚洲亦是寒潮大举入侵的景象。

2009 年 12 月末，一股冷空气侵入中国。一夜之间，新疆北部阿尔泰等地区，气温暴跌，超过零下 30℃。北京在 2010 年的前几天最低气温也达零下 16℃，逼近 40 年来北京历史同期的最低值。

寒冷的冬天似乎在和"气候变暖"的各种理论开玩笑，如果按环保人士所说的全球变暖一直呈加速态势，为什么又会出现这样极端寒冷的天气呢？当气候变暖受到质疑时，环保人士似乎又在转向，这仍是温室效应导致的，温室效应成为一个大筐，不管什么坏事都往里装。

与哥本哈根寒冷的天气相反，谈判大会上的气氛却异常地火热。美国、欧盟及广大发展中国家围绕着二氧化碳减排进行着非常激烈的争吵。

哥本哈根气候大会吸引了 5000 多名记者、110 多位国家或者政府首脑等共计 15000 名与会者，是历来最大规模的气候谈判大会，他们为参与本次会议而进行的旅行、工作和活动制造了多达 46200 吨的二氧化碳。这个庞大的数字相当于 50 万埃塞俄比亚人的年排放量，能填满将近 1 万个奥林匹克游泳池。号称要减少二氧化碳气体排放的大会，却在大量制造二氧化碳气体，不是使原本"脆弱"的环境雪上加霜么？

气候谈判大会是真心在为人类谋福祉吗？一项事关"人类未来"的会议为什么会变成一场吵架大会？

气候真在一天天变暖吗？二氧化碳真是背后的黑手吗？按严格的减排目标，发展中国家不是连烧煤及用石油的权力都没有了么？

这背后隐藏着什么呢？

二、太阳能发电，穷人的奢侈品

太阳能能做什么，风能能做什么？

听到这个问题可能大家会疑惑，怎么会有这样奇怪的问题。由于长期宣传所形成的思维定式，人们的思维会立即发生转向，不会再关心问题本身，而会想到太阳能是最清洁的能源，可持续再生，不像煤一样挖完了就没有了，它代表能源革命的方向，太阳能被视为令人瞩目的朝阳产业，将来有一天说不定可能会全部替代传统水力或火力发电。

这是一个多么美妙的想象，没有污染，到处一片青山绿水，人们不再担心矿难，不再担心大片的森林被砍伐，不再担心海平面上升使一些小岛国面临灭顶之灾，似乎只要人类一采用清洁能源，所有问题都迎刃而解，但结果真是这样吗？

有一个现实的问题摆在人们的眼前，太阳能、风能能单独驱动大型机械设备吗？能给大型工厂提供充足的电力吗？能牵引火车在铁轨上飞奔吗？

显然，答案是否定的。

太阳能和风能一样，很不稳定，阴天或雨天太阳能发电会受到极大的影响。我们会看到发电的风车会长时间停在那里不动，因为风是捉摸不定的，时不时也会发些小脾气。

在目前的技术条件下，大规模电能的存储仍然十分困难，只有将电能转化为化学能，在需要时再转化为电能才可行。但这个转化效率不高，仍需要继续摸索。

一个明显的结论是：传统能源仍不能被替代，风能、太阳能等新兴能源在较长时间内都只能作为能源的补充，这些新兴能源在现代化大工业中要堪其大任，还有很长一段路要走。

但在非洲及众多不发达国家，却经常看到一些绿色环保组织四处宣传各种环保理念，开展各种培训和讲座，教当地人如何使用电，给人们灌输如何培养环保意识，如何与高污染作斗争，避免使用石油，避免使用煤炭，最好使用太阳能、使用风能。

这些太阳能和风能的发电设备从哪里来呢？答案是欧洲。核能的主要技术掌握在法国人手里，风能、太阳能等核心技术也掌握在欧美等发达国家手中。

2009 年 5 月，非盟基础设施与能源专员在接受路透社采访时称：电力对工业、农业等各行各业都至关重要，但非洲却只有 30% 的人口能用上电。

非洲有储量丰富的煤炭、石油等资源，但在环保人士眼里，这些都不能采掘，只能用清洁能源，只能等着太阳能、风能等新兴能源技术不断成熟，这样他们才有可能获得持续发展的机会。

为了环保，不破坏大自然，非洲众多国家必须从欧洲购买昂贵的风力、太阳能发电设备，但这同时也花掉他们辛辛苦苦赚来的外汇，反而使自己失去了更多的发展机会。

可以打个比方，传统能源仍是穷人们的主食，风能、太阳能等偶尔打打牙祭，还是比较理想的。如果要穷人省吃俭用，只能享受太阳能、风能等美食大餐，估计很快就饿死了。

目前光伏太阳能电板的转换率约在 15%～20% 左右，而硅材料转化率的极限是 29%，这导致了太阳能发电成本居高不下。在没有政府补贴的情况下，和传统煤炭、水力发电相比，使用太阳能和风能没有任何优势。

反观欧洲，虽然风能、太阳能等已经大规模地发展起来，但他们仍在大规模地使用煤炭、水力等传统能源，太阳能成为装点富人门面的最佳道具。

太阳能真清洁吗？经调查发现，太阳能发电所需要的初硅提纯是一个高耗能、重污染的行业，它的生产基地在哪里呢？中国。

中国已经成为世界最大的光伏产业市场。太阳能最重要的原料——多晶硅的生产效率目前较为低下，伴随着巨大的污染。国内部分企业进行多晶硅制造时应用的大多是一些陈旧的技术，除了十分耗电外，每提纯一吨多晶硅就会有八吨以上的四氯化硅副产品产出，以及三氯氢硅、氯气等废液废气排出。中国太阳能产业的繁荣，以牺牲脆弱偏远地区的环境为代价，为了招商引资，为了税收，很多环保评审的程序都未进行严格的监控。

中国太阳能市场"两头在外"，即核心技术、重要原料、销售市场均在国外，中国只是一个简单的加工厂，将便利输送到了国外，自己却变得满身灰浊。

三、戈尔家里令人"难以忽视的真相"

环保最初被提出时，可能仅是出于单纯的意愿，希望通过减少环境污染，来降低人们对资源的过度依赖，使人类真正走上可持续发展的道路。

但环保发展至今，已成为政治、经济的一个手段，脱离了原本的轨迹，变成了一场闹剧，一个超级的秀场。政治家、民间组织、研究机构、学者、房产商、银行家轮番粉墨登场，急于发出自己的声音，事事都和环保、节能挂钩，在环保的大旗下，一切都得靠边站，凡是有任何反对的声音，顷刻间都可能被道德的口水淹没。

一个事实不容忽视：如果实施严格的环境保护措施，制定过高的环保标准，将意味着很多工厂会被关闭、叫停，将导致更多的人失去工作机会，收入下降，人们陷入贫困，引发更多的社会动荡和灾难。

因此，我们看到最多的是西方发达国家的绅士淑女们，以一副高高在上的姿态，对发展中国家发号施令，打着各种为发展中国家争取利益的口号，但这并不能掩盖他们的傲慢和偏见。

美国前副总统戈尔拍了一部名为《难以忽视的真相》的环保纪录片，这部影片让戈尔获得了2007年奥斯卡最佳纪录片奖。这部以环境保护为主题的影片呼吁人们减少二氧化碳的排放量，以保护脆弱的地球。

但是在戈尔家中也有一个"难以忽视的真相"。在戈尔赢得了一座奥斯卡小金人后的第二天，他老家一个名为田纳西政策研究中心的组织就披露了一个让他尴尬的事实。戈尔家两年中的用电量从平均每月1.62万千瓦时增加到了

1.84 万千瓦时。这个数字大约是普通美国家庭的 15～20 倍，普通中国家庭的 100 倍。

此外，他每个月花在天然气消费上的钱超过了 1000 美元。这样算下来，戈尔每个月仅在电费和天然气上的开支就接近 3 万美元。

反观发展中国家及不发达国家，仍有数亿人根本没有机会用上电。

在刚刚过去的哥本哈根联合国气候大会上，作为主办方的丹麦与澳大利亚等少数发达国家抛出了一个方案，里面明确规定，发展中国家人均碳排放量为每年 1.44 吨，而发达国家却达到了 2.9 吨。在西方人眼里，可能只有他们才是地球真正的主人，而其他国家都是配角，西方人眼中永远有双重的标准。

最先进的环境保护技术牢牢掌握在发达国家手中，为了环境保护，他们不愿意作丝毫的让步。

在哥本哈根峰会上，欧盟承诺在 2010 年至 2012 年三年间每年向发展中国家提供 100 亿美元的援助资金，帮助它们应对气候变化带来的挑战。这一举动被视作在为欧美等发达国家前两百年工业化过程中产生的污染赎罪，但这 300 亿美元能做什么呢？分配到众多发展中国家手中还有多少，能购买多少套昂贵的新能源设备呢？

西方人的傲慢和冷酷为哥本哈根联合国气候大会的失败埋下了种子，而这次失败的大会使世界两极分化的格局更加明显，穷国集团和富国集团的冲突将进一步深化。

四、"碳阴谋"逐渐浮出水面

这是一个弱肉强食的世界。

欧美等发达国家企图用温室效应给发展中国家的发展权戴上一副沉重的道德枷锁。这有点像台湾的政治人物，凡事都必须标榜自己"爱台湾"，都是为了 2300 万台湾人民的利益，否则政治人物的一切行动便失去了正义性。但号称"台湾之子"的阿扁却趁"爱台湾"之机不停地 A 钱。同样，发达国家一方面进行低碳排放的宣传，一方面却又肆无忌惮地排放温室气体。经过不断地宣传与炒作，无辜的"碳"一下变成了邪恶之神，罪大恶极，像远在中国的一只蝴蝶，只要抖动一下它的翅膀，就可以引发阿拉斯加一场飓风，置美国人民于水火之中。

人类的活动——工业化，真是地球上二氧化碳的主要来源吗？显然不是。

二氧化碳的增加一定会让地球变暖吗？虽然有众多研究机构的报告都在证实这一点，但从人类历史及科学的实践来看，这并没有在理论上得到科学的证明。

但经过数年来各种宣传机器的反复灌输，将环境污染及资源的枯竭混为一谈，人们已经形成条件反射，稍有风吹草动，便迅速和"碳"挂钩，欲除"碳"而后快。我们必须进行剥离，还原一个真实的世界，而不能到处贴标签。"碳"仍是原来的"碳"，我们不必过分慌张。而污水排放、酸雨、破坏性的砍伐、浪费等是我们必须长期要进行的斗争。

在极度妖魔化"碳"的背后，我们必须认清发达国家欲借"碳"而封杀发展中国家生存空间的险恶用心。

地球只有一个，资源有限，如果按现有的技术条件，发展中国家也像发达国家一样的生活水平，至少需要三五个地球才能满足我们的胃口。这是发达国家所极端恐惧的，发展中国家的发展将给他们的生活造成巨大的威胁。

2008 年世界粮食价格大幅上涨，默克尔——堂堂一国总理居然说主要的原因是因为印度有 3 亿人一天开始吃两顿饭，而 10 亿中国人开始喝牛奶。

在某些西方人的眼中，广大发展中国家的人民根本无权和他们享有一样的消费水平。

如果真是一视同仁，大家同心同德，共同维护地球——我们的家园，我们完全可以对未来有美好的设想。但发达国家根本不愿意承担任何国际责任，他们在"碳排放"中设置双重标准，处处体现了他们的傲慢与自私自利。

"碳阴谋"背后是赤裸裸的国家利益，是国家为生存权利进行的苦苦争斗。

这个时候我们又看到两大阵营的斗争，欧美一些发达国家以及以中国、印度、巴西、俄罗斯为代表的发展中国家，为了共同的利益又紧紧地走在了一起。

五、碳，勒紧了谁的脖子？

碳，勒紧了谁的脖子？

"碳关税"和"碳减排"，会告诉你答案。

欧美已经进入后工业化时代，重污染、对煤及石油等生物化石能源有着很大依赖、劳动密集型的产业大多数已经抛给了发展中国家。

"碳关税"和"碳减排"已经成为发达国家打压发展中国家两个最有力的武器，披上道德的外衣之后，开始对发展中国家进行攻击。

发达国家的如意算盘是维护现有的国际格局，不能让穷国毁掉他们奢靡的生活。

在舆论一边倒的今天，欧美的一些国家利用"碳关税"或"碳排放"，占领了道德的制高点，给中国等发展中国家施加了巨大的压力。

力挺"碳关税"的是美国，这和美国的贸易结构是分不开的。美国是世界上最大的贸易逆差国，主要是进口低附加值、对石油、煤炭等依赖程度较高的工业产品，主要出口高科技产品，这些产品对石油、煤炭等依赖较低。美国服务贸易长期是顺差的，如果征收"碳关税"将使发展中国家的商品在美国失去竞争力，为美国实行贸易保护主义找到最好的借口，这将有助于使美国逐渐摆脱次贷危机带来的影响。

"碳排放"的推动者主要是欧盟，因为欧盟在低碳、新能源技术上面远远走在世界其他国家的前面，他们已经设计好了"低碳时代"的各种游戏规则，这也是个套索，等待着发展中国家往里钻。

由于发展中国家正处于高速工业化和城市化的阶段，如果欧盟所推动的"碳减排"得以顺利实施，发展中国家将为碳排放付出沉重的代价，丧失难得的发展机会。

目前"碳关税"和"碳排放"已经形成合流的趋势，国际局势逐渐演变成欧美发达国家与以中国、印度、巴西、南非等为首的发展中国家的对抗。

最近举行的哥本哈根联合国气候大会表明，世界两大阵营的斗争已经日趋白热化，碳排放在今后将成为世界各国角力的主要场所。

众多研究机构已经失去了对真理的执著与坚守，他们背后往往闪动着众多美国及欧洲基金的影子，沦落为打手和帮凶。

但目前中国等国家仍有足够回旋的空间，发达国家并不愿意承担技术、资金等方面的义务和责任，其借碳排放树立发展壁垒的意图非常明显，而中国等第三世界国家在联合国席位上仍占有优势，对发达国家可以形成一定的牵制作用。围绕碳的争论仍将持续，这是一场没有硝烟的战争，它对世界未来格局的影响将是异常深远的。发展中国家也将再次面临严峻的挑战，这也要求发展中国家联合起来对抗欧美发达国家，争取自己的生存空间。

中国作为一个负责任的大国，必须继续作为第三世界代言人的身份争取自身的利益，揭露美国等国家利用碳关税继续剥削和压榨第三世界人民的谎言，以维护国家的利益，保持发展的优势，避免碳关税类似日本《广场协议》而成为中国未来发展的一道枷锁。

从长远来看，中国也必须积极加大可再生能源的研究，不断引领科技的发展潮流，争取中国在可替代能源上的技术优势，力争成为下次科技革命的领先者，避免被动应付。中国也需要以低碳技术为契机，积极调整产业结构，淘汰落后产能，降低对进出口的依赖，积极转变经济增长方式，在国际贸易争端中争取主动。就现实条件而言，中国庞大的人口，东西部巨大的经济落差，在高速铁路网全面形成后，中国国内市场将得以更快速地启动。

一场围绕"碳"的大战正在徐徐展开，这是一场生死存亡的大战，任何一方都输不起；这是一场持久的战争，短时间内都不可能期望谁能获胜；这是一场阴谋与反阴谋的战争，它关系到占世界人口 80% 以上的发展中国家及不发达国家在 21 世纪的命运，是一场生死的对决。

我们需要理性、冷静、科学地对待"碳"的种种问题，不被"碳"所挟持，不能成为敌对势力的帮凶，而要有符合中国发展，符合全人类利益的"碳策略"。

第一章 碳关税，美国葫芦里卖的是什么药

本章导读：美国在2009年6月突然提出"碳关税"，这给中国等发展中国家一个措手不及。如果"碳关税"正式实施，中印等传统出口大国将受到非常严重的冲击，中国、印度等国家的贸易竞争力更多是建立在高碳产品之上的。

"碳关税"的提出可以通过环境保护议题占领道德的制高点，为贸易保护主义找到借口。在次贷危机的大背景下，"碳关税"对美国来说是一个不错的选择。

美国会立马征收"碳关税"吗？美国是不是找到了一道平衡贸易的看家法宝呢？

一、"碳关税"引来平地一声惊雷

2009 年 6 月 22 日，美国众议院通过了《美国清洁能源安全法案》。这个看似普通的法案，却如平地一声惊雷，迅速在世界各国引发强烈的反响，世界上众多国家都被卷进它所引发的巨大旋涡。

《美国清洁能源安全法案》是个什么东西，何以引发如此轰动呢？

其实看点就在于美国第一次提出了"碳关税"的相关条款。根据这一条款，如果美国没有加入相关国际多边协议，自 2020 年起，美国总统将获权对来自未采取措施减排温室气体国家的钢铁、水泥、玻璃和纸张等进口产品采取"边境调节税"，即可以对这些产品征收"碳关税"。

在推动"碳关税"立法中，美国新任能源部部长朱棣文功不可没。所谓新官上任三把火，第一把火就烧到了发展中国家身上。作为下属，看到奥巴马总统为次贷危机焦头烂额，当然得替老板分担分担，不做些成绩出来，可对不住美国纳税人啊。

在应对全球气候变暖方面，新上任的能源部部长可是极其热心，并有很多"建设性"的意见和发明。朱棣文上任后不久就指出，如果所有屋顶漆成白色，路面和汽车使用浅色涂装，就可以大量反射太阳辐射热量，在降低温室效应作用上，相当于世界上所有汽车停止行驶 11 年减少的碳排放量。黑色屋顶的阳光反射率通常为 10% ~ 20%，如果屋顶覆以高反射率的白色材料，可将反射率提高至 60% 以上。加州 2005 年开始要求所有平顶商用建筑必须将屋顶漆成白色。

对"碳关税"而言，朱棣文肯定经过深思熟虑。2009 年 3 月 17 日，他在众议院科学小组会议上称，如果其他国家没有实施温室气体强制减排措施，那么美国将征收"碳关税"，这将有助于公平竞争。

"碳关税"并不是朱棣文的发明专利，它最早是由法国前总统希拉克提出，当时有评论称其"就是以环保的名义，堂而皇之直接把中国等发展中国家的财富纳入到发达国家的国库中"。

但希拉克也仅是说说，只是提出了一个新颖的理念，因为大家都知道，对二氧化碳进行调控，不可避免地会对全球经济造成伤害，尤其是对那些正处于发展中并试图摆脱贫困的国家，所以在提出"碳关税"后欧洲并没有什么实质的行动。

现在奥巴马把它落实到了行动上，使其成为国家的正式法律文件。美国这个徒弟似乎一直有青出于蓝而胜于蓝的天赋，虽然美国建国仅200多年，但早把老欧洲给踩在脚下，当起了世界警察。

这个法律条文杀伤力太大，欧洲人顾及到其他国家脆弱的心理承受能力，而没有摆到台面上，只是私底下议一下。如今美国照猫画虎，可见美国的魄力与胆略，在这一点上欧洲又输了一筹。

在贸易自由化被人们所广泛接受的情况下，美国人为什么会逆潮流而动呢？这样明显是违背 WTO 精神啊。说到这里，自然要翻翻世界贸易发展的旧账，不然很多事情都扯不清。

仅从纯经济学的角度来讲，自由贸易可以提供更廉价的原材料和劳动力，可以促进世界各国人民的商品流通，加强竞争，使消费者购买到更便宜的商品，增加全人类的福祉。但贸易自由化毕竟是理想状态，人们毕竟生存在现实之中。当某一国家的商品如潮水般涌过来的时候，该国人民可能享受更廉价的商品，但可能让本国企业破产，工人失业，社会动荡，自由贸易对本国的益处可能远远低于受到的伤害。

整部世界贸易发展史，就是世界各国与贸易壁垒进行长期斗争的历史，否则就不可能有今天繁荣的世界经济，全球化为20世纪80年代以后的长期繁荣出了不少力。

有了自由贸易，可以让美国人安心地造波音飞机，而让中国人安心地生产裤子，不然只有让中国再埋头苦干几十年，延缓中国人坐飞机的机会，另外美国人民也得干脏活，搞得全世界都不和谐。

但表面的繁荣背后，仍是暗潮汹涌，贸易自由化和贸易保护一直进行着长期而艰苦卓绝的斗争。

人类对自由贸易有强烈的向往，但也必然和现实发生激烈的冲突。因此我们必须保持贸易自由化与国家经济主权之间有一种弹性的均衡，都玩闭关锁国，对经济发展是很大的伤害，而如果完全开放，那又可能得不偿失，两个极端都走不得。

因此，现行的各种国际贸易条款，完全不像一个自由恋爱的夫妻，而是拉郎配，它的内部有两种完全相反的力量在进行较量与冲突，为了让脸面上好看，夫妻出入都是成双成对的，但这一直难以掩饰他们之间的貌合神离与同床异梦。

没有办法，强调贸易自由化的关贸总协定与 WTO 的众多条款中，都有保障措施。保障措施与反倾销、反补贴共同构成进口国在遇到国外产品大量入侵时的救急措施。

翻开美国的历史，其实我们发现贸易保护在美国这个自由的国度其实是家常便饭。

在美国的众多贸易保护措施中，有一个鼎鼎大名的"201 条款"，它来头可不小，中国及很多国家都有栽在这个条款上的经历，其杀伤力惊人。

美国的"201 条款"，也就是美国的贸易保障措施条款，它是美国《贸易法》（1974）第 2251 节至 2254 节的内容。根据"201 条款"规定，如果某物品正以如此增加的数量进入美国，以致成为对生产与进口物品相同或直接竞争物品的国内生产造成严重损害或严重威胁的实质原因得到国际贸易委员会的认定，即可以采取贸易保障措施。

说起来有些绕吧，法律条文讲究严谨，不然会有人钻漏洞。

但这个法律条文本身就漏洞多多，不过这可以保证美国的国会议员在进行贸易保护时信手拈来，像一个超大的帽子，扣在任何人头上都可以，只要看不顺眼。

明眼人都看到美国的"201 条款"与国际法是抵触和违背的，如关贸总协定 1994 年第 19 条。而关贸总协定是美国总统签字后生效的，也经过了美国国会的批准，美国人没有理由玩两手准备啊。

和反倾销、反补贴相比，美国的这个"201 条款"使用起来更灵活，"201 条款"不要求调查出口国是否进行了不公平的贸易活动。但是它要求对国内行业是否受到损害进行深入的调查，要求损害必须是实质性的，而且进口增多是导致损害的实质性原因。

美国的"201条款"也不是百战百胜，还曾经几次铩羽而归，如1999年，美国启动"201条款"对澳大利亚和新西兰进口羊肉实施"保护"措施，大幅度提高关税，结果笑到最后的却是对方。2001年，美国启动"201条款"对欧盟产品实施保障措施，再次败诉。

虽然美国有多次败诉，但美国对推行单边主义政策，以维护和扩大其既得的经济霸权这个既定方针毫无改弦易辙之意，死猪不怕开水烫，你又能把我咋的。

国际法对一个主权国家并没有太大的约束力。

美国毕竟是世界头号强权，有谁能扛着枪去要求美国人民履行义务与承诺呢？

说到这里，不由感慨一番。

与老奸巨猾的老牌资本主义国家相比，中国人有时可能太善良。中国入世之初，上到中央政府，下到许多权威学者，多倡导按照入世承诺，依据WTO法规对国内外贸立法进行全面的废、改、立，甚至有人提出"法律全球化"这一吸引眼球的东西出来。

美国有"201条款"，欧盟有"3285/94号条例"，相比较，两者谁更无赖。其立法精神是对未详尽条款保留较大的自由仲裁权，为各种未考虑到的不可测因素提供国内的立法依据。

这种"粗中有细，细中有粗"的技法被欧美人玩得非常纯熟，而很多中国人却是邯郸学步，光去搞与世界接轨，把接轨的目的，尽最大可能保障中国的利益这一条给忘记了。

按理说，美国经济有反倾销、反补贴及"201条款"，构成了一个铁三角保驾护航，再加上强大的军事实力，谁还能把美国怎么样呢，何必整出什么新花样。

感情美国不是省油的灯，凡事都要求用到极致。

二、美国的如意算盘

从各种报道中，我们很容易找到对"碳关税"的讨伐，征收"碳关税"违反了世界贸易组织的基本规则，是以环境保护为名，行贸易保护之实。

美国此次提出开征"碳关税"无疑是单边主义做派，它违反了WTO基本规则，必将严重地损害发展中国家利益。

在国际环保人士眼里，美国并不是一个乖孩子，甚至像一个大恶魔，正因为美国态度非常消极，才导致目前世界气候谈判举步维艰。

早在1997年，美国参议院就以95票对0票通过了《伯德·哈格尔决议》，要求美国政府不得签署同意任何"不同等对待发展中国家和工业化国家的，有具体目标和时间限制的条约"，因为这会"对美国经济产生严重的危害"。

这意思就是说，在国际事务中，必须一视同仁，无辜的美国人民不应该承担更多的社会责任，美国人是根本不承认《京都议定书》中确定的发达国家和发展中国家在气候变化领域"共同但有区别的责任"原则，让美国人承担更多的责任，没门。

美国并没有签订《京都议定书》，拒绝承担碳减排责任，其他国家也拿美国没辙。但现在美国却提出了"碳关税"，要对来自不实施碳减排限额国家的进口产品开征。一个自己都没有遵守的人，怎么可能用同样的条件去要求其他人呢？

是不是这个世界变化太快，美国也想展现一下世界领袖的风范，想加入碳减排的大队伍？这个转变在奥巴马上台后，美国的对外战略已经现出调整的端倪。

奥巴马政府上台后一改往届政府不参加《京都议定书》的消极态度，开始朝一个环保斗士、地球守护神的角色转变。

虽然以前美国是世界最大的石油消费国，却对环境问题一向不热心，但如今美国又回来了，美国有责任在全世界起到表率的作用，这个"出头鸟"的角色也非美国莫属。

但这次美国态度的转变，并不是良心发现。

为了维护本国利益，各国政要、经济学家、民间人士，可谓动足了脑筋。美国出招"碳关税"也不是心血来潮，背后仍是赤裸裸的的国家利益。

说直白一些，美国的"碳关税"可以再为美国的贸易保护加一道保险，将以前的"铁三角"，变成"四大金刚"护法。

美国敢冒天下之大不韪，其用意显然是非常深远的。

说到"碳关税"，我们是必须结合奥巴马政府关于产业升级与气候变化的内外战略，它背后显然有奥巴马作为新任美国总统的雄心壮志。

美国提出"碳关税"，反映了奥巴马政府将国内与国际两个"战场"通盘考虑：在国内反击传统产业势力，为新能源与传统产业的绿色改造保驾护航；国际上为气候谈判增加筹码，迫使中国、印度、巴西等发展中国家让步。

奥巴马政府试图以绿色产业带动经济复苏，进而着眼在危机过后抢占未来产业的制高点。"碳关税"为美国实现这一系列目标提供了完美的政策策略。

美国本身在新能源及产品方面就有优势，"碳关税"一方面借机完成对美国国内碳排放产业的革命，从而成为全球这一产业的绝对上游，成为产业主导者、规则制定者、定价权控制者，使美国彻底摆脱次贷危机的困扰。

在竞选期间，奥巴马就多次表示，新一届美国政府必须控制温室气体的总量排放，以应对气候变化。提出了美国 2020 年和 2050 年的碳排放水平要分别比 2005 年的水平降低 14% 和 83% 的雄心勃勃的计划。

在 2007 年美国能源结构中，化石燃料高达 84.9%。其中，石油占 39.2%，天然气占 23.3%，煤炭占 22.4%。委内瑞拉、伊朗、俄罗斯、中东、巴西等石油大国近来又成为美国的对手，让美国睡觉都感觉不踏实。过高的油价、对石油的过度依赖，已经严重地威胁到美国的国家安全和全球战略。

"碳关税"另外还涉及一笔经济账，亏本的生意美国人可不会做。因此，我们还要看一下美国的贸易情况。

结果是非常严峻而残酷的：美国面临巨大的贸易逆差，美国一直在失血。

美国自 1976 年开始，就持续的贸易逆差，到 2009 年已经有 34 年时间，就是美国卖的没有买的多。

从1994年开始，美国经常项目（包括货物贸易、服务贸易及各种转移支付）逆差由1216亿美元上升到2008年的7061亿美元，15年增长了4.81倍，而最大值出现在2006年，高达到8035亿美元，最近两年因为次贷危机，美国也开始稍稍节省了一些，逆差有所下降。

对于其他国家而言，如果连续两三年没有从国外赚些外汇回来，可能很快就揭不开锅了，没有钱谁还愿意和你做生意，你家自己的货币也是钱，不过还是留着自己用吧，俺们只喜欢美元，欧元也行。

美国应对贸易逆差的办法是印钞票，只要把印钞机开动起来，美国就可以用绿纸换回美国人民的日常生活用度，可以维持美国人的铺张浪费。

只要我们回忆一下国民政府的金圆券，就知道如果美国大规模地，无休止地印刷绿纸，肯定是不行的，不能超过世界商品流通的需要。印太多了，这些钱最终只能在美国国内能用，世界上所有藏在箱底的钱都会冒出来，争相涌回美国，那美国只有接受超级通货膨胀的结果。

因此美国人民只能向全世界借钱，大规模地发国债，这样才能使美国的贸易正常开展。

美国向世界人民借的钱一部分是不用还的，它在为推动世界贸易做贡献呢，美元在世界范围内都被大家普遍接受，在国际上进行流动。

欠债对美国人民来说并不可怕，但可怕的是美国对外借的钱越来越多，美国人民的胃口越来越大。

美国一点机会都没有了吗？其实不然，我们还需要再细看一下美国的贸易结构，从中我们可以寻找到美国开征"碳关税"的原始动机。

就国家间贸易而言，它分为两个部分，一部分是货物贸易，一部分是服务贸易。货物贸易是看得见摸得着的东西，可以具体到一架波音飞机，一个DVD，一件衬衫。而服务贸易则看不见摸不着了，比如美国好莱坞的大片卖到中国，微软的软件等。

美国的货物贸易长期是亏损的，但服务贸易却在国际上赚得盆盈钵满。

图表：美国货物贸易国际收支情况（单位：百万美元）

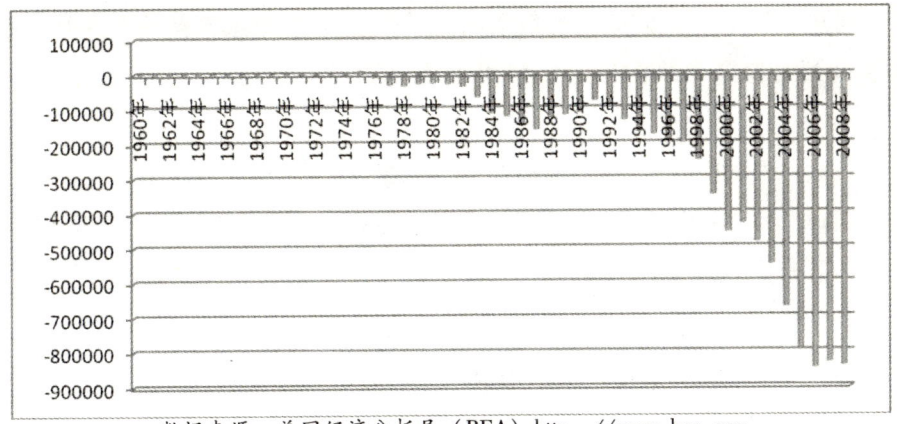

数据来源：美国经济分析局（BEA）http://www.bea.gov

图表：美国服务贸易国际收支情况（单位：百万美元）

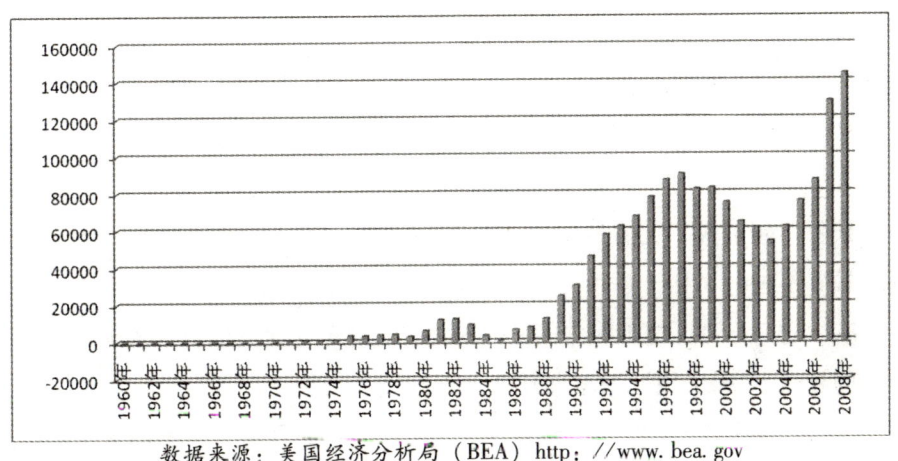

数据来源：美国经济分析局（BEA）http://www.bea.gov

从上图可以看出，美国在货物贸易中是吃亏的，2005—2009 年美国货物贸易逆差一直维持在 8000 亿美元的水平。

而 1993—2006 年，美国服务贸易的顺差一直在 600—800 美元的区间浮动，但在 2007、2008 两年，美国服务贸易的顺差迅速上涨到 1296 亿美元和 1443 亿美元。

美国输给全世界的是好莱坞电影、微软的 windows 系统等，这些都是低碳产品，都不太需要消耗多少石油、煤炭等化石原料，而美国从中国等国进口的是衬衣、电视机、汽车轮胎等，都是高碳产品，其生产过程无不包含着大量的煤炭、石油、天然气等生物化石。

通过比较后，我们应该比较清晰地认清美国的如意算盘吧。开征"碳关税"那是稳赚不赔的生意，这里面有非常多的油水，美国人何乐而不为呢？

毕竟美国对反倾销、反补贴、"201 条款"使用起来比较麻烦，又要听证，又要调查，另有一定的风险，美国也不能保证每一宗官司都打赢，败诉了岂不是吃不了兜着走。

这三招也不能经常用，如果用过火了，会引起连锁反应，又是联合国吵架、又是国际仲裁，说不定还会引起世界范围的贸易大战，美国人也不愿意把精力全耗在这个上面。

三、挟"碳"以令天下

征收"碳关税"的目的显然不可能单一，对于一项政策而言，一石多鸟当然最好不过了。

减少进口，可以增加国内的就业机会，这对饱受次贷危机的美国可是一剂最好的补药，"碳关税"对增加就业大有裨益。

美国失业率最近几年一直居高不下，2009 年 12 月 4 日，美国劳工部公布的就业数据显示，美国 11 月份非农就业人数减少 1.1 万人，是 2007 年 12 月以来最好的就业表现。11 月份美国失业率为 10%，比 10 月份下降了 0.2 个百分点。

目前，全美有约 1510 万人口处于失业状态，其中约 800 万为金融危机爆发以来新增失业人口，成为考验奥巴马政府能力的一大挑战。

奥巴马在花费 7000 亿美元挽救身陷水火的华尔街枭雄之后，又推出 5000 亿到 7000 亿美元的实体经济刺激计划，用于修路建桥，改善学校设施，开发替代能源等，预计在未来两年内将创造或保留 250 万个就业岗位。

要彻底解决美国就业问题，那要让美国出多少血啊，至少要数万亿美元，对于手头已经紧巴巴的美国政府而言，可是比登月还难。

在次贷危机可能继续深化的关头，"碳关税"自然成为一个可能的选项。

图表：2008 年以来美国就业形势

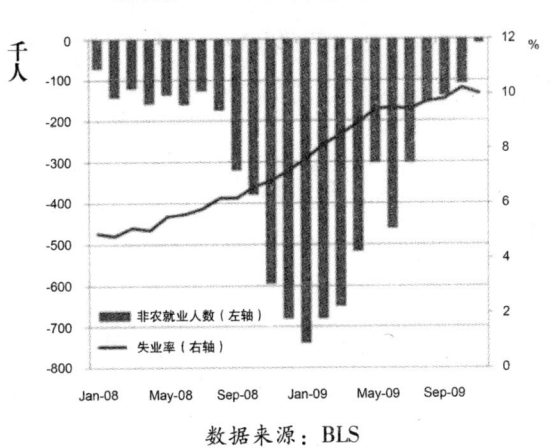

数据来源：BLS

欧盟第一个提出了"碳关税"，虽然没有第一个开征，但在美国的鼓舞下，也是摩拳擦掌，跃跃欲试。

由此来看，欧盟试图将"碳关税"问题作为一根促进各方讨价还价的"杠杆"，向其他各方施压，强化欧盟在哥本哈根谈判中的领导地位。一旦哥本哈根会议的成果无法令欧盟满意，欧盟似乎有充足的理由推动"碳关税"政策进入实施阶段。

2009 年 7 月欧盟已经发布一份行业名单草案供各方评价。最终的行业名单已在 12 月 31 日以前确定。2009 年 10 月 30 日，欧盟峰会通过气候变化立场文件，明确指出，"为了维护欧盟政策的环境整体性、根据国际谈判的结果及其导致全球温室气体减排的程度，有可能要考虑与国际贸易规则相一致的适当措施。（当然）一个雄心勃勃的国际协议仍是解决这一问题的最佳选择。"同时，欧盟还将根据哥本哈根会议的谈判结果对面临竞争力风险的行业进行进一步的评估。

欧盟一方面在为推动"碳关税"大造舆论，另一方面紧锣密鼓地对推动"碳关税"做技术方面的准备，其中一项重要的工作就是根据 2009 年 3 月通过的欧盟排放贸易体系（Directive 2009/29/EC）的相关条款，对遭受严重碳泄漏风险的能源密集型行业的情况进行评估。根据评估结果，欧盟可以分配给这些行业更多的免费配额以保护其竞争力，也可以以此作为引入"碳关税"的依据。

对"碳关税"比较热衷的是法国总统萨科奇，在他开始提出的时候并没有得到其他欧盟国家的认同。在2009年7月的欧盟峰会上，瑞典和德国的环境部长都对法国提出实施边境调节的建议严加斥责，认为其有"贸易保护主义"的嫌疑，可能背上"生态帝国主义"的骂名。但任何事情都不可能一成不变，法国可是为了整个欧盟的利益，哪有半点私心。在经过内部的沟通和协商后，"碳关税"这一想法在欧盟各国领导人之间逐渐被接受。

萨科齐后来承认，最初法国在该议题上显得非常孤立，但是现在这一想法在欧盟各国领导人之间正在逐渐被接受，"因为它越来越得到理解，而不是作为一种保护主义措施"，而是作为一种"重新平衡自由贸易条件与竞争之间关系"的方式。

尽管欧盟内部对此也有不同的意见，但在国际气候谈判中面对国际压力，欧盟有可能协调立场形成一致对外的声音。

不久后萨科齐就表示，法国和德国正在制订一个方案，以纠正未来哥本哈根国际气候协议可能产生的贸易和竞争力扭曲。他说"我们——法国和德国——将要求在欧洲的边境建立一个机制，以备哥本哈根协议产生不平衡的结果"。

"碳关税"将构建一道生态的保护墙，墙内欧美主要发达国家可以享受葱葱绿色、鸟语花香，至于在墙外的发展中国家是饱受风沙的侵袭还是饥寒交迫，似乎不是他们关心的。

推动"碳关税"对自己的杀伤力也是惊人的，但风险相对的收益也实在太诱人，就像一个快淹死的人，一根稻草足够让他产生生的遐想。

美国敢这样做，自然有它冠冕堂皇的理由：可以降低人类对生物化石的高度依赖，还人类一个清洁的地球，美国考虑问题的出发点可是全人类的切身利益。

这个理由实在太正点了，如果朱棣文先生是在梦中想到这个能够拯救美国于水火之中的"金点子"，一下会兴奋得再也睡不着，第二天就会奔走相告，让美国的议员们给他一个最大的奖赏。

现在全人类都在为挽救地球不再受温室气体的侵害进行孜孜不倦地斗争，谁反对必然成为全人类的公敌。

"碳关税"则可以推动全球减排，功莫大焉，善莫大焉，在"碳关税"面前可谓神挡杀神，佛挡杀佛。

"碳关税"如一纸号令，足以让全天下英雄为之折腰，美国已然举起了正义的大旗。

四、如临大敌：中印等国为什么这么敏感？

"碳关税"如投入平静湖面的石子，在发展中国家引起轩然大波，而中国政府尤甚。

中国政府一直在大张旗鼓地反对贸易保护，虽然一直在做心理准备，但现在来得这么突然，无疑给中国一个措手不及。

问题绝不简单。

中国在 2009 年已经开始体会到对外贸易下降所带来的阵阵伤痛，如果"碳关税"开征，将使中国出口形势雪上加霜。

近些年，机电、建材、化工、钢铁等高碳产业几乎占据了中国出口市场的半壁江山。如果开征"碳关税"，作为美国的第一大贸易伙伴，中国出口必然会受到严重的负面影响。也难怪有人说"碳关税"是美国为中国量身打造的。

据中国海关总署统计，2008 年中国对美国出口额达 2523 亿美元，约占全年总出口额 14285.5 亿美元的 17.7%。

2008 年中国对美国出口机电产品 1528.6 亿美元，约占中国对美国出口总额的 60.6%，约占中国机电出口总额 5386.6 亿美元的 31.5%，这恰是"碳关税"剑锋所指的"高碳产品"。

据中国机电设备商会的调查显示，目前中国机电出口行业的利润率一般在

3% -5%左右，如果一征收"碳关税"，将可能使这部分利润完全丧失，一年到头来一算账，估计会发现，又给美国人民义务劳动了一年。

美国在这个时候整出个"碳关税"无疑是往中国的伤口上撒盐，你说中国能不生气吗？赤裸裸的贸易保护，将美国的损失转嫁到中国人民的头上。

图表：2005.1—2009.10 中国货物出口月度数据变动情况（单位：亿美元,%）

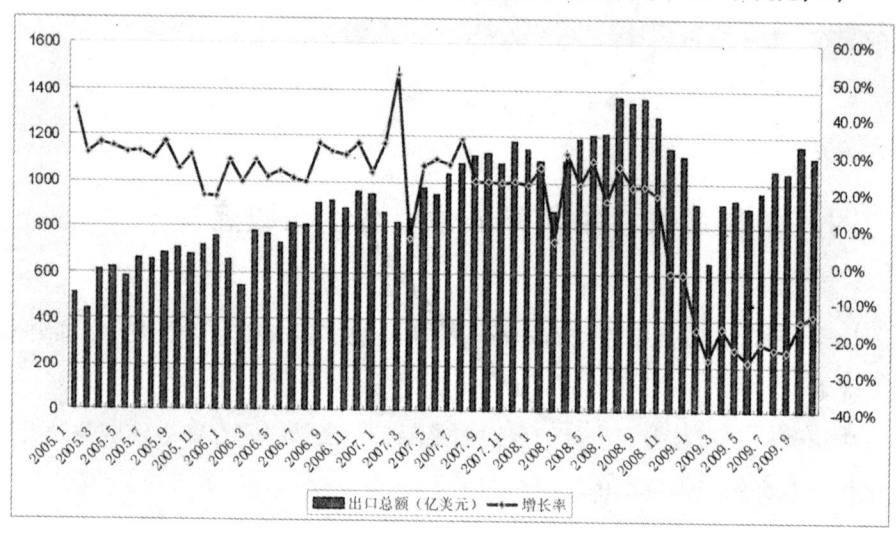

数据来源：根据中国海关总署公布数据整理

中国自 2000 年后，出口一直大幅度增长，从原先每个月 200 亿美元左右迅速拉升到 2008 年的 1200 亿美元左右，在不到 10 年时间里增长了 5 倍。

中国经济最近十多年一直保持 10% 左右的增长率，出口的增长对中国经济增长作出了巨大的贡献。

出口不仅带动中国的就业，数千万农民工进入城市，给中国提供了充足的劳动力，也形成巨大的消费市场。出口不仅给国家提供宝贵的税收，还为中国经济增长注入了强劲的动力。

从上图可以看出，2005—2008 年 10 月，中国出口增长一直保持在 20% ~30% 左右，但在 2008 年 11 月之后，中国出口直线下降，一直回到了 2006 年的水平，倒退三年，出口降幅均在 20% ~ 30%，出现了极大的反差。

出口的下降，使东部沿海城市大量外贸企业经营艰难，关门的为数不少，我们从新闻、网络等渠道可以了解到大量农民工返乡，中央的压力可想而知。如何给这些失去工作的人重新找到工作？

他们大多数已经离开故土十数年。2009 年第三季度 GDP 增长率还在 9%，到第四季度直接下降到 6.8%，这对于一个经济体来说是一个非常危险的信号。在 2008 年底，已经有众多的经济学家开始为中国经济预警。

从中国对美贸易的总体情况来看，美国"碳关税"的征收，无论是出口还是进口均将产生负面影响。虽然还要几年时间才开征，但美国人在这个时候公布下方案，就足以让中国经济六神无主。

仅在美国国会通过《美国清洁能源安全法案》后的一周不到，2009 年 7 月 3 日中国商务部表态称，在当前形势下提出实施"碳关税"只会扰乱国际贸易秩序，中方对此坚决反对。

作为美国最大的贸易伙伴，中国显然将是美国重点"关照"的对象。因此，当时便有评论指出："朱棣文已经为中美贸易预埋了定时炸弹。"

在朱棣文被任命时，大家可能会对他抱有一丝希望，就如看到新加坡人，一样的面孔，会天然产生一种亲切感一样，但当朱棣文代表美国政府露出阵阵杀气时，多数中国人可能会清醒起来，各为其主罢了，长翅膀的不一定是天使，黄皮肤的并不一定代表中国的利益。

有些奇怪的是，朱棣文的中国之行，并没有在公开场合再重复他在国会的演说，把"碳关税"挂在嘴边，怎么就忘记了此行的使命呢？

中国有没有进行什么反制，中国能否堵住朱棣文的嘴呢？

中国与美国进行着激烈的交锋，在这个当头，美国能源部部长朱棣文到访，似乎是美国政府想对中国政府表达什么。

2009 年 7 月 15 日，美国能源部部长朱棣文在清华大学发表演讲。这是朱棣文在 2009 年 1 月 2 日宣誓就职奥巴马政府能源部部长后首次访华。

诺贝尔物理学奖得主朱棣文在此次演讲中，用大量的图表和专业化的语言向包括中国科技部官员在内的听众介绍了全球面临的能源和气候挑战。

言者有心，听者也有意，大家都知道朱棣文的潜台词是什么。

而在此以前，中美两国在贸易领域的斗争已经比较激烈了。

2009年6月26日，美国商务部宣布决定对中国金属丝网托盘产品启动反倾销反补贴合并调查，这是美国商务部继2009年6月17日和19日对中国钢绞线和钢格栅板立案调查以来近10日内对中国钢铁产品发起的第三起反倾销反补贴合并调查。

美国人紧盯不放的还有中国对纺织行业的补贴以及"家电下乡"补贴政策。

对此，中国商务部部长陈德铭在署名文章中给予了回应。他指出，在已经实施的刺激经济计划中，中国遵守WTO相关规定，平等对待国内外产品，为外国企业提供了大量商机。不少外资品牌也在"家电下乡"活动中获益。

当然，中国还有更具战略性的应对举措，除了组织大规模的赴欧采购团，还在积极筹划与东盟的经济贸易合作。此外，上海合作组织的经贸功能也日益凸显。

中美贸易的重要性毋庸置疑，两者之间一旦爆发贸易战，其影响必然是全球性的。

按照碳排放的计算法，中国大量产品将无法保持现有的对美价格优势，届时必然出现出口骤降的局面。同时，一旦美国实施"碳关税"，欧盟各国很可能迅速跟上，因此中国对外出口市场必将一片萧条。私下里，中国的一些外贸官员已经直言不讳地声称，征收此类关税将是一次"灾难"。

以往美国对中国的贸易限制都是围绕反补贴、反倾销、"201条款"等，现在美国请来一个救兵，其杀伤力实在惊人，它的厉害之处就在于，冠上了一个漂亮的托辞。

这年头，谁敢对环境保护说三道四，不然很容易成为全人类的公敌，中国如果不正视现实，很容易把中国"邪恶国家"的罪名给坐实了。

对于"碳关税"，中国曾有人辩解："中国不是不想减排，中国也在一直努力，但前提是不能牺牲中国的发展。"其实，美国的温室气体排放已有200多年的历史，那么现在立法对中国实施"碳关税"，实质上就是要限制中国的发展。

中美之间围绕"碳关税"的争执是一种"时代错误"。因为，中国目前还是一个人均GDP3000美元左右，工业化尚没有完成的中下等发展中国家，适度的二氧化碳排放不可避免。而美国已经是一个发达的"经济巨人"，"怎么能用发达国家的标准来要求一个发展中国家呢？"

中国商务部发言人姚坚也表示，"碳关税"政策的实施将有损发展中国家的利益。实际上发展中国家在承担环境保护方面已经作出了巨大的努力。如果"碳关税"政策出台，将可能引起连锁的贸易报复，不利于克服当前金融危机的影响，共同振兴当前经济。

这是中国反击的声音，但在其他人看来手段并不高明，并不能说服所有人。目前中国已经取代美国成为二氧化碳排放量第一大国，这个是不容争辩的事实。为了伟大的地球事业，谁还能拿个人利益来说事，全世界各国人民可不答应。

近30年来，尤其是最近的20年，中国经济改革一路高歌猛进，中国已经成为世界经济成长的另一根支柱，经济总量仅次于美国。中国也应该承担相应的国际责任，不能在要求权利时就把大国的标签贴上，而在承担国际责任时，又给自己贴上一个发展中国家的标签，以人均GDP等说事。

可以预见，中国与美国等发达国家的争斗将是刀刀见骨，一场持久战必然到来。

为"碳关税"动气的显然不仅是中国一家。

印度一直视美国为自己的盟友，美国也视印度为亚洲一盏"自由与民主"的灯塔。但在美国宣布将可能征收"碳关税"后，印度也深感受伤。

2009年7月17日，希拉里访问印度，在这个时候印度人不可能不问美国国务卿有关"碳关税"的相关问题。而印度官员似乎很不给首次访印的希拉里·克林顿面子。

当着这位美国新科国务卿的面，印度环境部部长拉梅什直言不讳地表示：印度和其他发展中国家一样，正在忍受发达国家所造成的气候变化恶果，印度将尽一切可能抵御美国的不公平措施。他还说道，印度除了面对减排压力，还面对着出口商品到诸如美国的"碳关税"压力。快人快语的拉梅什可谓沿袭了印度内阁部长们的一贯"大嘴"作风。

2008年7月，在多哈回合全球贸易谈判的最关键时刻，印度商业和工业部长纳特代表所有发展中国家挺身而出，对发达国家连续说了12个小时"不"。他直言道：我不想为了不具备竞争力的欧洲产业而牺牲数百万贫困人口的生计。

为了维护印度的利益，印度人在美国盟友面前显然也没有含糊。

在外人眼中，中国的话中官气较多，都是外交用语，但少了些火气，相对中国"无力的辩解"及不知所措，印度对抛出"碳关税"的美国却表达了足够的"强硬"。

为了显示美国和印度致力于共同合作降低气候变化的影响，美国国务卿希拉里19日参观了在印度首都新德里郊外的绿色环保办公楼。但印度人还是心知肚明，表面上的功夫换不回实际的好处。

发达国家和发展中国家就气候变化的争端还是难以调解，在希拉里对印度的五天访问中，对二氧化碳减排的争议充斥了活动的各个环节。面对"碳关税"的淫威，印度环境部部长拉梅什向希拉里强硬表态："印度不会接受任何强制性的减排目标。"

五、"碳关税"只是开始

《美国清洁能源安全法案》虽然没有最终迅速实施，但它传递出一个强烈的信号，说不定哪天美国一咬牙，真开始搞闭关锁国了。到那个时候，中国、日本、德国、沙特等对出口有严重依赖的国家的好日子也将到头了。

不要轻易低估一个陷入绝境的人的决心，不能总是做最好的打算。

我们看到，美国将"碳关税"的征收推后到2020年，仿佛是给其他国家一个心理准备。但美国人天生是多变的，谁知道美国国会明天会干什么，推翻旧法案，重新搞个完全相左的新法案，美国人也不是没有干过，而且还干得很好，也可以自封为宗师级的人物。

未来还有多少变数。

"碳关税"这个一招制胜的法宝，美国可是存在箱底，一旦有需要，那是可以随时派上用场。对于以出口为经济推动的发展中国家来说，"碳关税"仍是一把悬在头上的"达摩克利斯剑"。

欧美都在摩拳擦掌。一切都在等着哥本哈根的结果。

如果哥本哈根能有一个好的结果，发展中国家就范，那"碳关税"将成为一个记忆，迟早被欧美所抛弃，大不了偶尔拿出来吓吓其他国家，真要实施起来也是有些难度。

如果哥本哈根谈崩了，发展中国家不识相，这完全可能惹怒洋大人，那么"碳关税"将可能提上议事日程，就算发展中国家坚决反对，也可以霸王硬上弓，哪怕是万丈深渊，欧美也一定要跳下去。

但从欧美等国家的准备来看，压根对丹麦哥本哈根没当回事，有中国等国家在，这生意基本上是不可能谈得拢的。一场事关欧美等国生死的贸易大战已然开始倒计时。而"碳关税"不过是一个比较拿得出手的理由，就算没有"碳关税"，欧美等国仍然可以去寻找其他办法。

"碳关税"这出大戏的锣声未停，在童话王国丹麦的首都哥本哈根却又上演了一部经典曲目，世界各大利益集团就二氧化碳的减排展开了一轮肉搏战。

六、美国有完胜的把握吗？

杀敌三千，自损八百。

"碳关税"将对国际贸易形势产生什么影响，甚至美国"价值观研究中心"主任马克·W·亨德里克森在《基督教科学箴言报》的文章中悲观地写道：很显然，无人能够回答这个"超级问题"。

可以肯定的是，"碳关税"法案获得通过，就犹如潘多拉魔盒被打开一

碳关税，美国葫芦里卖的是什么药

样，将带来很多不可预期的负面效果。

这个道理美国人是懂的，这也是通过血的事实得来的教训。

在美国不长的历史上，贸易壁垒玩的是相当纯熟，不过最抢眼的还是1929—1933 年的那次。那次的"以邻为沟壑"，不仅让美国元气大伤，也让世界人民和美国人民一道享受了经济的下降螺旋。

在 1929—1933 年的"大萧条"中，美国于 1930 年 6 月通过了贸易保护主义法案——史默特—哈利关税法案（Smoot - Hawley Tariff Act）。这个法案从提出，到争论，最后通过，被一些经济学家视为导致大萧条的祸首之一。

在通过"史默特—哈利关税法案"以后，美国人源远流长的贸易保护传统达到了史无前例的高度。尤其是对制造工业产品，进口关税平均是 40% ~ 50%，常常超过 60% 以上。相比于美国上一次的高关税额的 1891—1894 年要高出了 5 个百分点。

这个贸易保护主义法案，当时有 1028 个经济学家签名反对。汽车大亨福特甚至到白宫待了一晚，试图说服美国总统胡佛否决这个法案。而摩根银行总裁拉蒙特，差不多是要跪下来求了，但该来的还是来了。

结果就是报复美国的高关税。在 1931 年底之前，25 个国家提高了对美国产品的关税，导致了新一轮的保护主义在世界蔓延。

1929—1934 年间，世界贸易减少了 66%。当然不能把所有的减少都算到关税的变动上来，因为大多数国家的经济在萧条中萎缩。不可否认，这个法案在当时的情况下，对大萧条的严重程度，从广度到深度，都起了推波助澜的作用。

从美国自己的数字来看，1929 年美国进口 13.34 亿美元，出口 23.41 亿美元，到了 1932 年，进口降到了 3.9 亿美元，出口降到了 7.84 亿美元。进出口两头都没了 2/3，自然对就业机会有影响。而国家贸易的急剧减少，自然就会打击大家的出口业。

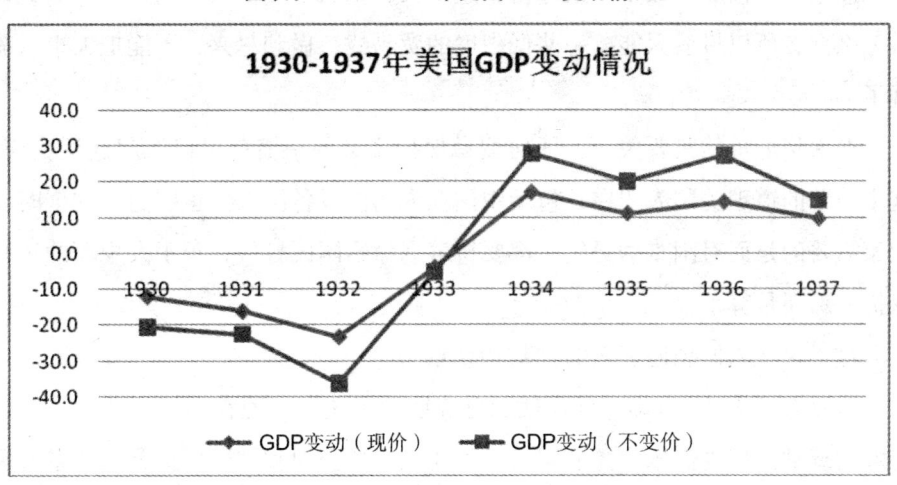

图表：1930—1937 年美国 GDP 变动情况

自那以后，美国人似乎变得聪明一些了，不敢再轻易玩这种昂贵的游戏。一旦美国把盘口开得太大，就没有赢家了，神通广大的美国概莫能外。即使美国已经磨刀霍霍，想对其他国家开刀，但最后还是忍了下来。

2002 年 3 月 5 日，被评为"美国有史以来最为愚蠢的总统"——布什先生决定根据美国特色的"201 条款"，对进口钢材实施最终救济方案。根据这一方案，美国将对进口的钢铁产品实施为期三年的关税配额或高达 8% ~ 30% 的关税。

被这一方案伤着的不仅有中国，还殃及到了欧盟、日本、韩国、俄罗斯、乌克兰、巴西等国，把世界上主要的国家都得罪遍了。

美国这一牛仔做派迅速激起了利益相关方的强烈反对，纷纷在日内瓦与美国进行理论，大家引经据典，唾沫横飞，唇枪舌剑，就差把房子给拆了。

新一轮贸易保护主义的熊熊烈火，看似要被美国点燃。结果呢，中国、欧盟、韩国、日本等国手中攥着的"旧船票"仍能登上美国这艘"破船"，还是赵本山大叔那一句——涛声依旧。

为了照顾选民的情绪，大家尽可以在国际上摆姿态，吼嗓子，但到最后都不愿意把脸皮彻底撕破了。地球村就这么大，抬头不见低头见的，不然彼此以后怎么混，所以最后只能搞一些低烈度的贸易战，做到尽兴，不能把大事给搞砸了。

在次贷危机的紧要关头，任何贸易保护主义的举措都可以引起连锁反应。这个简单的道理美国人明白，包括中国在内的世界各国人民也明白。这个时候大家需要的是面对困难的勇气，都要拼着老命给国民打气，至于大规模的贸易保护，那还是算了。

这不仅让人们想起著名的"炉边谈话"。

1933年3月12日即罗斯福就职总统后的第8天，他在总统府楼下外宾接待室的壁炉前接受美国广播公司、哥伦比亚广播公司和共同广播公司的录音采访。罗斯福在其12年总统任期内，共做了30次"炉边谈话"，每当美国面临重大事件之时，总统都用这种方式与美国人民沟通。

罗斯福以亲切诚挚的声调、质朴实用的语句，对全国人民就银行暂停营业的问题进行了耐心的解释、劝告和教育。"炉边谈话"为政府和新闻界之间架构一座沟通的桥梁，也达到了政府通过传媒稳定民心的功效。

所谓气可鼓，不可泄。美国在次贷危机的紧要关头，是不太敢给世界经济开一副猛烈的泻药。

咱们的温总理也在到处宣扬，"信心比黄金还宝贵"，当然最后的讲话会落到反对贸易保护主义的实处，其实这才是最重要的，这个关头，谁能输得起呢？

"碳关税"如果一开征，其杀伤力将是巨大的，对贸易发展有里程碑的意义。

在假设即将到来的世界贸易大战中，美国能做到毫发无伤吗？能做到一剑封喉吗？显然，答案是否定的。

美国人民在短时间内也不可能准备好，那可不是光喊几句口号，说几句冠冕堂皇的话就了事的，那需要踏踏实实的心理及生理的准备。

美国人首先要有过苦日子的准备，从此就要和那些从中国进口来的廉价商品道别了，以前每天换上一件新衬衣，扔掉一件旧衬衣的日子就一去不复返，需要经常洗衣服，需要计划和节省。

这不是要了美国人的命吗？拥有选票的选民可是第一个不答应，哪个政客敢将美国人民的幸福、舒适的生活作为迁升的筹码，还想不想混？早被唾沫星子给淹没了。

很多日常生活用品的生产线已经转移到了国外，这些生产线在一时间能建起来吗，估计把中国的孙悟空派去也不行，任凭孙猴子把身上的毛拔光，变出无数个孙行者、行者孙、者行孙来。

养尊处优的美国人能再干粗活、累活，拿微薄的工资吗？这个想法好邪恶，想都不能这样想。美国人的高工资是美国人身份的象征，怎么能和发展中国家相提并论呢，不是自降身价么？

再说一个数据，大家可以帮美国人民算一个经济账。有专家估计："如果美国对进口钢材征收20%的关税，可以挽救9000个钢铁工业的就业机会，但消费行业会失去7.4万个就业岗位。"

估计大家也关心这个账是怎么算出来的，但已经对于深陷在全球化这个游戏里的任何人想不再玩这个游戏都成为不可能。更何况美国已经严重染上了"金融鸦片"瘾，想匆忙戒掉已经不可能。

从种种迹象来看，美国人搞贸易保护主义，想完全把其他国家商品都拒之门外，就算有心也无力了。就像一个80岁的老头子娶一个20岁如花似玉的妻子，想象一下是可以的，但真要动作，那可是会要老命的。

现实是残酷的，美国仍然一直在失血，美国如果迅速开征"碳关税"，可能是找死，但如果不有所作为，任由工作机会被国外抢走而无动于衷，这无疑是等死。

在两种不同的死法面前，会有什么样的抉择呢？

无论怎么假设，美国人最终是需要工作机会的，只有这样才能获得生活的来源。靠次贷，美国已经向全世界借了一遍钱了，最后成功赖账，但这不可能一而再，再而三地玩下去。

当美国人民已经负担不起沉重的国债利息的时候，美国人民只有考虑自己动手，丰衣足食了。

截至 2009 年 12 月，美国已经有 12 万亿国债，这在富国们中，虽然并不是最多的，高的还有日本、英国等，但这个数量绝对是最大的，它每天都要支付巨额的利息。

次贷危机是一个分水岭，它将越来越多假设的最终结果都揭晓了。

第二章　碳减排，喧嚣的哥本哈根魅影重重

本章导读：在重大国际事务中，气候谈判似乎从来没有受到过如此多的关注，并成为国家博弈的重要场所，气候谈判真是为了抑制全球变暖，为了造福人类吗？

在哥本哈根大会上，欧盟想凭借手中的技术优势再次崛起；美国作为世界能源消费大国，在经济危机的关头并不希望被"碳排放"束缚住手脚；中国等发展中国家仍处于快速工业化的阶段，大规模的碳减排意味着丧失自己的发展空间。

就是这样一个看似简单的气候谈判却隐藏着泄密、间谍、明争暗斗等刀光剑影，环保主义者的各种表演使大会总难风平浪静。

一、"气候门"事件冲击哥本哈根

2009 年被国际上普遍视为"气候变化年"。12 月 7 日至 18 日，世界各国领导人齐聚丹麦首都哥本哈根，商讨二氧化碳减排大计。

但在大会召开前两周，一些曝光的邮件却吸引了全世界的目光，在世界范围内引起了轩然大波。这一事件被媒体称为"气候门"。

2009 年 11 月 17 日，由气象科学家主办的发布气候方面评论的"真实气候"网站，被一名 IP 地址在土耳其的黑客入侵，并上传了一张窃取自东英吉利大学气候研究小组的文件照片。与这个文件有关的链接，则是一个 IP 地址位于俄罗斯的电脑用户贴到网上的文章，题目是"奇迹正在发生"的一组电子邮件。"真实气候"网站一名工作人员很快发现网站被黑客入侵，迅速删去了该文件，并将这一事件通知了东英吉利大学。

但这件事并没有完。两天之后，这些文件再次通过俄西伯利亚城市托木斯克的服务器张贴上网，并复制了很多份在互联网上传播，一个巨大的秘密最终展现在了人们的眼前。这些曝光的邮件共计 1073 封邮件，文件中总容量为 160 兆，总计约 100 万字，这些大多是英国和美国科学家在过去 13 年里通过邮件交流的记录。

黑客把电子邮件公之于众，并声称从邮件中可以看出，这些气象专家的研究并不严肃，他们甚至篡改对自己研究不利的数据，以证明人类活动对气候变化起到巨大作用，所谓的气候变暖是后期"加工"出来的。

这些材料显示，该中心有意识地不采用 1976—2005 年大气温度测量值作为 30 年气候趋势基准，而是继续使用 1961—1990 年为基准，因为后者可以"更完美地"证明气候变暖。有关气候变化的重要原始数据，特别是不利于证明气候正在变暖的数据可能已经被销毁或被修改，防止有人发表不同意见。

一封来自美国气候学家的邮件里提到，科学家无法解释最近几年全球气候变暖减缓的现象。让人惊愕的是，东英吉利大学气候研究小组的主任琼斯教授在邮件中还使用了"trick"一词，该词在英语中有"谋略"、"诡计"等语义。他本人事后辩称他和同行间通常用这个词来描述"一种解决问题的好方法"。

该中心一位科学家在邮件中大骂怀疑气候变暖的同行，威胁要把后者"打得满地找牙"。

在一封泄露出来的邮件中，菲尔·琼斯和他的同事们讨论上一个千年里气候变化数据图表。他暗示有一个和他一起研究的科学家"隐瞒"了全球气温在下降这一事实。另外有一些数据显示，自1960年以来，全球气温上升趋势停止；但有另外数据又显示，气温上升的趋势仍在继续。

两组数据打架，IPCC显然有些偏心眼。

白纸黑字，想抵赖也没有用，否则只能越抹越黑，在铁证面前琼斯教授只有承认并非黑客栽赃。

在哥本哈根即将召开之际，这些曝光的邮件显然是给"全球变暖"理论的支持者泼了一盆冷水，所有人都在为这次对"人类极有意义"的大会而忙碌，现在却有人说，全球气候变暖根本就是瞎忽悠。你说这不是对辛苦工作保护地球不受温室气体所伤害的环保主义者的无情打击么？

在国际上除了大家所熟知的气候变暖派外，还有对"气候变暖"持怀疑态度的怀疑派。变暖派和怀疑派各执一词，互不相让，在国际上一直斗得热火朝天。只是由于变暖派气势更盛，变暖派显然把怀疑派的气势完全压制住了。

怀疑派对变暖派的反击并不少，我们常常在媒体上看到各种与变暖派针锋相对的观点，美国前副总统戈尔拍摄了一部《难以忽视的真相》，宣传全球气候变暖，而怀疑派针锋相对地拍了一部《全球变暖大骗局》，用大量的事实与数据揭露全球变暖背后的政治操作。

那么为什么一些邮件就能造成如此轰动的效果呢？这里面有两个方面的原因。

首先我们需要回过头来看看东英吉利大学（简称UEA）及该大学的气候研究所（CRU）的来头和背景。

东英吉利大学虽然没有剑桥、牛津出名，但在英国也颇具影响。

该校建于1963年，由16个学院组成。在英国150多所有学位授予权的院校排名中，东英吉利大学的大多数学术课程一直位于前20名，其中一些名列前10名，有几门课程甚至居于全国首位，这就包括了与气候变化紧密相关的环境科学院。

关键就在于东英吉利大学气候研究所（CRU）为联合国"政府间气候变化专门委员会"（IPCC）倡导的全球变暖提供"弹药"，它捣鼓出的各种模型通过联合国的高音喇叭而广为世界人民所知晓。

在IPCC背后站着的是英国气象局哈德利中心，或者可以说哈利德中心是IPCC的东家，哈利德中心亲手炮制，给全世界人民端出了全球变暖这味大餐。

英国气象局背后是英国政府及欧盟，这难免让人们浮想联翩。

我们可以看出，东英吉利大学是全球变暖的理论大本营，对东英吉利大学下手，可谓切中要害，直捣黄龙。

这也自然引出第二个问题，也是问题的关键，全球气候变暖这个看似不容质疑的、神圣的理论，却被几封邮件击中。

这些邮件让人们对科学家的治学态度产生了怀疑，英国政府及欧盟在精心设计出来的气候变暖中承担着某种重要的角色，全球变暖整个理论大厦本身面临彻底坍塌的危险。就像一个性感亮丽的大明星，在人前小鸟依人、温柔淑德，但这只是娱乐公司包装宣传的结果，她实际上斑斑劣迹。互联网就像那个明星，真面目还是被曝了出来。

"气候门"事件后，东英吉利大学发表声明，确认学校的服务器遭到黑客入侵，但一口咬定全球气候变暖不容质疑。《联合国气候变化框架公约》秘书处执行秘书德博埃尔在哥本哈根表示，尽管有个别科学家在研究气候变化问题中存在不严谨的行为，但全球2500名科学家的研究工作是严格和经得起检验的。

有2500名科学家压阵，看那些反对者还有什么话说。

英国的气候变暖派仍坚称，判定气候变暖的依据不仅是气温纪录，还包括海平面上升、冰川退缩等其他指标。

东英吉利大学副校长戴维斯说，即使没有该校气候研究中心的数据，科学界也会得出同样结论。他认为公布琼斯等人的邮件是"无理取闹"，目的是转移对各国政府采取紧急行动的关注。

英国气象局也宣布，准备公开发表用以分析"人类造成全球变暖"的历史数据，以证明人类排放温室气体造成了全球气候变暖。这些数据始自160年前，是从全世界1000多个气象观测站收集来的。

这引起了一次"全球气候变暖"怀疑论者的狂欢，美国智库竞争企业协会的全球变暖及国际环境政策主管迈伦·伊贝尔表示，这些来往的电子邮件是一桩"推翻全球变暖'纸牌屋'的丑闻"。气候变暖的怀疑论者纷纷以"骗局"、"丑闻"等字眼来形容这些科学家的言论。

失去话语权的气候变暖怀疑论者自然穷追不舍，批评琼斯们的做法是科学法西斯主义，邮件证明他们的研究不可告人，"总有一天全球变暖论将被揭露为一场骗局"。在巨大舆论压力下，琼斯教授尽管事后还极力为自己和同仁辩护，但最终不得不宣布辞职。

"气候门"爆出后，一贯连篇累牍报道气候问题的英国主流媒体却显得非常冷淡，BBC甚至曾一度取消有关该事件的网络评论。

无论是变暖论者，还是怀疑论者，都需要舞台，都需要制造关注点，都需要支持者。在变暖论者牢牢掌握话语权的时代，怀疑派很想利用爆炸性的新闻来放大自己的声音。

对于怀疑派来说，在哥本哈根大会召开前，把这些东西曝光出来，显然是最好不过的时机，可以起到四两拨千斤的作用，而事实也证明他们的如意算盘打得很好，在对方阵营里引起了极大的混乱。

以前变暖派站在舞台中央，镁光灯都打在他们身上，反对派只能在角落里发出自己微弱的声音，而现在变暖派则不得不由攻转守，着急修补自己的理论。

二、矛头直指克格勃

在"气候门"喧闹之余，人们不免关心是谁在背后捣鬼，这么有兴致和闲心来破坏欧洲开大 party 的好事。

显然，俄罗斯是这次"气候门"事件最大的嫌疑人。

如前所述，最先侵入"真实气候"的是来自于土耳其的 IP，但这些材料链接的却是俄罗斯的服务器，第二次对外散布这些"黑材料"的又是俄罗斯的服务器。这些信息被其他网站转载后，很快在首次公布邮件的服务器上被删除，发布者有意掩盖自己的身份。

第二次公布的服务器的主人可谓来头不小，它属于托木斯克国立大学，这所大学是俄罗斯顶尖大学之一。在苏联时代，托木斯克市禁止外国人进入，该市拥有多家秘密军事设施和核燃料工厂，今天仍然受俄联邦安全局严密控制。

这些材料很容易让人们联想到克格勃，难免引起人们对克格勃的回忆和敬畏。

在人们的印象中，克格勃是一个被神化了的概念，和英国的007及美国的CIA一样，上天入地，无所不能。

克格勃已经离人们远去，但现任俄罗斯总理普京往日就是其中一员，给人们留下很多八卦的空间。

每年的12月20日对俄罗斯来说都是一个特殊的纪念日，估计世界上其他国家都不太可能有，那就是"间谍日"。在间谍出身的普京刚就任俄罗斯总统后不久的2001年12月，他就曾经站出来发表过公开演说，勉励大家不必为克格勃的秘密工作历史难为情，而应为英雄们和他们的事业而骄傲。

或许再没有任何一个国家，像俄罗斯这样有着非常传统的间谍文化。这不免引发人们诸多的回忆。

冷战中，克格勃策划了很多让人瞠目结舌的行动，如当年克格勃特工格尔施泰特的小组在戒备森严的联邦德国泽勒空军基地盗走了一枚长3米、重达74.5公斤的响尾蛇导弹。其高难度并不亚于美国好莱坞的谍战大片。

20世纪60年代美国U2侦察机经常利用技术优势在苏联防空军够不到的高度飞行，侦察苏联境内目标。为了抗击美国侵略领空，苏联一方面加速发展新技术，另一方面派出特工对侦察机的高度计做了手脚导致飞行员误判高度，以为仍在安全高度活动其实却在苏联导弹射程之内，结果被轻易击毁。这为苏联打破美国的高空优势立下了汗马功劳，也成为世界谍战史上一段不朽的传奇。

我们知道，作为英国气象局的重要客户，东英吉利大学计算机服务器的防护等级肯定不低，一般的小玩家在守护森严的皇家重地面前估计也要收敛一些。但对于克格勃来说，偷偷邮件不过是小试牛刀，和历史上的大手笔比起来，根本不值一谈，俄罗斯的克格勃曾有过利用黑客为国家利益服务的历史。

"气候门"究竟是谁干的，目前的一切都只是猜测，随着时间的流逝，大家也不会太上心。如果真要找出"气候门"的真凶，分析"气候门"的最大得益方，显然可以给我们一些线索。

俄罗斯的大宗出口商品只有石油，而这也是罪大恶极的"高碳产品"。美国一方面对石油喜欢得不得了，占世界4%左右的人口消费了世界上25%左右的石油，但美国人又对石油恨得不得了，居然有人胆敢借石油来威胁美国的国家利益，俄罗斯显然就是这样一个坏典型。

以俄罗斯民族鲁莽的性格，在国际上经常是吹胡子瞪眼睛，喜欢生气。比如在朝鲜战争时，由于说不过别人，只好弃权，让美国可以以联合国的名义纠集10多个国家赶赴鸭绿江与中国一决高下。

在重要的联合国气候大会上，俄罗斯人虽然说不出什么，但也不能让别人表示自己的不存在。搞一些小动作，对联合国气候大会使绊子再自然不过了，也比较符合俄罗斯人的风格。

气候变暖对俄罗斯人来说应该不是一件坏事。

首先是北冰洋航线。北极地区是北美洲、北部欧洲和亚洲北部国家之间直线距离最短的地区。从华盛顿到莫斯科仅6750公里，比经过欧洲的航线近1000多公里。西方探险家历尽艰险，舍生忘死打通了穿越北冰洋的西北航线和东北航线，但由于以往恶劣的气候与艰难的航行条件，北极的商业性海上运输迄今仍然不发达。

如果按全球变暖的趋势，北冰洋的冰融化之后，北冰洋将成为俄、美、加及北欧国家的内湖，节省大把时间。北冰洋沿岸的石油和天然气将成为人类又一重要的能源宝库，最大的受益者无疑是俄罗斯。

然而现实却是残酷的，俄罗斯核动力的破冰船摆在那里足以浇灭很多野心勃勃的航运家的热情与雄心。

其次俄罗斯实在是太冷了，气候变暖对他们甚至是一件高兴的事。俄罗斯前总统普京曾对气候变化的威胁表现出不屑一顾的姿态，并开玩笑说，俄罗斯人会欢迎更温暖的气候，也不用多买毛皮外套了。

还有，俄罗斯虽然国土面积巨大，但西伯利亚却是他们一个沉重的负担，那里也太寒冷了，曾经使苏联红军损失惨重。进行西伯利亚大开发，这样可以守住一个战略要地，寒冷的天气只能让大量宝贵的资源长眠地下。

在此次哥本哈根大会上，俄罗斯是表现最为不出色的，我们经常听见努瓦图这样的小小岛国的声音，而国土面积最大，按道理受"温室气体"伤害最大的俄罗斯却悄无声息，实在有些说不过去。

俄罗斯是世界主要石油和天然气生产国之一，近年来的经济增长靠的就是能源输出，因而对于遏制石油和天然气消费的减排协议心怀抵触。而且有部分俄罗斯较为突出的科学家辩称，气候变化是一种自然现象。

对欧盟而言，气候变暖可借此向中国等发展中国家施压，欧盟的利益越来越一致，变暖可是他们一大制胜法宝，没有任何理由掌自己的嘴，不可能成为"气候门"的被告。

美国仿佛脱不了嫌疑，"气候门"事件后，美国保守党阵营也是欢呼雀跃，不减排，不承担国际责任是他们的一贯主张，看到了吧，所谓的气候变暖都是科学家们有意捏造出来的，大家该干吗干吗去，就不要在减排上费什么劲了。

但这也仅代表美国保守党的立场，美国也还有其他强大的对减排持欢迎态度的利益集团。更重要的是奥巴马政府在气候问题上有明显的转向，这一点容后再叙。

如果说是小国，不太具备这样的实力，气候变暖和自己关系真不太大，能捡些便宜就差不多了，何必惹怒了英国这个大霉头，不然吃不了兜着走。

显然，最大的嫌疑人仍是俄罗斯。

三、泄密的"丹麦提案"

当大家排除"气候门"的干扰，气定神闲坐下来进行认真讨论时，冷不丁又冒出一个热点，把大家的眼光又吸引过去，这次的影响明显高于"气候门"。"气候门"毕竟陷于学术及研究者的道德等，但这个"丹麦提案"却让人感觉气候大会上有浓浓的硝烟味。

至此，气候大会中两大阵营的角逐，气候变化大会中难以掩盖的"鸿沟"彻底暴露在光天化日之下。

如果说"气候门"只是一个开场戏的话，那么"丹麦提案"则算使哥本哈根迎来一个小高潮。与"气候门"相似，它也是一个泄密事件，同样给气候谈判大会造成巨大的冲击。

"丹麦提案"就是东道主丹麦与美国、英国等起草的一个秘密协议，也是他们背着其他国家私底下搞的，之所以秘密进行，主要是有一些见不得人的地方。

与"气候门"突然暴发不同，"丹麦提案"的出现却是有一些预兆。

刚到哥本哈根，就有一些国际环保组织人士传言东道国丹麦准备了一份秘密谈判文本，有可能在大会期间抛出。消息人士称，这份秘密文本明显偏向于发达国家，对广大发展中国家则是一种伤害。而中国也牵头和印度、南非、巴西（共称"基础四国"）准备了一份秘密谈判文本作为应对。

国际场合，这种小动作在所难免，发达国家和发展中国家本身也有不可调和的矛盾，表面上一团和气，背地里相互扔砖头、捅刀子的事并不少见。

中国政府代表团在哥本哈根举行的记者会上，有记者希望中国代表团团长、国家发改委副主任解振华就对中国版的"秘密文本"进行评价，这引起了中国代表团的不高兴。当时解振华的回答是，中国坚持在《联合国气候变化框架公约》和《京都议定书》之下继续进行谈判，反对抛开先前的谈判案文而另起炉灶。中国反对私下里搞小动作，但别人都搞了小动作，"基础四国"和"发展中国家集团"也只好着手准备反击。

解振华清晰的表态，很快在谈判会场内外传播开来，消除了环保组织对中国的疑虑。

兵不厌诈，大家其实已经事先有一定的心理准备，作为东道主，丹麦整个提案出来也算分内之事，但"丹麦提案"为什么最后还引起这么大的关注呢？

"丹麦提案"最大的败笔是仅仅提出了长期合作的共同愿景，却从框架和原则上彻底抛弃了《京都议定书》，这正是发展中国家的心理底线。

"丹麦提案"的意思是，以前达成的共识、协议什么的难免勾起发达国家不快的回忆，这样影响和谐，也就不再纠缠过去了，大家一起在一张白纸上描绘更宏伟的蓝图。

不过这次描绘人类蓝图的主笔是欧美的发达国家，草案要求将应付气候变化的融资拨款大权交给西方国家主导的世界银行。这样一来，发达国家便拥有了一项特殊权利，它们可以根据发展中国家的"实际表现"来决定是否向其提供资金援助。最后当家做主的显然是发达国家，发展中国家只能眼巴巴等待着可怜的援助资金。

根据该草案设定的人均排放标准，发达国家可以比发展中国家多排放一倍的温室气体，即从现在起到 2050 年，发达国家可人均累积排放 2.67 吨温室气体，而发展中国家人均只可累积排放 1.44 吨。发达国家处处吵着闹着向世界发展中国家推销人权、平等，但在碳排放权上却把原则、道义给全忘到脑后去了。

按以前气候谈判所确立的原则，在全球的减排中，发达国家义无反顾应该作出表率，在地球的污染史中，发达国家的"贡献"无疑是最大的，但丹麦提案中发达国家的责任却推得干干净净，这像发达国家在聚餐，吃到酒足饭饱，然后把发展中国家拉到桌子上来，最后算账时，大家 AA 制。

在与中国进行了 3 天的闭门磋商后，"77 国集团加中国"2009 年主席、苏丹常驻联合国副代表召开新闻发布会，代表 77 国集团宣布反对"丹麦提案"，对丹麦首相拉斯姆森进行了严厉批评。

"这份文件的出笼，让我们对谈判程序非常失望，因为明显没有同发展中国家进行过足够的磋商、缺少透明度，其中更多反映的是美国和欧盟的意见，而没有怎么体现发展中国家的声音。"国际乐施会代表团的政策观察员科阿茨（barry coates）对 CBN 记者表示，这不是很公平。

"丹麦提案"显然触发了发展中国家最敏感的神经。对世界气候问题最不积极的发达国家明显是推卸责任，而对发展中国家来说，明显是一种污辱。

"丹麦提案"也引起了聚焦在哥本哈根的环保人士的气愤，使抗议达到了一个高潮。

"丹麦提案"公布的当天晚上，这种气愤达到顶峰，来自非洲国家的参会代表选择在大会主会场——贝拉中心的媒体中心不远处大声演讲、抗议，宣称发展中国家将成为气候变化问题的最终受害者，一时间听众云集，阻碍了会场内部的交通。

"丹麦提案"激起的愤怒还在会场里飘荡，为数不少的环保活动分子在大会的媒体中心外高喊："我们要气候正义！"

备受谴责的"丹麦提案"的泄露，引发了发展中国家对东道主在透明性和公正度上的"信任危机"。

人们不禁要问，如此重要的文件提前泄露出来，是有意还是无意？

相对于"气候门"，"丹麦提案"保密起来可能困难许多，经手的人太多了，它有众多"泄密"的渠道。但这也可能是一种试水温的手段。

就像武广高速铁路的票价，国家发改委和铁道部商定，在武广高铁正式开通后，实行试运行价，一等车票780，二等国标490。

这里有一个很技术的手段，是试运行价，理由是未进行最终的成本核算，还有较多的不确定因素。只要一细想，就感觉这里绝对是大忽悠，你这样说把那些做预算做分析的脸往哪里搁啊。对于任何一个项目，要是事先没有一个详细的可行性报告，就能让老板下决心吗？就能从银行或国库里把钱要出来吗？

其实国家发改委及铁道部这样可以给自己找一个台阶下，如果消费者真承受不起，武广高铁只是来回运椅子，那降价在所难免。如果乘车人数有保证，可以一直试定价下去，就像津京城际高速铁路的票价已经试运行了一年多时间，也没有要变的意思。

国际谈判中，各方可以运用各种技巧与手段，最终都是为了达到自己的目的，至于手段如何，就另当别论了。

但在气候变化谈判的关键阶段，这个"丹麦提案"却弄巧成拙，搬起石头砸自己的脚。

从事后各方愤怒的反应来看，显然超出了制定者的预期。

如果排除主动泄密的可能，我们可以设想"丹麦提案"确实可以起到出奇制胜的作用，在各国元首到来的紧要关头，把方案抛出来，可以给发展中国家一个措手不及。

丹麦作为东道主，自然不希望这个气候大会给开得虎头蛇尾，自编自导一出苦肉计，未尝没有可能。事后，丹麦不停地表态说这只是一个草案，只是一些初步的不成熟的想法，触犯了众怒，只好给自己一个台阶下。

但不信任的氛围已经在哥本哈根蔓延，一个彼此缺乏信任的谈判过程无法走得更远。

天下也没有不透风的墙，由于气候谈判利益攸关方太多，去找内鬼可能有一些难度。唯一肯定的是，一个看似平静的气候大会，斗争是多么激烈，刀光剑影，你来我往，充满了火药味。只是"泄密"、国际间谍等给人们提供了一些兴奋点。

作为反击，在"丹麦提案"面世之后，中国、印度、巴西及南非参与制定的"四国文本"也逐渐浮出水面，在国际场合必然进行一些针锋相对的斗争。

这下代表发展中国家立场的"四国文本"与代表发达国家利益的"丹麦提案"正式展开了巅峰对决。

"四国文本"并没有多少新鲜的东西，该文本坚持的是《京都议定书》及"共同但有区别的责任"原则。

共同有区别的责任，就是说在应对全球气候上，主要责任在发达国家，发展中国家任意排放就行了。你们要减排就请自便，就不要让发展中国家来凑热闹了，发展经济哪家不排二氧化碳，不让排不是扼杀一个国家的发展权么？

"丹麦提案"与"四国文本"之间的差异，主要落在"共同有区别的责任"、发达国家向发展中国家提供资金及技术援助等方面，而哥本哈根气候大会基本上一直围绕着这一系列问题展开。

"丹麦提案"最大败笔被认为是抛开《京都议定书》，而实际上《京都议定书》美国都没能承认，并拒绝签订，有什么可遵守的呢？发展中国家所坚持的有区别的国际责任究竟是什么呢？对于发达国家来说，明显有些吃亏啊，为什么他们当初愿意提出这样的原则呢？

早知今日何必当初，这岂不是授发展中国家以柄，发展中国家紧紧咬住这两个原则不放，否则发达国家将在道义上失分，发达国家拼命想把这些东西从条约中删除又为哪般呢？

四、艰苦的气候谈判之路

要说清这些，则需要翻翻联合国气候谈判的历史账，为什么有些前期确定的原则引来这么大的争议，美国为什么会一直与气候谈判较真，发展中国家在里面又扮演一个什么样的角色？

随着人类社会的发展，极端恶劣的天气逐渐增多，如暴雨、洪涝、沙尘暴、森林火灾等，而还伴随着荒漠化加剧、生物多样性减少、湖泊水位下降、海平面上升、冰川消融，水资源供需矛盾等，这是人类必须共同面对的挑战。

某一个地方污染了，可能灾害局限在某个地方，但地球是不停地运转的，海洋和天空是大家共同的户外活动场地，不可能说我就整天待在自己家里，足不出户。现在的气候谈判就是大家坐着，看这个户外活动场地的治理。

单靠一个国家在那里大声呼吁，显然是不行的，必须村里所有人都出一分力。

地球是一个公共产品，这就导致一个问题，谁来主要负责，义务怎么分担。在一个花园小区中，有一些健身器材什么的，大家都可以来使用，先到先得，坏了有物业管理的人来修理，反正这也是从物业管理费中扣取的。

但放大到整个国际社会，就不可能这么和谐了，首先是没有像物业管理这样的角色。

这就涉及责任分担的问题，这也开始了漫长的吵架过程，都想尽量少承担责任，多享受权利，人为了利益必须斤斤计较，国家显然也一样。

人们一谈到联合国气候谈判就会提到 1992 年 5 月 9 日在纽约通过的《联合国气候变化框架公约》，其实这也不是一下从地里冒出来的，前面还有较长的一段铺垫。

在共同治理地球时，就需要一个公共的机构，来对地球的环境问题进行评估和分析，有数据才有说服力，也才可能对症下药。中国有句古话叫因病施治，本来只是一个小感冒，却当成重症病人来治，开非常多的药方，花了钱不说，对人的身体也是有害的。

因此，先易后难，先搞个研究机构，定时发一些数据，人们只有在数据的指导下才可能采取科学的行动。所以，在全球气候谈判前先有了政府间气候变化专门委员会（IPCC），就是本书开头提到"气候门"的主角。

IPCC是在1988年由联合国世界气象组织和联合国环境署共同发起，对与气候变化有关的各种问题展开定期的科学、技术和社会经济评估，提供科学和技术咨询意见。

这个机构的作用毋庸置疑是最为重要的，其实前面也说到过，英国在这个机构中最有话语权，或者说是垄断。

应对全球气候变化不仅是科学问题和环境问题，在气候变化领域的国际谈判更是政治和外交问题，斗争的实质是争夺未来在能源发展和经济竞争中的优势地位。

国际上开会，一般都是无休止的争吵，本着成员国平等的规定，全世界将近200多个主权国家，都会挨个发言，完整地走一圈，估计也要好几天，更何况总有卡扎菲这样的主，在2009年的联大一般性辩论上，这伙计兴奋起来讲了94分钟。

这些会议一般都不会有什么结果，最后怎么样呢，都是一些没有任何约束力的诸多宣言、公报或其他文件，隔靴搔痒。

1989年11月，国际大气污染和气候变化部长级会议在荷兰诺德韦克举行。大会通过了《关于防止大气污染与气候变化的诺德韦克宣言》，这才算是联合国气候问题正式迈出第一步，提出了讨论气候变化的日程表。

又经过3年多的吵吵闹闹，总算有一个结果，那就是《联合国气候变化框架公约》，大家能体会到联合国的办事效率了吧。

《联合国气候变化框架公约》是世界上第一个为全面控制二氧化碳等温室气体排放，以应对全球气候变暖给人类经济和社会带来不利影响的国际公约，也是国际社会在对付全球气候变化问题上进行国际合作的一个基本框架，我们可以将这看作是全球气候谈判的第一个阶段。

但《联合国气候变化框架公约》正如它的名称，只是一个框架公约，尽管它要求各缔约方采取国家措施和政策控制气候变化，但是对具体应该采取的措施和政策没有进行至少是导向性的进一步规定。发达国家的缔约方的承诺也是空泛的，对控制温室气体排放的管制对象、控制目标、承诺期限都模糊不清。

《公约》仅规定发达国家应在 20 世纪末将其温室气体排放回复到其 1990 年的水平，但没有为发达国家规定减排的量化指标。

因此，在《公约》生效后，地球上各村民代表又忙活着看怎么弥补这个公约所带来的缺陷，在"框架公约"之外再通过一个议定书成为续展谈判的立法目标。

到了 5 年后的 1997 年 12 月 1 日至 11 日，在日本京都举行了公约第 3 次缔约方大会，会议经过异常艰苦的谈判，终于制定了《〈联合国气候变化框架公约〉京都议定书》，由于人们的习惯，都直接叫它《京都议定书》

《京都议定书》解决了一个关键的问题，定指标，不再空喊口号了。本着国际人道主义原则，这次大会给发达国家打造了一批铁马甲，你未来的碳排放就只能在这个水平了，否则要承担国际后果。

而对发展中国家根本没有任何的硬性要求，想排哪就排哪，当时发展中国家经济总量也很小，在设计者眼里，就算撑死了，也不可能排多少的，毕竟发达国家才是大头。

《联合国气候变化框架公约》将地球村里的村民分了几个档次，工业化国家、发达国家及发展中国家，各个档次的权利和义务是各不相同的。

当然，这也是发展中国家据理力争的结果，它们大多处于工业化的起步阶段，如果从这个时候就开始定指标，那甭发展了，发展中国家将没有权利再多增加汽车，没有必要再多穿衣服，因为生产一件衣服也会产生大量的温室气体。

《京都议定书》，这是大家共同努力的结果，因为它有硬性的指标，没有达到的话，要负国际责任，因此需要各国议会、政府批准，只有大多数国家批准了才可能生效。

《京都议定书》正式具有法律约束力，需要同时满足两个条件：一是签订批准国家的排放温室气体的总量要占到 39 个工业化国家总温室气体排放总量的 55%；一个是国家的总数要占到参与国的 55%。

附1：《联合国气候变化框架公约》对参与国的分类

1. 工业化国家。这些国家答应要以1990年的排放量为基础进行削减。承担削减排放温室气体的义务。如果不能完成削减任务，可以从其他国家购买排放指标。

2. 发达国家。这些国家不承担具体削减义务，但承担为发展中国家进行资金、技术援助的义务。

3. 发展中国家。不承担削减义务，以免影响经济发展，可以接受发达国家的资金、技术援助，但不得出卖排放指标。

附2：《联合国气候变化框架公约》附件1所列的39个工业化国家缔约方

澳大利亚、奥地利、比利时、保加利亚、加拿大、克罗地亚、捷克共和国、丹麦、爱沙尼亚、欧洲经济共同体、芬兰、法国、德国、希腊、匈牙利、冰岛、爱尔兰、意大利、日本、拉脱维亚、列支敦士登、立陶宛、卢森堡、摩纳哥、荷兰、新西兰、挪威、波兰、葡萄牙、罗马尼亚、俄罗斯联邦、斯洛伐克、斯洛文尼亚、西班牙、瑞典、瑞士、乌克兰、大不列颠及北爱尔兰联合王国、美利坚合众国。

附3：15次联合国气候大会列表

时间	地点	会议成果
1995年	德国·柏林	会议通过柏林授权书等文件，就2000年后应该采取何种行动保护气候进行磋商。
1996年	瑞士·日内瓦	会议就"柏林授权"所涉及的"议定书"起草问题进行讨论，未获一致意见
1997年	日本·京都	通过《京都议定书》，规定美国削减7%，日本削减6%。
1998年	阿根廷·布宜诺斯艾利斯	一直以整体出现的发展中国家集团分化为3个集团，一是小岛国集团，二是期待获得发达国家援助的国家，三是中国和印度，不承诺减排任务。
1999年	德国·波恩	通过了《公约》附件—所列缔约方国家信息通报编制指南、温室气体清单技术审查指南、全球气候观测系统报告编写指南等。

时间	地点	会议成果
2000 年	荷兰·海牙	谈判形成欧盟—美国等—发展中大国（中国、印度）的三足鼎立之势。
2001 年	摩洛哥·马拉喀什	通过了有关《京都议定书》履约问题（尤其是 CDM）的一揽子高级别政治决定，形成马拉喀什协议文件。
2002 年	印度·新德里	会议通过的《新德里宣言》强调抑制气候变化必须在可持续发展的框架内进行，这表明减少温室气体的排放与可持续发展仍然是各缔约国今后履约的重要任务。
2003 年	意大利·米兰	俄罗斯拒绝批准其议定书，致使该议定书不能生效。
2004 年	阿根廷	在公约框架下的技术转让、资金机制、能力建设等重要问题进行了讨论。
2005 年	蒙特利尔	2005 年 2 月 16 日，《京都议定书》正式生效。本次大会取得的重要成果——"控制气候变化的蒙特利尔路线图"。
2006 年	内罗毕	这次大会取得了 2 项重要成果：一是达成包括"内罗毕工作计划"在内的几十项决定，以帮助发展中国家提高应对气候变化的能力；二是在管理"适应基金"的问题上取得一致，基金将用于支持发展中国家具体的适应气候变化活动。
2007 年	巴厘岛	通过了"巴厘岛路线图"，启动了加强《公约》和《京都议定书》全面实施的谈判进程，致力于在 2009 年年底前完成《京都议定书》第一承诺期 2012 年到期后全球应对气候变化新安排的谈判并签署有关协议。
2008 年	波兹南	G8 寻求与《联合国气候变化框架公约》其他缔约国共同实现到 2050 年将全球温室气体排放量减少至少一半的长期目标，并在公约相关谈判中与这些国家讨论并通过这一目标。
2009 年	丹麦·哥本哈根	通过《哥本哈根协议》，《京都议定书》、"巴厘岛路线图"、"共同但有区别原则"得以保留。

碳减排，喧嚣的哥本哈根魅影重重

对于第二个条件，是比较容易满足的。对发展中国家而言，在不用负什么责任的国际公约上签署是不需要费什么神的，只需要在上面展示一下漂亮个性的书法。中国于 1998 年 5 月签署并于 2002 年 8 月核准了该议定书，很多国家跟进也非常快。

由于美国 1990 年温室气体排放量占附件 1 国家的 36.1%，在美国拒绝批准《京都议定书》的情况下，要达到生效条件，意味着几乎所有其他附件 1 国家都必须批准。

俄罗斯因占 1990 年附件 1 国家 17.4% 的排放量而持有决定《京都议定书》生死的一票。在俄罗斯于 2004 年 11 月 18 日向联合国正式递交加入文件后，《京都议定书》已于 2005 年 2 月 16 日生效。环保人士对《京都议定书》的评价是相当高的，这让他们看到了人类的曙光。

我们也可以视《京都议定书》为气候谈判的第二个阶段，它较《公约》又进一步。

《京都议定书》本身发展了系列的履约"弹性机制"——排放交易、清洁发展机制、联合履行，又称"京都机制"，对这些机制的公平性、合理性尚有争论；这些机制的具体履行规则，包括实施细则、导则或指南等还在谈判、规范之中。

但世界气候谈判的道路仍是非常艰辛的，这个第二阶段成果虽然看起来振奋人心，但还是有很多致命的漏洞。

在某些人看来《京都议定书》是"最后决定了的游戏规则"，但那只是针对《联合国气候变化框架公约》的原则规则来说的。而最大的隐患来自于地球村的"村长"，虽然《京都议定书》形式通过了，但美国也只是当时的副总统戈尔象征性地签了字。它成为一个正式的有约束力的法律文件，还需要美国国会通过。按美国人的脾气，自己吃亏别人受益的事不可能干的，因此，在 39 个工业化国家中也仅美国一家没有通过。

一个国际法如果没有美国人能玩得转吗？显然会大打折扣。

革命尚未成功，地球村的村代表仍泡在联合国的澡堂子里，不时动情演绎"今夜无眠"。

《京都议定书》的遗留问题，也被称为"后京都"问题。即《京都议定书》第一承诺期在 2012 年到期后如何进一步降低温室气体的排放、2012 年后应对气候变化的措施安排、发达国家应进一步承担的温室气体减排责任等一系列关于全球气候变化的问题。

再次推动全球气候变暖问题谈判的则属于"巴厘岛路线图"了。

经过数十天的争吵，欧盟及发展中国家向美国让步，接受折中方案，放弃要求在议定书正文内明确减排目标，改为执行"路线图"方案。

这意思是说，既然大家都不太热心，就算定出计划来也不见得能遵守，再叫"公约"等之类，着实有些玷污"公约"这个词，用"路线图"这个词够美妙。

但这个"巴厘岛路线图"也是一波三折，开始时，美国代表团团长、负责全球事务的副国务卿葆拉·多布里扬斯基在大会表决前说，美国将反对"巴厘岛路线图"，让"路线图"的通过也蒙上阴影。

最后经过村民委员会代表潘基文的动情演说，也或许是美国的良心发现，"巴厘岛路线图"终于通过。

只有义务没有权利的事，任何国家都不会干的，更何况是美国。美国不可能在发展中国家不承担义务的情况下批准条约。这么重大的全球事务没有美国参加显然也是不行的，最后作为妥协，"巴厘岛路线图"一方面坚持"共同但有区别原则"，一方面又考虑发展中国家承担一定的减排义务，这就意味着"双轨"并行。

美国以退出谈判为威胁，迫使发展中国家作出一定的让步。

除了"双轨制"外，"巴厘岛路线图"还提出了适应气候变化问题、技术开发和转让问题以及资金问题，这三个问题是广大发展中国家在应对气候变化过程中极为关心的问题。

中国代表团副团长苏伟评价说，"巴厘岛路线图"这次把减缓气候变化问题与另外三个问题一并提出来，就像给落实《公约》的事业这架破车"装上了四个轮子"，让它可以奔向远方。

巴厘岛会议要求2009年举行的丹麦气候变化大会上再制定新的减排目标，取代《京都议定书》，这像一场接力赛，先制定一个容易达成的目标，然后再啃骨头。

《京都议定书》只能算一个临时性的减排方案，它的有效期限是到2012年，2012年后就过期作废了。因此，哥本哈根大会就显得非常急迫，要是谈不拢，世界各国都没有一个可以遵守的东西，可以随意排放二氧化碳，在环保人士的眼里，这可是一种自杀行为，因此哥本哈根气候谈判被喻为"拯救人类的最后一次机会"。

五、气候谈判背后是赤裸裸的国家利益

国际社会为制定议定书举行了多次谈判，但由于减、限排温室气体直接涉及各国的经济发展，各方难以达成一致，导致联合国气候谈判异常艰难。

在全球气候谈判中，一般将所有国家分成三派，一个是欧盟各国、一个是以美国为代表的伞形集团，包括美国、日本、加拿大、澳大利亚，一个是发展中国家，三派利益各不相让，三派之间的争斗贯穿了整个联合国气候大会。

对气候变化反应最为积极的无疑是欧盟，主要原因是欧盟各国国内环保势力较强，清洁能源在其能源构成中比例较大，也力图在国际上高举环保旗帜，并拥有先进的环保技术和较充足的资金，极力要求立即采取较激进的减、限排温室气体措施。

在欧洲来讲，并不存在一个强大的反对新能源的利益集团，因为无论是英荷壳牌、道达尔，还是英油，都面临北海石油开始干枯的状况。而碳排放引发的碳金融，肯定对英国的好处，要远远高于石油上失去的利益。

对于发展中国家而言，基本上是陪太子读书，在发达国家占主导的世界格局中，声音最为微弱，其利益也容易被忽视。

如果实行强制性的减排温室气体，将可能使国内经济发展受到很大的限制，一方面是没有技术，唯一的途径，只有从发达国家购买，二是没有资金，对很多国家来说，国内问题一大堆，解决吃饭问题是最紧迫的任务，哪有闲钱去买价格昂贵的太阳能等新兴能源技术。

发展中国家其实也有自己不减排的理由，全世界的温室气体绝大部分都是发达国家排放的，把地球给"污染"了，最后却又要拉发展中国家一起处理，这不是开玩笑吗。像村里一块公共活动场地，先一帮有钱人弄得臭气熏天，污秽不堪，穷人家里没有多少钱，较少搞户外活动，现在有钱人理直气壮地说，

为了让大家以后都能有 happy 的机会，我们还是一起来把公共活动场地清扫一下吧。

发展中国家本来是凑热闹，打打酱油，看有没有好处捞一笔的，现在却要承担富人们无度挥霍的后果，这是哪门子事啊，发展中国家心里情绪一直很大，坚决不替发达国家买单。

但发展中国家受到强大舆论的压力，被要求参与全球减排，头一下被搞得很大。在气候谈判中，发展中国家一直坚持《框架公约》相关规定，拒绝承担与自身经济发展水平不相适应的义务。

如果坚持要让发展中国家减排也行，那也让些利益出来，发展中国家一要资金，二要技术。但在这两样上，欧美等国又耍起了滑头。

在技术转让问题上，发达国家辩称减排技术都掌握在私营企业手中，存在知识产权问题；资金问题上，发达国家表示应通过市场机制解决。

这样没有诚意的买卖，发展中国家当然认为是发达国家的托词，缺乏诚意。

美国是世界超级大国，以占全球 3% ~ 4% 的人口消耗了全球约 1/4 的资源，按理是减排的重点单位，但在应对全球气候变化中，美国却是态度最消极的。

能在国际上博得好名声的事美国人肯定愿意干，但要考虑它的成本。1998年7月克林顿政府公布了一份经济顾问委员会的报告，这份报告认为通过和其他发展中国家之间按照清洁发展机制进行排放交易，可以使美国减少原先估计花费的 60% 就能达到《京都议定书》规定的 2012 年的排放要求。

但这个减排成本对美国人来说却认为比较大，包括国会预算办公室、美国能源部、能源信息管理局等经过认真的经济评估，认为履行《京都议定书》有可能会大幅降低美国 GDP 增长。

因此美国在气候谈判上的策略便是，如果要减排一起减，不能仅让美国带头，要死也要拉个垫背的，而发展中国家很难作出让步，这给美国一个最好的借口。

权利和义务的动态平衡支撑着国际合作的有效开展。

对美国来说，《京都议定书》并不具备上述的特点，或者说美国在减排方面，只有义务，没有权利，这样吃亏的事美国人并不甘心的。

义务的承担如果没有相应的经济效益，那唯一的办法就是用道德来约束了。美国资深经济学者、诺贝尔经济学奖获得者乔治·阿克罗夫说得就很明白："这（治理全球变暖）不是一个成本与收益问题，而是一个道德问题。"

面对这样一个道德问题，美国前国务卿赖斯给了国际社会一个明确的答案："政策的制定应该从国家利益出发，而不是考虑虚幻的国际社会效益。"

美国一直对减排无动于衷，但由于美国的国际地位，任何国际上的事离开美国也玩不转，所以，每次谈判都会给美国留一些空间，力争把美国争取过来，试图在道德上不断感化美国，让他为人类崇高的减排事业作出一些应有贡献。

但从最近20多年的发展来看，美国这位土财主一直有些固执，任由欧洲不断开导，就是冥顽不化。

所以说，美国是一个彻头彻尾的实用主义者，作为地球村里的警察，其他人能拿他怎么样呢？

2009年诺贝尔和平奖颁给了奥巴马，让人跌破眼镜，其实和平奖从来都是政治工具。它一般奖给"已经立功"的人，如戈尔巴乔夫之类，但奥巴马刚刚上任，颁个奖给他，又是为何？

我们也可以看出欧盟试图走捷径，先给奥巴马戴个高帽子，换取美国在气候谈判等问题上的让步。美国国内对这个奖项并不在意，冷嘲热讽，奥巴马自己心里也有数，低调领奖，也可以看出，美国并不吃欧盟这一套，不会因为一个和平奖被欧盟拖下水。

美国的单边主义在任何场合都表现得比较充分，只要不符合美国利益的，就算刀架在脖子上也不行，更何况有谁敢把刀架在美国的脖子上呢？美国早已经修炼成人精了，何惧国际上的一些道德批判呢？

在《联合国海洋公约》的签订上，美国表现得最为张弛有度。

由于科技的发展，陆权时代被终结，海洋时代到来。在一个水面占了70%的水球（而不是地球）上，谁掌握海洋谁就掌握世界，这才是大国的根本。

美国有七大航空母舰战斗群，美国独霸天下的发展观是现实摆在那里的。美国当然希望他的舰队能在全世界自由航行，想去哪里就去哪里。

为了对付美国的海上霸权，联合国里的一帮穷哥们凑起来，张罗着搞一个《联合国海洋法公约》，对海洋权益的各个方面逐一定义。中国作为第三世界领袖，自然不能不侧身其中，不但参与，而且领导；不但领导，而且率先批准。

话说一帮穷人要对付地球村首富，瓜分海洋，每家200海里，山姆大善人岂能不知？这不是压缩美国海军的活动空间吗？美国开始坚决反对，政府不签约，更谈不上国会批准，《联合国海洋法公约》也就变成了一个玩具，眼看要无疾而终。谁知道峰回路转。

但在里根时期，美国一下变得通达了。原来美国人一向高瞻远瞩，只看得见别人家的海岸，从来不知道自己家也有海岸的。里根政府突然发现，世界上原来只有他是面临两个大洋的国家，而且海外一望无际，不需要跟任何人平分什么专属经济区，更不用说领海了。

原来《联合国海洋法公约》一旦公布，他才是最大得益者，所以立即行动，政府批准，说服国会通过，动员其他海洋国家签约，快马加鞭，《联合国海洋法公约》终于从玩具变成了工具。

这就是现实，要想让没有美国人参加的国际法律通过是多么的困难，最后还要把大块利益让给美国。原来想联合起来对付富人的把戏，结果还是富人得益，最后自己再名正言顺地沾一点光。

当然这是有原因的，也是因为美国强大的实力作为支撑。

在苏联解体后，美国一家独大的地位显现出来，美国的单边主义也走到了极致。我们在全世界可以看到美国牛仔们忙碌的身影，邻里出了纠纷，主动去维持秩序，别人家里好好的，也可以自编自导出一些热闹来。

美国通过两场战争，把萨达姆及塔利班收拾后，培植了亲美的马利基及卡尔扎伊政府，美国已经完成了世界范围的布局。美国在理论上控制了全球，成为真正的老大，其实力也达到了巅峰。

意气风发的美国其实不用把任何人看在眼里，美国有一段时间都想把联合国这座只会念阿弥陀佛的庙给拆了，完全束缚了自己的行动自由嘛，自己拉一套人马单干，在处理国际事务上想玩什么花样就玩什么花样。

在这样的大背景下，美国人哪里把联合国气候变化大会放在眼里，仅仅只派一些小喽啰去忽悠一下，恐吓一下，偶尔也发发善心，证明美国人仍是关心国际事务的，你们这帮人不要背着俺做一些挖美国墙脚的事来。

六、中国为何在哥本哈根高调起来？

按理说，中国人在联合国气候变化大会站好自己的岗，表决时举手，就尽到自己的责任了，但奇怪的是，中国越来越积极了，在联合国公然抢欧美的话筒，急于发出自己的声音。

中国是一个联合国的迟到者，直到 1971 年，中国才恢复在联合国的席位，是亚非拉人民把我们抬进去的。

在联合国气候变化大会上，中国也是一个迟到者，但中国这个插班生却有些不安分，以至于围绕中国出了些怪事。

2009 年哥本哈根全球气候大会，怪事层出不穷，而其中一件比较蹊跷的则是中国代表团成员连续三次被拒之门外，这引发了中方强烈的抗议，也成为大会的一个热点。

根据大会程序，所有谈判代表、NGO（无政府组织）和媒体都必须佩戴有大会发放的附有电子条形码的注册牌，进场和出场时都必须扫描条形码以确认权限。

但是 12 月 9 日早上，当联合国气候谈判中方代表团团长解振华戴着代表团工作人员的胸牌进入贝拉中心时，却被拦了下来。应主办方要求，他重新办理了一张专用于各国代表团成员的粉红色胸牌，还是没能进入会场。

这并不是第一次，中方代表已经是连续第三天受阻了。

在最终进入贝拉中心之后，中方代表团副团长苏伟引用中国的古话"事不过三"、"是可忍孰不可忍"，表达了强烈的不满。他还用英语说："大会开始第一天我不高兴，第二天是很不高兴，今天是非常地不高兴。"

苏伟指出，接下来将有许多国家的部长出席气候大会，随后还有约 110 个国家的领导人将与会，这样的组织效率不能让人满意。对此，主办方不得不马上表示了道歉。

中国是联合国五大常任理事国之一，国际地位摆在那里，中国的震怒自然会引起主办方的重视并最终道歉。我们可以设想，要是一个小国的代表被拒之门外，估计在哥本哈根这潭浑水中激不起任何的波澜。

中方代表团三次被拒，真纯粹是主办方的意外吗？估计三岁小孩子都不会相信，那么这背后隐藏着什么呢？有没有什么见不得人的事？

要看清真相，我们还是要回到2007年的巴厘岛会议。

2007年12月15日晨，印度尼西亚，巴厘岛。

联合国气候变化大会准备为2009年前应对气候变化谈判的关键议题进行表决，但奇怪的是，中国等发展中国家的代表并没有参加。

是中国疏忽了吗？优美的巴厘岛风光让中国代表团流连忘返，早上起来去海边沐浴一下海风而忘记了开会？

其实是勤奋的发达国家的与会代表起得更早，在他们的强烈要求下，大会主席和秘书处试图在没有中国等国参与下召开大会，讨论并意图通过正在磋商的文件。

当中国代表准点到达会场时，别人宣传这个会已经快开完了，发达国家代表全世界人民表决就行了，中国等就不必劳神了！

但这次中国人没有打算再让发达国家包办国际事务，自己的事自己做主还是比较好，总被人代表肯定不是回事，说不定我们的意见不同呢。

中国代表团副团长苏伟和他的同事两次举牌抗议并要求大会秘书长道歉，最终，秘书长流泪道歉。

中国代表的及时阻止，保证了《京都议定书》没有按照发达国家的意图在第一个承诺期到期前就被推翻，而是按照原计划制定了第二承诺期的行动指南——"巴厘路线图"。

大家也可以想象一下，如果不是中国，如果没有联合国五常的位置，大会秘书长会道歉吗？会议的结果能如发展中国家所愿最终达成协议吗？

中国从那里起注定就不是一个受欢迎者，所以我们也在两年后再次在哥本哈根受到同样的待遇，只要没有中国人参加，什么事都好办，毕竟那些小国都容易哄，也容易分化和瓦解。

2008年12月1日，《联合国气候变化公约》第14次大会在波兰波兹南开幕，这似乎成为一个转折点。

"Now，China，the floor is yours（现在是中国代表发言）"，每当大会主席宣布这句话时，气候谈判的大会会场通常会变得鸦雀无声。世界开始倾听中国的声音，不仅仅源于中国是全球最大的排放国之一，更重要的在于中国正积极步入全球气候谈判的舞台中央。而在本届哥本哈根全球气候大会上，中国也开始变得越来越高调，中国向发达国家发起了凌厉的攻势。

在外界看来，中国在哥本哈根联合国气候大会上立场变得更为强硬，开始指名道姓攻击富国"谨小慎微和具有欺骗性的"碳减排目标。

中国代表团于2009年12月8日下午在丹麦首都召开了新闻发布会，中方代表团副团长苏伟说，美国的减排目标"不突出"，欧盟的减排目标"力度还不够"，日本则为减排设定了苛刻的前提条件。

而在此前的气候变化谈判中，中国很少召开新闻发布会，也很少具体地批评某些国家，一般都是笼统地称之为"发达国家"。这一立场的转变让习惯教训其他国家、总以为站在道德制高点上的发达国家感觉吃惊。

距离哥本哈根联合国气候变化大会结束还有36个小时，在这个至关重要的时刻，大会主席丹麦前气候与能源大臣康妮·赫泽高被替换，接替她的是丹麦的首相拉斯穆森。

丹麦官方的解释是随着各国领导人的到场，需要提高接待的级别。而实际上，丹麦政府是不满康妮·赫泽高在立场上倾向发展中国家，严重地损害了以美国为首的发达国家的利益。

丹麦首相披挂上阵后，马上抛出一个提案，要与会各国进行表决。这显然违反了大会的议程，受到发展中国家的强烈抗议，而中国代表团成员更三度拍案而起。最后丹麦首相只好灰溜溜地把提案撤下来。

这和巴厘岛气候大会的情形何其相似，有一点可以肯定的是，如果没有中国代表的据理力争，堂堂丹麦首相能轻易服软？

中国为什么会有如此的底气呢？

美国从2007年退居全球第二位二氧化碳排放国后，一谈及气候变化的责任，就祭出一个"很好"的方法：拉中国下水。

2009年12月9日，美国气候变化特使斯特恩刚下飞机就匆忙赶到作为哥本哈根气候峰会主会场的贝拉中心出席美国代表团当天的发布会。斯特恩强调，如果没有中国的确实承诺，会议就不可能达成协议。他在避免提及美国碳排放历史的同时，强调中国将来可能的碳排放量。

斯特恩说："排放量不断显著上升的国家就是中国，因此我们不能达成协议。原因是中国没有作出真的承诺，我的意思是中国是世界（温室气体）排放最多的国家。目前是全球总量的20%，2020年估计占全球总量的28%，你甚至不能相信控制（温室气体）排放的问题上欠缺了中国的重要行动。"

中国代表团团长、国家发改委副主任解振华对美方的言论迅速反击，称中国愿意奉陪美国，可以接受在2050年将全球碳排放量减半的目标，但条件是发达国家必须承诺到2020年比1990年减排40%，并同意对发展中国家提供财政援助。他指出，中国不否认长期目标的重要性，但认为中期的目标更重要。

碳减排意味着关闭更多的高耗能工厂，这可能导致更多的失业人员，在次贷危机的关头，美国、日本等国家以及欧盟会就范吗？显然是不可能的。中国敢这样提，显然是抓住了欧美等发达国家的软肋，在强大国内舆论压力及国会面前，政客的过火表演，可能会吃不了兜着走。

而中国敢与美国等发达国家叫板，肯定是有备而来。在哥本哈根大会召开之前，中国就已经对外高调宣布了中国碳减排的目标。

国务院总理温家宝在2009年11月25日主持召开国务院常务会议，宣布到2020年中国控制温室气体排放的行动目标，到2020年中国单位国内生产总值二氧化碳排放比2005年下降40%～45%。

相对于美国、欧盟、日本、澳大利亚等发达国家的吝啬，中国在碳减排上显得多么的大度，这也是中国代表团在哥本哈根大会上底气十足的根本原因，道德的制高点第一次转到了中国手里。

中国在此前的联合国气候变化大会上，喜欢把自己扮成一个发展中国家，丝毫不放弃中国在碳排放上的特殊权利，中国知道过早规定碳减排势必严重打击国内经济发展。

三十年河东，三十年河西。

中国在如此短的时间内就开始在不同的场合和发达国家针尖对麦芒，也着实让全世界刮目相看。中国也不再是那只遇到危险就把脑袋埋在沙子里的"鸵鸟"，而是一个积极参与国际事务的重要角色，是重大利益的攸关方，是发展中国家的代表。

七、中国成为气候谈判中最大的变数

美国人在气候谈判中的表现一直让人感觉有严重的两面性。

美国态度基本上一直没有变过，美国在好莱坞电影中喜欢扮演救世主，把国际责任挂在嘴边，在最极端的情况下，总是拯救人类的最坚强力量，但在现实中，美国对国际事务并不热心。

本着死猪不怕开水烫的原则，美国一直坚持其光荣的单边主义传统，在气候减排这样大是大非的问题上明显地开倒车。

欧盟一直是气候变化的急先锋，但后来态度却发生了较大的变化。从2009 年的哥本哈根大会欧盟的表现来看，"环保旗手"欧盟明显地退步了，显得保守起来，这是为什么呢？

为什么会发生这么大的转向，降低温室气体的排放被欧美等很多环保人士看来，是功在当代，利在千秋的好事啊？

就算通过苛刻的条件，对欧盟来说，也不会有什么影响，首先在条约的缔结中，欧盟有优先的发言权，在雄厚的技术条件下，只有别人做不到的，没有他做不到的，所以敢定很高的目标。

这里有一个很重要的原因，就是一个"钱"字。

根据《联合国气候变化框架公约》，发展中国家减排不具备强制性，发展中国家的减排是以发达国家提供一定规模的资金为前提。

但是从1991 年《公约》成立到2008 年，18 年里发达国家向发展中国家总共投入的数额仅为33 亿美元，而从2006 年到2010 年，该基金计划用来应对气候变化的资金仅为9.9 亿美元，欧美发达国家给钱越来越不爽快了。

根据《公约》秘书处的估算，到2020 年，发展中国家应对气候变化行动的资金需求为每年1000 亿美元，这也是被发达国家普遍接受的一个数字。

丹麦文本规定发达国家在2010——2012 年每年提供平均100 亿美元的快速资金帮助发展中国家应对气候变化，其余资金依靠市场机制，欧美事先的承诺已经不算数了，钱是不给的，发展中国家二氧化碳减排责任却是必须承担的。

每年100亿美元就想把发展中国家像叫花子一样打发了，也难怪美国投资大鳄索罗斯评论道："（100亿美元）聊胜于无。"

不过在次贷危机的大背景下，即便是100亿美元也未必好凑，欧盟和美国谁也不太愿意从自己口袋里掏钱出来。

中国代表团副团长苏伟首先针对欧盟等发达国家计划2010年至2013年每年支付100亿美元帮助贫穷国家应付气候变化时说，"这笔金额分到发展中国家，按人头平均每人分不到2美元，这2美元，在物价昂贵的丹麦，甚至买杯咖啡都不够。"

因为coffee（咖啡）同coffin（棺材）的发音是非常相近的，在哥本哈根也多了一个笑话，发达国家想用这两美元给发展中国家买棺材。

欧盟在次贷危机中受伤不轻，地主家也没有余粮了，这个时候摆姿态还是比较容易，但要拿出真金白银出来，就显得有些难为情。欧盟内部还有一摊子事，气候谈判这种装门面的事可不能弄巧成拙，束缚自己的手脚。

由于欧盟的摊子越铺越大，由最初的六个创始国发展到现在的27个。欧盟是全球气候变化谈判的发起者，姿态积极，但欧盟在吸纳新成员后各国发展水平差异较大，内部协调难度相对增大。

欧盟态度的转变还有隐情。随着中国、印度、巴西、俄罗斯等国家的迅速工业化及崛起，这几个国家快速成为碳排放大国，而中国的变化更大。

应该说，全球气候变化前期还是比较顺的。在2000以前，气候变化看似是三方，而实际上是欧盟与美国为首的伞形集团的斗争，而发展中国家只是气候变化的一个陪衬，基本上没有任何的发言权，只需要举手表决。

这时发达资本主义国家也比较仁慈，对发展中国家在二氧化碳排放上网开一面。那时发达国家也乐意承担国际责任，村里其他村民都穷得叮当响，富人不带个头怎么能搞得起来。所以，在气候谈判的前期，欧盟提出了"共同但有区别的国际责任"，我们发达国家先减排吧，你们发展中国家就暂时不用了。

再说了，刚开始全球气候谈判那会儿，发展中国家排放的碳根本不值一提。碳排放的多少是地球村中地位的象征，就你发展中国家排放的那点，相对发达国家来说是九牛一毛，发展中国家也根本不好意思拿出来说事。

与发达国家在最近几十年经济停滞相反，发展中国家经济保持了高速发展的势头。发达国家碳排放越来越少，而发展中国家排放的碳越来越多，特别中国是一个大户，现在已经超过美国成为全世界排放碳最多的国家。

以前比谁排放得多，才有资格谈判，就像胖人才会减肥，毕竟胖人的生活水平高，而穷人得肥胖症的几率相当小。现在情况变了，欧美居然不是碳排放的主角，那么游戏规则也必须作出相应的调整嘛，不然让发达国家怎么玩？

因此，西方发达国家的手段就是有意抹杀前面的谈判成果，西方发达国家的算盘是以前的协议约定什么的就当没有过，今后也不再区别发达国家、发展中国家啦，那样多麻烦。

这也就有了哥本哈根大会上另外一个小插曲。

中国代表团副团长苏伟说他一早就心情不好，轮到中国发言，终于有机会发泄。中国政府的部长被多次阻拦在会场外就算了，现在会议主办方竟然从没有在大会标识上表明《京都议定书》的存在，妄图抹杀"共同但有区别原则"。

"共同但有区别原则"取舍一直是哥本哈根谈判中笼罩在发达国家和发展中国家头上的阴影，是发达国家与发展中国家针锋相对的主战场。丹麦丢了"共同但有区别原则"，发展中国家心寒而愤怒。"难道是想说，《京都议定书》第五次谈判不存在了么？"苏伟道。

面对中国代表的质问，大会主席顿时尴尬。又道："真遗憾，这个标志发布了好几个月，现在才发现有问题……"第二天，《京都议定书》及相关标志又悄然出现……

狡猾的欧洲人，总喜欢要一些小聪明，但这实在不太高明。发展中国家辛辛苦苦参加这个会为的啥呢，还不是想分享一些利益，现在居然想把以前的成果一笔抹掉，这个想法无论如何都太邪恶，群众眼睛是雪亮的。

以前联合国气候变化大会主要是欧美吵架，发展中国家旁听。现在却变成了发展中国家与发达国家之间的互掐。发达国家之间的分歧相对而言变得不重要了。

所以才有了哥本哈根"丹麦提案"抛出后，发展中国家极度的愤怒，成为一个引爆点。

在开始时，中国根本是国际上一个小角色，其他国家根本不把中国放在眼里，而中国也由于国内问题一大堆，主要问题是发展经济，对国际事务根本不热心，别人不需要听中国的声音，中国也不知道说什么，毕竟很多和自己不沾边。

制定《京都议定书》是在 1997 年，当时中国还在为抵御亚洲金融危机而不断加大投资呢，很多海外的媒体都在等中国"经济崩溃"的笑话，这时中国经济总量也不咋样，气候谈判中中国也难以成为一个角色，发达国家替发展中国家包办了一切事情。

从 1997 年到 2009 年，仅 13 年多时间，在欧美发达国家那里也不算什么，按每年 2%～3% 的增长率，经济也不会发生什么大的变化，但中国的超速发展却是世界上所有发达国家及发展中国家始料未及的。中国却在这短短 13 年时间里，发生了翻天覆地的变化，由一个村里的低保户摇身一变成为一个小财主。

据 2009 年 12 月 7 日路透社洛杉矶电，美国一家媒体监测机构的分析数据显示，"中国崛起为经济超级大国"是过去 10 年全球最引人关注的新闻故事，受关注程度远远超过伊拉克战争和 9.11 恐怖袭击。

中国开始在气候谈判上发出自己的声音是在巴厘岛，此时中国已经显露锋芒，一直以来被欧美所主导的气候变化大会开始受到中国的挑战。

除了国际气候谈判之外，其他所有的国际谈判中都有一个中国国际身份的认定问题。

中国一直把自己视为发展中国家，从各方面的指标上来看，这也是无可厚非的。人均 GDP、城市化水平、电力消费水平、食物热量摄入量等，没有哪一项可以超过发达国家。

如果中国有人说自己是发达国家了，随便拉他到中西部的农村，估计他马上会闭嘴。中国表面光鲜，中国也有可与纽约、伦敦、巴黎等国际性大都市媲美的现代化城市群，但中国也有低矮破落的棚户区。

但中国从很多方面来看，又和发展中国家不沾边。从 GDP 总额上来看，中国经济总量已经居世界第二位，中国有庞大的外汇储备，关键是中国的经济增长速度，每年仍以 10% 左右的速度上涨，没有人能预估到中国未来的发展潜力还有多大。

中国在应对次贷危机中，一出手就是 4 万亿人民币，中国的钢铁产量是世界排名第二到第八位的总和，中国被喻为世界工厂……

这样强烈的反差，让人会有时空颠倒的错觉，最核心的因素还是中国的人口，任何数量除以 13 亿，就显得非常渺小，任何数量乘以 13 亿，就显得异常庞大，大到让人只能仰视。

也难怪有人责备中国人喜欢玩弄除法和乘法，当形势对中国不利，要中国承担国际责任时，如交给联合国的会费，就讲人均，讲中国发展中国家的地位；当形势对中国有利时，就会以一个整体出现，一下就显示它的霸气。

中国这个庞然大物，对欧美构成了极大的威胁。但随着中国实力的增强，中国必然寻找自己的生存空间，希望有自己的话语权。对美国等西方发达国家来说，中国已经在抢班夺权，野心逐渐显露，不可不防。

在进行气候问题讨论之初，也就是 20 世纪 80 年代末，90 年代初，中国就算想发出自己的声音，别人也会把中国当成和亚非拉一些普通的小国一样来看待，也不怎么把中国说的话当真。

但当中国 GDP 赶超日本时，谁还能对闯进瓷器店的大象掉以轻心呢？

而现在中国主要是声音实在太大，它也不是一个人在战斗，背后还有一帮亚非拉的穷兄弟，以前分化瓦解的策略使起来显得力不从心。中国要求越来越多，已经超出了欧美国家的心理底线，以前和平友好的讨论因为中国的参加火药味越来越重。

八、我们能期待的未来

在一片喧嚣中，哥本哈根气候大会缓慢地落下了帷幕，最后以一个不具法律约束力的《哥本哈根协议》收场，这和"巴厘岛路线图"何其相似，又回到声明、框架性协议时代，倒车开得也太大了，这难免让众多的环保主义者痛心。

在环保主义者看来，应对全球气候问题，是人类共同的责任，利益冲突再激烈，最终还是要拿出一个应对办法，如果真把"气候谈判"这架破车给抛弃了，失去了国际谈判机制，将可能对未来社会发展造成毁灭性的打击。

已经有机构预测如果哥本哈根大会不取得预期的进展，全球每年将有5000亿美元的损失，这明显是给参与气候谈判的所有国家施压。然而从各方面的利益诉求来看，达成一个大家普遍接受的协议似乎才是天方夜谭。目前的气候谈判大会，虽然前面冠了一个联合国的头衔，但它的主导权一直在欧盟手里，和联合国不沾边。

潘基文出任联合国秘书长后，似乎也期望让联合国在国际事务中发挥更大的作用，不再让一些外围势力把联合国架空，而"碳减排"则可以成为重新焕发凝聚力的契机。

在目前这样的情况下，联合国显然力不从心。

任何国际谈判都是相互妥协的产物，先是漫天要价，然后坐地还钱。在二氧化碳减排已经成为事关人类生存的头等大事面前，任何国家都不可能太含糊。

虽然哥本哈根名曰"拯救地球的最后一次机会"，但人们似乎还有时间，毕竟《京都议定书》到2012年才到期，哥本哈根毕竟还保留了气候谈判机制，2011年的墨西哥还有机会，到时的争吵才将是最为激烈的。

对美国来说，已经有了《伯德·哈格尔决议》，这决定了美国有好处可以谈，如果想要让美国也出血，那还是免了，实在想要纠缠，找美国的航母舰队说话去，这是美国的底线。

在美国的历史上，我们可以看到那么多的有趣故事，萨达姆、拉登都是美国在世界各大洲的生意合伙人，只是后来不符合美国利益，便迅速被抛弃。

在美国人眼里，并没有道义可言。

共和党代表试图抗议奥巴马提出的新承诺，即推动达成对抗全球变暖的全球性协议。美国共和党众议员詹姆斯·森斯布伦纳说："当美国前副总统戈尔1997年在京都做出那些承诺时，美国已经失去了太多信用，他知道那些承诺不可能在国会获得通过。我希望奥巴马总统不要重复戈尔的错误。"

但美国面对"严峻"的形势，面对外界巨大的压力，其立场正在发生转变，奥巴马政府的新能源战略将给气候谈判增加一些润滑剂。

美国国内也有一些不同的声音，传统能源与新能源的竞争也非常激烈。

气候谈判是一个大舞台，各国都可以尽量维护自身的利益，避免承担更多的责任，气候谈判又是一个很大的面子工程，谁都想争取主导权，都想占领道德的制高点。

表面上发展中国家占据了一定道义上的优势，有理由争取发达国家在资金及技术方面的让步，但鉴于发展中国家已经成为碳排放大户，"共同但有区别的责任"并不能成为不进行减排的借口。

中国已经做出一些让步，中国也没有完全抱定"单轨制"，并没有完全断绝自己的退路，发展中国家减排也是大势所趋。

气候谈判这架列车正沿着既有的方向不断前进，未来之路怎么走谁也难以说清楚。

气候变化问题对人类的影响主要体现在什么地方呢，它是危言耸听还是人们难以摆脱的梦魇，我们该如何看待温室效应呢，减排真能改变全球气候变化情况吗？

第三章　碳黑锅，二氧化碳怎么成了罪魁祸首

　　本章导读：通过报纸、电视、网络等我们天天都可以看到即将被淹没的太平洋岛国、融化的冰川、被砍伐的热带雨林、吐着浓浓黑烟的工厂、被污染的河流、干涸的土地，各种组织及研究机构争相发布各种警示性报告。在控诉诸多人类的种种恶行之后，我们可以清晰地看到隐藏在这背后的巨大恶魔，那就是二氧化碳。二氧化碳是如何摇身一变成为人类的公敌，一种最重大的污染源的呢？人类活动是增加二氧化碳的最主要原因吗？二氧化碳是不是背了黑锅，成为某股势力的打手呢？

一、杨贵妃吃的荔枝是从哪里来的？

长安回望绣成堆，山顶千门次第开。

一骑红尘妃子笑，无人知是荔枝来。

——杜牧《过华清宫》其一

当大家读到上面这首千古名篇《过华清宫》时，脑海中可能会迅速浮现出雍容华贵的杨贵妃坐在长安兴庆宫里，看到从远方快递而来的荔枝发出会心一笑的场景。多么动人的皇帝和爱妃相亲相爱的故事，让我们不得不佩服杜牧老先生的神来之笔，一幅跨越千里的巨幅场景如诗般展现在人们眼前，让人不胜遐想。

与皇帝爱妃的动人故事相反，这一首诗被世代传唱的另外一个原因则是它成为揭露统治阶级荒淫无度、骄奢淫逸的铁证。为了博爱妃一乐，满足爱妃一己口腹之欲，不惜民力。所幸杨贵妃也仅是吃荔枝的嗜好，也没有再弄出些什么出格的事来，不然真成千古罪人了。

杨贵妃喜欢吃荔枝这个事显然不是后人栽赃到她头上的，《资治通鉴·唐纪》记载："唐玄宗天宝五年（公元746年），玄宗下诏命岭南驰驿送之长安。"《新唐书·后妃传》记载："杨贵妃嗜食鲜荔枝，岭南节度使张九章乃置骑传送，奔走数千里差至京师。"

按人们的普遍理解，荔枝只是南国广东的特产，在广东有一个很有名的荔枝品种——妃子笑，也是想借杨贵妃爱吃荔枝的这个历史典故的光环，喻该种荔枝口味纯正，让它攀上宫廷贡品这门亲戚。

然而从岭南到长安，至少有一千公里。荔枝是极难保存的水果，有一日而味变，二日而香变，四五日外则色香味尽去之说。这时不免让人产生疑问，唐代的驿卒真能如联邦快递那样做到"使命必达"吗？

唐代建立了世界上非常先进的情报传递系统，全国各地广泛设置有驿站，凡军情要事，驿马每日跑三百里路。曾受命出塞征战的唐代著名诗人岑参，有"一驿过一驿，骑骑如流星"句，驿马奔驰快如"流星"。

为了形容驿站对民力巨大的消耗，后人形容之为"奔腾险阻，人先马倒，死者继路。"显然，跑死马匹，累坏大活人是常有的事。

就算按最快的日行五百里计算，从岭南运输到长安，至少四天过去了，但这只是一个理论速度，一般的驿马好像跑不了那么快。当四五天之后，味香俱无的荔枝能引起杨大美人的食欲吗？这也引发人们一大疑问，杨贵妃吃的荔枝不是广东产的么，不然又来自哪呢？

如果认真翻阅中国古代典籍，一个有意思的结论便摆在我们的眼前。

李肇《唐国史补》记载："杨妃生于西蜀，好食荔枝。南海所生，尤胜蜀者，故每岁飞驰以进。然方暑而热，经宿则败，后人皆不知之。"这是说，和四川的荔枝比起来，岭南荔枝虽然最鲜美，但是，路途遥远，飞骑不至长安，荔枝已经腐烂了。

谢枋得《唐诗绝句注解》："明皇天宝间，涪州贡荔枝，到长安，色香不变，贵妃乃喜。州县以邮传疾走称上意，人马僵毙，相望于道。"涪州是哪里呢，今天重庆涪陵。

据中国古气象资料记载，隋唐至五代期间，中国正处于气候温暖时期。在唐代，北纬 31 度附近（如四川的成都、忠州一带）是适合荔枝生长的。

在公元 1110 年和 1178 年前后，中国经历了两次大的冻害，并引起了中国气候的大变迁，成都地区一带的气温下降到零下 4℃ 以下，荔枝无法抵御零度以下的严寒，成片地冻死，成都一带的荔枝林便从此绝迹。

据《乐山县志》载：到了南宋时期（公元 1127 年）气候较北宋时更冷，荔枝的生长地已移至眉山以南的乐山才能生长。

所以到了宋朝时，大诗人陆游由于未亲眼见，所以他很是怀疑唐朝诗人张籍《成都曲》："锦江近西烟水绿，新雨山头荔枝熟。"的真实性，宋时成都已经不产荔枝了。

北宋大文学家、四川人苏东坡认为"此时荔枝自涪州致之，非岭南也"，意思是说杨贵妃吃的荔枝是从涪州送过去的，而不是来自千里迢迢的岭南。苏东坡的《荔枝叹》中还有"永元荔枝来交州，天宝岁贡取之涪。"

从个人的饮食习惯来说，杨贵妃在四川长大，如果四川不产荔枝，在当时交通不便的情况下，就算她老爸再富有，也不太可能斥巨资建立和皇帝相媲美的快递系统，以便培养杨玉环对荔枝的爱好。

最大的可能则是荔枝是家乡的土特产，当她远嫁到长安时，由于宫闱寂寥，即使被隆基皇帝宠爱着，但偶尔发一下思乡之情也是情有可原的，吃吃家乡的荔枝也是一个解愁的好办法。

从家乡涪州到长安，快马也就一两天时间，这个也不算太劳民伤财吧。再说了，就算杨美女喜欢岭南的荔枝，隆基皇帝也只能望天兴叹啊，除非唐朝就已经发明了低温保鲜技术。

更有后人考证出为杨贵妃送去鲜荔枝的快马奔跑于"西京路"，即现在位于广州韶关乳源瑶族自治县境内的"西京古道"。据史料记载，汉武帝刘彻平定南越后，实现了"大一统"，为方便中原与岭南的沟通，特下诏令当地的地方官辟一条连接中原与岭南的"驿道"。

另汉武帝平定南越后，把岭南的龙眼、荔枝御点为贡品，每年龙眼、荔枝上市后，当地须向朝廷进贡。如果这个考证站得住脚，那第一个开始这么糟蹋民力的是汉武帝，而且汉朝的邮驿事业远没有唐朝发达，汉武帝都这么去做，更说不过去了吧，估计死的人和马匹比唐朝的多多了，而且汉武帝就算吃到的肯定也是荔枝干吧。

二、竺可桢解读中国千年气候变化

从杨贵妃的故事中，我们似乎看到从唐到宋，中国经历了一个显著的气温下降的时期，成都平原都可以吃上荔枝，但后来的人大多就没有那个福分了，显然这是老天爷的安排，非个人因素所能决定。

中国几千年的气候是如何变迁的，其中又有什么规律呢？

要回答这个问题，我们似乎要请出竺可桢，而不是靠草船借箭而出名的诸葛孔明先生。诸葛孔明预测了三天内有大雾，才敢在周都督面前夸下海口，以项上人头担保，可以在三天之内"造"出 10 万支箭来。而我们现在要讨论的时间跨度长达数千年，光凭诸葛孔明的掐指一算还是不行。

在中国气象史上，竺可桢是为中国气象研究起到奠基作用的科学家。新中国成立之后，竺可桢以渊博的学识和较高的威望担任了中国科学院的副院长。

竺可桢一生在气象学、气候学、地理学、自然科学史等方面的造诣很深，而物候学也是他呕心沥血作出了重要贡献的领域之一。

竺可桢对中国历史气候研究作出了卓越的贡献，其中两篇论文可以帮助我们解开中国数千年气候变化的规律。一篇是1961年他撰写的《历史时代世界气候的波动》，第二篇是1972年他发表的《中国近五千年来气候变迁的初步研究》。

《历史时代世界气候的波动》依据北冰洋海冰衰减、苏联冻土带南界北移、世界高山冰川后退、海面上升等有关文献资料记述的地理现象，证明了20世纪气候逐步转暖，并由此追溯了历史时期和第四纪世界气候、各国水旱寒暖转变波动的历程，发现17世纪后半期长江下游的寒冷时期与西欧的"小冰期"相一致。

《中国近五千年来气候变迁的初步研究》是竺可桢数十年深入研究历史气候的心血结晶，它的研究成果震动了国内外的学术界。他充分利用了中国古代典籍与方志的记载，以及考古的成果、物候观测和仪器记录资料，进行去粗取精、去伪存真的研究，得出了令人信服的结论。

从竺可桢的研究中，我们会发现数千年里中国的气候并没有一直变暖，也没有一直变冷，而呈现出一定的周期性，每次波动的周期，历时约400年至800年。

结合竺可桢的研究成果，我们可以将中国几千年的气候变迁与中国的历史结合起来，让我们去发现隐藏在历史背后的真实故事。

除了经济、政治等因素之外，气候的变化成为改变着一个王朝命运的重要因素。

从仰韶文化到安阳殷墟的两千年间，黄河流域的年平均温度大致比现在高$2℃$，一月温度约$3℃ \sim 5℃$，当时西安和安阳地区有十分丰富的亚热带植物种类和动物种类。

到了西周时期，中国迎来了一个较短的降温期，生产遭受极大的影响，周王室权力衰落，对诸侯国缺乏强有力的控制，中国历史迎来了春秋战国时代。

西汉大部分时间是比较温暖的，中国的关中及中原地区，物产丰富，这为汉武帝北征匈奴提供了雄厚的物质保证。如果不是风调雨顺，粮食等作物获得大丰收，我们很难想象汉朝能在短时间内征集数十万大兵，没有造反就不错了，而士兵奋勇杀敌，将匈奴全面击溃。

东汉末年，三国两晋南北朝，中国大部分地区则迎来了一个寒冷期，温度较当今低1℃左右，寒冷的天气导致天灾不断，在地方豪强的掠夺下，民不聊生，各地起义不断，群雄割据，中国最终由统一走向分裂。

然而到了唐代，中国又迎来一段美好的时光，唐朝也成为中国历史上最强盛的王朝，在与周边少数民族的战争中，基本上都取得了全胜。但到了唐末，中国再一次变冷，坏天气使中央王朝变得不堪一击，中国又迎来混战的局面。

中国历史上是一个传统的农业国，天气对农业生产影响深远，土地兼并再加上天灾不断，迎接中央王朝的只有农民战争和改朝换代了，气候大的变化与王朝的更替是基本一致的。

以陕西西安为核心区的关中地区在汉唐两代一直是中国政治、经济、文化的中心，与之相应的是近三千年的温暖期。自宋以后，中国大地基本上一直处于寒冷期，气温较现在低1℃～2℃，关中因物产下降其地位也逐渐下降。

以前物产丰富的河西走廊逐渐变得荒凉，关中的衰落使丝绸之路逐渐被废弃，物产丰富的楼兰古城只能留给人们一些残缺的记忆。中国经济中心不断南移，长江中下游平原成为中国的粮食主产区，使海上丝绸之路逐渐成为主流。

另外，根据竺可桢的研究成果，我们可以重新审视明朝倾覆这一桩公案。

在教科书中，明朝是一个昏聩的朝代，对于它的灭亡也有很多的分析，不外乎土地兼并、宦官专权、党争严重，积弊重重。明太祖朱元璋在元末的时候是一个光杆司令，到了明末，他已经繁衍了20多万皇子皇孙，严重地侵蚀着大明帝国已经腐朽的肌体。

但在各种演义、小说、影视剧中，我们却可以看到明朝最后一个皇帝——崇祯并不是一个酒池肉林之徒。朱由检一生操劳，旰食宵衣，每天夜以继日地批阅奏章，节俭自律，不近女色，决事果断，雷厉风行，将阉党一网打尽。

李自成《登极诏》也说："君非甚暗（崇祯皇帝不算太糟），孤立而炀灶恒多（即便他被孤立，却颇能为人民国家做出许多打击贪官污吏的好事）；臣尽行私，比党而公忠绝少。"

所以在明朝灭亡的各种原因中，我们还需要加上两面三刀的吴三桂及明末的天灾，如果能多给老朱兄弟一些时间，给他一些好天气，他可能是中国历史上一位伟大的皇帝。

然而历史却给老朱兄弟开了个十足的玩笑，自打他第一天当皇帝起，自然灾害就不断。崇祯元年（1628年）起，中国北方发生可怕的旱灾，赤地千里，寸草不生。人活得好好的，谁愿意拿自己的生命作赌注，但农民连基本的生存都不能保证，也只有铤而走险。

多灾多难的崇祯皇帝最后在北京自缢的时候，可能都在怪自己不走运，一心想当个好皇帝的，可惜老天不给他这个机会。

明朝灭亡是各方面因素综合的结果，但不能否认的是，气候问题是一个加速明朝灭亡的重要因素，而且是遭受到坏天气的轮番打击。李闯王、高迎祥、张献忠等被明朝军队痛击后，又借河南天灾而迅速壮大，最后被李闯王攻破北京城，使明王朝彻底覆灭。

竺可桢的科学考证可以使我们还原真实的明末农民战争大背景，可以看到天气对一个王朝命运的影响程度。

从上面的分析中，我们可以看出，人口因素在气候变迁中所起的作用微乎其微。以现在流行的说法，气候变暖都是二氧化碳惹的祸，在没有工业革命的古代，又哪里排放那么多二氧化碳呢？

在《历史时代世界气候的波动》的最后部分，竺可桢提出他的重要观点：太阳辐射强度的变化，可能是引起气候波动的一个重要原因，从而为历史气候的研究提供了新的论据。

竺可桢看来，大变动的原因主要受太阳辐射的控制，小变动的原则与大气环流活动有关。这项研究，博大精深，严谨缜密，为学术界树立了光辉的榜样，受到国内外学者的高度赞扬。

中国历史地理学家谭其骧说："每读一遍使我觉得此文功夫之深，分量之重，为多年所少见的作品，理应跻身于世界名著之林。"日本气候学家吉野正敏说："在气候学的历史中，竺可桢起了巨大的作用。……经过半个世纪到今天，他所发表的论文，仍然走在学术界的前面。"

三、20 世纪 70 年代盛行"地球变冷"

竺可桢对中国数千年的气候变化进行了清晰的解答，对比一下欧洲史，我们也可以从中世纪欧洲的纷争中找到相应的证据。

当我们把视野转向整个地球的气候史时，好莱坞倒可以给我们一些线索。

《冰河世纪》三部曲 3D 电脑特效呈现史前冰河时期的壮丽奇景，把我们带回到暗藏着冰穴、天气严寒，充满着秘密，甚至是充满邪恶与阴谋的 2 万年前，让我们看到一个白雪皑皑的冰川时代。

在地球约 46 亿年的岁月里地球至少出现过 3 次大冰期，这时地球基本上所有的地方都覆盖着厚厚的冰层。这三个冰期分别被称为前寒武纪晚期大冰期、石炭纪—二叠纪大冰期和第四纪大冰期。

除非有超乎常人的想象力，一般人很难想象在到处都是冰原、没有任何食物来源的情况下，会有大量生物的存在。而人类也是在第四纪大冰期后才出现的，《冰河世纪》的动物们则主要在冰期后来的融化期活动。

大冰期的形成，人类目前还没能找到答案，但这并不能阻挡人们对气候变化研究的兴趣。我们都知道，月亮绕着地球转，地球绕着太阳转，而整个太阳系绕着银河系的某一中心运转。因此，科学家给出了一个比较可信的假说，太阳系在围绕着银河系运转到某一固定的点，有人认为太阳运行到近银河中心点区段时的光度最小，便发生了大的冰期。

离人类最近的冰期是第四纪冰期，它又分 4 个小的冰期，我们将这四个小冰期中间的那段时间叫间冰期。间冰期时，气候转暖，海平面上升，大地又恢复了生机，人类也在最后一个小冰期结束后诞生。

科学家根据长期的观察发现，地球的温度变化和太阳活动有直接的关系。15、17、19 世纪亚欧大陆发生了三次明显的冰进，即冰川不断增加，使陆域面积缩小。这 3 次冰进刚好与 3 次太阳黑子极小期（19 世纪极小）基本对应，其中出现在 17 世纪的极小期是 2000 多年来太阳黑子最少的一个时段。黑子少意味着太阳磁场弱，它与地磁场的耦合作用亦将变弱，致使冰期前进。

从最近 100 年来看，地球似乎有变暖的趋势，但如果我们将人类历史放大到以千年为横断面，将可能看到气候的周期波动情况，冷暖是不断交替的，太阳的黑子也有一定的周期性变化。

我们仅从近百年地球气温的变化就贸然断定地球已经处在一个持续升温期，难免有失严谨。那些一心想证明全球变暖的人，有时刻意将中世纪曾有几次变暖抹去，似乎别有用心。

人类到了 20 世纪，气候变暖的趋势变得明显起来，但在这 100 多年中，气候变暖并不是一个直线升高的过程。在 20 世纪 70 年代人类也曾流行过一段时间气候变冷，当时的气候变暖则被视为异端邪说。

1974 年，曾获普利策新闻奖的美国专栏作家乔治·威尔写道："一些气象学家认为到本世纪末北半球的平均温度可能会下降 2℃～3℃。如果事实真的如此，那么高纬度地区（加拿大、中国北部和苏联）的粮食将减产，从而引起大规模人口死亡和社会动荡。"

同样，在 20 世纪 70 年代，一些著名的气象学家在波恩开会时警告说："气候变化的现实使得最乐观的专家也认为 10 年内粮食的大规模减产（由于全球变冷）是不可避免的。如果各个国家和国际组织无视这一必然结果，不采取相应措施，那么许多人将因此而饿死，还可能引发政治动荡和暴力活动，人们为之付出的代价就会更高。"

当时最畅销的图书是 1975 年由培生出版社出版的《全球变冷：又一个冰川世纪已经来临？我们能够渡过这一难关吗？》。它的作者罗厄尔·庞特也曾就这一主题进行过广泛的演讲，他说世界上最保守的科学家也警告人们，又一个冰川世纪在不远的将来就要来临。"给人类带来的社会、政治和适应性挑战是 10000 年来最严峻的。您对我们关于全球会变冷的预测的关注至关重要，它关系我们、我们的孩子以及我们整个物种的生存。"

1975 年，《新科学家》杂志的编辑奈杰尔·考尔德也曾经说过："人们现在必须像重视核战争一样重视新冰川世纪的威胁，它们都可能导致人类的大规模死亡和不幸。"

因为地球曾有三大冰期的记忆，人们在当时似乎开始倒数人类可能再次面临大冰期的时间，造成了当时较大的恐慌，都在想着办法如何应付极度的严寒。

　　然而时移事易，20 世纪 70 年代所担心的地球变冷并未成为现实。现在科学家调转枪口，改而鼓吹地球变暖，本来主要受太阳活动变化的地球温度是如何让善良的二氧化碳抢去了呢？

四、移花接木，"二氧化碳"是怎么被妖魔化的？

　　我们通过网络、报纸、电视等经常听到一些耸人听闻的标题，如"离毁灭只有 6 度"，仿佛好莱坞大片《后天》、《2012》等即将变成现实。

　　2009 年底，世界气象组织在瑞士日内瓦发表《2008 年温室气体公报》。公报说，2008 年大气中的大多数温室气体浓度继续增加，可长期留存的温室气体——二氧化碳、甲烷和氧化亚氮的浓度创下工业革命以来的新纪录。

　　公报的数据显示，2008 年二氧化碳在地球大气中的浓度为 385.2ppm（1ppm 为百万分之一），与 2007 年相比增加 2.0ppm，呈持续增长之势。工业革命前，二氧化碳在大气中的浓度大约为 280ppm，几乎固定不变。

　　这似乎是最权威的数据，是全球气候变暖的铁证，但里面其实有误导之嫌。

　　第一，从 280 到 385.2，增长 192%，这个数字看起来大，但 ppm 的计量标准是百万分之一，换算成百分比，也就是从 0.028% 上涨到 0.03852%，二氧化碳在空气中的比例仍然相当微小。

　　有数据显示，一旦大气中二氧化碳浓度升高到 1% 时，人的意识模糊，如果不移至正常空气中或给氧复苏，将因缺氧而致死亡。但从 0.03% 上升到 1%，就算把地球上的石油和煤炭全部采掘完，全部烧了，估计仅能增加很小的比例。

　　第二，在整个地球发展史中，二氧化碳浓度也是极不稳定的。据奥地利因斯布鲁克大学地质学家施普特尔的研究，通过分析距今 6.35 亿年前形成的石灰岩和白云岩当中的同位素发现，当时地球大气中的二氧化碳浓度至少为12000ppm，其浓度是目前地球二氧化碳浓度的 32 倍左右，可谓一个"超级温室"，在上亿万年的地球演化史上，二氧化碳浓度是大幅下降的。

第三，二氧化碳浓度增加，对植物的生长却是有好处的。一般来说，植物进行光合作用的二氧化碳最适浓度为 1000 ppm，二氧化碳还有一个名字叫做"气肥"，在温室大棚中，我们会人为地增加二氧化碳的浓度，从而达到增产的目标。

环境中二氧化碳浓度升高将使植物光合速率加快，植物光合作用能力增强，有利于积累更多的光合产物。同时二氧化碳浓度升高，减小气孔导度，降低植物蒸腾作用，提高了水分利用率，也有利于光合产物的积累。

当然，二氧化碳浓度升高也将引起大气温度的升高，为一些害虫提供了适合的生存环境，导致虫害加剧，对农作物的品质也产生了一定的影响。高二氧化碳浓度条件下，农作物能够吸收更多的二氧化碳分子进行光合作用，使得农作物体内碳素含量增加，而在吸收氮素量不变的情况下，农作物体内的碳/氮比值升高，这样蛋白质的含量将会降低，农作物的品质也将下降。

但经过西方媒体的不断渲染，二氧化碳气体居然成了一种污染源，成为人类的公敌。欧洲花大的代价搞所谓的"碳捕捉"技术，将空气中的二氧化碳固化，永久埋在地下，这不算一种对植物生长的犯罪么？

人类活动对全球气候变化会产生什么样的影响，似乎不能用二氧化碳的大气浓度作为标准。如果二氧化碳浓度升高，则会促进植物的繁盛，将会吸收更多的二氧化碳，在所谓的气候变暖模型中，这个因素却有意被忽视掉了，使气候变暖成为一场政治操控，而不是严肃认真的科学研究。

人类是最为渺小的，人类排放量在亿吨级的水平，而地球碳库的总水平都是万亿吨规模。世界上最大的二氧化碳库在海洋和土壤中。植物的根在土壤中吸收氧分时，会与周围的物质发生呼吸作用，此时的呼吸是有氧呼吸，而排放的二氧化碳，故在根部，即土壤中二氧化碳储量巨大。

在竺可桢的结论中，我们明显可以看到，太阳活动才是影响气候的最重要因素。除此之外，美国科学家季林（Keeling）在 2000 年提出的潮汐气候效应理论对气候变暖也提出了挑战。季林认为，地球、月亮和太阳相对位置的变化会引起潮汐强度的逐渐变化，其周期为 1800 年。潮汐大时，有更多来自海洋深处的冷水被带到海面，这些冷水可以冷却海洋上的空气；潮汐小时，海洋深处的冷水很难被带到海面，世界就变得暖和。

2006 年 12 月至 2007 年 1 月为弱潮汐时期，日月大潮与月亮近地潮相隔时间超过 3 天，从而导致冷空气活动较弱，整个欧洲度过了一个暖冬，纽约市片雪未下，这是 1877 年以来首次出现的情况。当人们在全球变暖而心存恐慌的时候，2007 年 2 至 6 月为强潮汐时期，欧洲的天气又变得异常的寒冷。

如果你仔细看温室气体列表，第一位赫然是地球万物赖以生存的水蒸气，其作用远远大于其他温室气体的总和。当温度高的时候，水的蒸发也会加速，会吸收大量的热，同时对流也会增加，最终使得温度并不能简单升高。

气候变暖的所有推断，都排除了水蒸气的巨大作用，并且基本忽略了气体在目前大气温度下的对流传热。按常理，地面附近被加热的暖空气会与上面的冷空气发生交换，我们知道每升高 1000 米气温会下降好几度，平流层里就像一个大冰窟，温室效应在这里并不起任何作用。

根据气候变暖的理论，甲烷温室效应是二氧化碳的 25 倍，是人类最大的敌人，甚至有科学家开发出一种装置，直接吸收牛排出的甲烷，使人类免受其害。而实际上，大型的沼泽才是地球最大的甲烷库，地球上所有的牛排放的甲烷在它面前是相当微不足道的，如果按环保人士所担忧的，必须给俄罗斯的西伯利亚做一个大的盖子了。

根据这一套理论，恐龙灭绝的原因则主要是由于自己排出的甲烷气体所引发的强烈的温室效应。这种理论还堂而皇之地成为科学家的研究成果，只能说无知和好笑。如果这套理论成立，恐龙释放出来的甲烷在"熏"死恐龙之后，又去哪里了呢，累积到今天，地球已经变成一个火球了。

目前我们正处在第四季冰川后期，气温并不算低，如果太阳再次运转到银河系中的某个位置，人类可能将要面临着又一次巨大的冰期，这也正如 20 世纪 70 年代人们所担心的那样，人类将万劫不复。

乞力马扎罗山的雪确实化了，但是撒哈拉沙漠这些年可是正经变绿了很多，非洲降水增加了不少，各种动物数量都有所增加，这些显然是持有气候变暖理论科学家不愿意接受的。

五、气候变暖的"道具"：北极熊和冰川

在哥本哈根大会期间，很多环保主义者扮着北极熊，用伤心的泪水希望引起与会各国代表或政要的注意，希望大会通过严格的二氧化碳气体减排指标，拯救脆弱的地球。这段时间一幅北极熊残食幼子的照片吸引了全世界的目光，这成为北极熊的数量生存环境因人类活动而不断减少最直接的证据。

2004 年，美国科学家在波弗特湾发现了 4 只被溺死的北极熊。这听起来令人难以置信，因为北极熊是天生的游泳健将，它体形呈流线型，熊掌宽大犹如双桨，在北冰洋那冰冷的海水里，可以一口气畅游 40 至 50 公里。

但支持气候变暖理论的科学家迅速找到了答案，气候变暖所导致的北极冰盖退缩。有报道说阿拉斯加海岸的海冰已向北撤退了 260 公里，这里的北极熊必须游过相当长的一段距离才能找到结实的冰层。漫长的海上寻食之路导致北极熊精疲力竭，如果碰到海里的大风浪，就很容易被淹死在海里。

经过不断的宣传，北极熊的数量成为衡量气候变化的重要标志。这种栖息在北极冰盖上的大型哺乳动物，是诸多受气候变化影响动植物中最具象征性的代表符号。与北极熊一样，候鸟、斑嘴鸭、鸣虫、扬子鳄以及其他一些动植物全被认为是气候变暖的最直接受害者。

而实际上，经过数万年的进化，北极熊是名副其实的北极霸主，双掌的力量可以破开厚厚的冰面。在捕食白鲸时，由冰上向水中扑去时可以一击重创白鲸，它们有超强的适应环境的能力，也才能躲过几次小冰期而存活下来，就因为几具尸体就断定北极熊被淹死了，实在是有些牵强。

有毒化学物质、石油开采业的发展、过度捕猎，是北极熊目前面临的主要威胁，频繁的人类活动使其栖息地不断缩小，这些都是北极熊数量减少的原因。

从食物链来看，北极熊如果食物大量减少，这将直接导致生存的困难。人类的过度捕捞、海洋的污染，人类活动频繁压缩其生存空间，都可以对北极熊数量造成影响。最后却将罪名推到了二氧化碳身上，实在是冤枉。

由于北极熊活动范围非常广，它的数量一般情况下很难统计，在现代高科技条件下，直升机、卫星遥感等各种手段都已经用上了，但恐怕还是心有余而力不足。

不同地区的北极熊，"居住条件"（即海冰状况）不同，"社交范围"也有很大的差异：有些只在本地活动，有些足迹可以延伸很远的地方。现在监测到的北极熊数量仅仅是可见的数量，更早期的一些数字也多为"预测"。

2009年8月，美国野生动物摄影师Steve Kaslowski在挪威偏远的斯瓦尔巴特群岛探险期间，拍摄了为数不少的北极熊的照片。世界自然基金会发言人、一位海洋哺乳动物专家认为，斯瓦尔巴特群岛的北极熊数量比我们过去几年里看到的要多。

自20世纪70年代起，挪威政府执行严禁捕杀北极熊以及某些猎物的规定。自从1952年，严禁捕猎海象后，海象的数量有所增加，而它们可能是北极熊数量增加的原因。因为北极熊的猎物增加了。气候变暖会增加北冰洋一带的食物，这反而会促进北极熊数量的增加。

地球上有19个北极熊种群。已知有8个种群数量在减少，3个种群数量稳定，而加拿大的北极熊是唯一已知数量增长的种群。气候变暖应该一视同仁，对所有的北极熊都产生相同的影响，然而事实却相反。

环保主义者只是用北极熊的眼泪及动情的说词来为各国与会代表施加压力罢了。

在环保主义者手中，与北极熊同样重要的道具还有不断崩落的冰川，我们从电视画面上经常看到有大块冰川从冰架上崩落，巨大的冰川漂浮在海面上，似乎所有冰川都将全面融化。一幅幅的照片和不断重复的画面似乎在提醒人们再不进行温室气体的控制，海平面将升高多少，将可能使多少沿海城市消失。

北冰洋首先是一个大洋，而不是一块大陆，由于位于北极，天气异常寒冷而常年结冰。北冰洋的冰域面积为1000万~1100万平方公里，占北冰洋总面积的68%~74%。夏季缩小为750万~800万平方公里，占北冰洋总面积的50%~54%。但一到冬季，又迅速被厚达3米的冰层所覆盖。

冬季结冰，夏季冰川融解，这是再自然不过的自然规律，就像树叶在秋天落下，而在春天长出来一样，周而复始。

而2009年末2010年初波及全欧洲的大雪与极度降温天气可能使北冰洋再次覆盖上厚厚的冰层，这又让那些环保主义者如何解释呢？

按电视中冰川不断崩落到大洋中的速度，北冰洋航线早就应该打通了，人类将在中东之外再找到一个大油库，然而这几十年来，北冰洋航线并没有取得任何的进展。

六、揭秘"碳阴谋"的逻辑陷阱

中国有句古话，名正则言顺，意思是凡事都得有个理由，否则办起事来麻烦。

当年岳飞被害风波亭时，秦桧一干人等在全天下面前给岳飞编织的罪名是"莫须有"，后人将之理解为"说不定有"，以此来证明秦桧等人的奸诈，让岳飞蒙受千古奇冤。

但经过后人的认真考证，参考宋人语言习惯，"莫须有"应该理解成"怎么没有？"，这是在韩世忠等人责问秦桧时，秦桧用这句话来显示自己对韩世忠的不屑一顾，岳飞背的罪名是不听号令，私自逗留等。

与岳飞的死相同，对于"二氧化碳"背负起导致"全球变暖"这个罪名而言，也不可能用"说不定有"这样的原因来打发"气候变暖"的善男信女。所以科学家必须为"全球变暖"找到足够的理论支撑，使它听起来像那么回事。

人类不断地制造着大量污染物，城市中成堆的生活垃圾、大气中废物、有害气体一直在增加，恶劣的天气，环境在不断地恶化，这是铁的事实，是我们每个人都能感受到的变化。脆弱的生态，污染的环境，日益枯竭的资源，绝对不是杞人忧天，人类的生存受到了前所未有的挑战。

冤有头，债有主，是什么构成对人类的致命威胁，温室气体在人群中被揪了出来，而其他重要的温室气体，如水水蒸气等就有意被忽视掉了。

为拯救人类赖以生存的家园，人类必须行动起来，扼制温室气体的排放，减少二氧化碳对人类的危害，所有发达国家和发展中国家都要使用清洁能源。

一切都顺理成章，再完美不过的推理过程，任何人都能理解。

首先将环境污染、资源枯竭、极端天气简单地进行并列，渲染各种灾难对人类的影响。我们总是听到如果世界上冰川融化了，海平面将要上升多少米，气候变化了，多少种物种会绝迹，仿佛这些很快就会降临到我们头上，全球气候变暖支持者所需要的就是这个效果。

然后将所有的问题都归结到温室气体的排放，将气候变暖与人类活动挂钩，简单认为人类的工业活动是二氧化碳的主要来源，而忽视了土壤及海洋两个巨大的碳库。

最后在人类生存环境日益恶劣与二氧化碳之间画了一个等号，只要人类把二氧化碳固定在一个较低的水平，很多问题就迎刃而解了。

这样说来，二氧化碳现在却硬生生背上了一口大黑锅，成为人类的公敌，罪大恶极的阶级敌人。

我们不能否认大量的环境污染与焚烧大量的煤有关，如果不对尾气进行处理，直接排放到空中，对环境产生致命的伤害，但这不能因噎废食，把所有高污染的生产设备立马淘汰掉，只求环保，而不管这些工厂养活了多少人口，这些工人失业后怎么办。

很多人喜欢养宠物，狗、猫等宠物可以带给人类很多乐趣。但如果对宠物不严加管束，它在大街上随意排便，撕咬行人，这肯定对社会公共秩序造成很大的伤害。

既然给大家的生活造成这么多不便，为什么要养宠物呢？于是有人提议实施捕杀令，但全部捕杀显然有些不人道，商量的结果是限制宠物的数量，富人的意见就是宠物的总数不再增加，而在现在的基础上慢慢捕杀。

这是一个没有悬念的故事片，富人已经养了很多宠物，穷人现在生活水平提高一些，开始有闲心养宠物了。但按照富人的建议，最后的结果就是穷人失去养宠物的权力，而富人仍然过着逍遥的日子。

限养宠物是唯一的途径吗？显然不是。只要狗主人对狗严加看管，使狗有良好的习惯，给凶猛的狗拴上狗链，社会秩序肯定不会受到什么冲击，每个人都可以根据自己的喜好，享受生活。

同样，只要人类致力于清洁环保的技术，不断减少向大气中排放有害物质，如二氧化硫、重金属、工业废水、废渣，避免河流富营养化，建设更多的污水处理厂，不进行大规模的破坏性开发，让大自然有自我修复、净化功能，人与自然怎么不可能保持和谐相处呢？

工业活动中必然有污染，我们的主要措施是进行严格的项目审查，不让重污染项目披着绿色的外衣对环境进行破坏，这样就足够了，打着控制二氧化碳排放的幌子，控制碳排放是发达国家编造的世纪谎言，已经成为21世纪最大的阴谋，减排二氧化碳是虚，限制发展中国家发展才是实。

我们需要正确地看待"碳"，还原它本来的面目，而不要丑化，不要妖魔化，正确地利用碳来为人类谋福祉。

我们必须认清"碳阴谋"的实质，把环境污染和二氧化碳排放明确地区分开，为了环保而环保，不要忘记了环保的目的是为了提供给人类更好的生存环境，使人类可以享受到更丰富的物质生活。

碳排放，"碳关税"，无疑是强盗逻辑，是发达国家套给发展中国家的紧箍咒，当看你不顺眼时，就念一下，使你根本不能建设更多的工厂，维持贫困对于西方发达国家或许是一件好事。

现在发展中国家与发达国家之间的竞争会越来越白热化，碳是一个最重要的博弈手段，任何人都不可掉以轻心。

当然，在我们对"碳阴谋"有清醒的认识后，并不能马上轻松和懈怠下来。

人类仍面临着艰巨的挑战，我们都认识到目前的发展方向是不可持续的，大量地采掘生物化石能源，但这些资源都是固定的，采一点就少一点。

我们的发展不能以透支子孙万代的资源为前提，寻找新兴能源，避免对一次性资源的过度依赖将是人类共同的课题。

联合国在2009年末发布的一份报告显示，2009年自然灾害造成的人员伤亡和经济损失是10年来最少的。

显然"气候变暖"并不是一个板上钉钉的事，毕竟没有严格的理论证明，也缺乏有力的事实支撑。为了给自己留一些余地，要是以后几年天气有什么变化，气温上升了，岂不是掌自己的嘴，把名声给搞臭了。

所以现在有科学家提出用"气候异常"来替代"气候变暖"。无论怎么样，大规模灾害性的天气出现都是二氧化碳的错。

比如2009年末2010年初的全球大规模降温天气，就与"全球变暖"背道而驰，为了不使自己的理论破产，有的科学家又提出了由于二氧化碳增多，冰川融化加速，海洋中的淡水增加，使海洋正常的大气洋流受到阻挡。

但这一套理论在现实面前仍难以自圆其说，或者说他们并没有完善的理论体系，遇到新问题时，只能抓瞎，企图蒙混过关。

抛掉扣在二氧化碳身上的黑锅，我们将看到二氧化碳美丽而神秘的一面。整个人类史也是一部碳的历史。生物燃料、煤炭、石油见证了人类漫长的发展史，煤炭、石油的大规模应用将人类带入现代文明，追踪碳的足迹，我们也将从中发现大国兴衰的线索和脉络。

第四章　碳地图，能源与帝国的兴衰

　　本章导读：二氧化碳经过西方政客的反复打击和抹黑，一个乖巧伶俐小孩子变成了一个面目狰狞的恶魔，成为全球变暖的罪魁祸首，可谓人类有史以来非常奇特的冤案。

　　在二氧化碳这个冤案背后隐藏的是西方发达国家的丑恶嘴脸，试图独占世界资源，以维持他们高高在上的地位和优裕的生活，而第三世界只能维持贫穷的现状，丧失发展的权力。

　　二氧化碳被操弄的痕迹是非常明显的，有了这一看家法宝，发达国家便可以高举"碳减排""碳关税"的大旗，对发展中国家进行赤裸裸的贸易讹诈。

　　与二氧化碳被发达国家操弄不同，人类的历史，本质也是一部二氧化碳排放的历史，我们可以从二氧化碳的排放中解读国家的纷争，寻找各国兴衰沉浮的轨迹。

一、生命与"碳"

　　在元素周期表的118种基本元素中，碳并不是最显眼的，碳在地壳中的含量为0.027%，也不是最丰富的元素，但碳对人类来说，却是最重要的元素。我们一直生活在"碳"的世界里，生活无处不碳。

　　目前全世界已经发现的化合物种类已达400多万种，其中绝大多数是碳的化合物，不含碳的化合物不超过10万种。

　　从中学化学课本中我们知道，碳（C）除了和其他元素化合外，碳与碳还可以结合，所以碳易成链而形成复杂的分子结构，碳元素是大分子有机物的骨架元素，如糖类、蛋白质、核酸及DNA等。

　　当我们观察这些碳元素的分子结构时，只能感叹自然界的奇幻与美妙，世界因碳而生动起来。

图：碳的最基本化合物

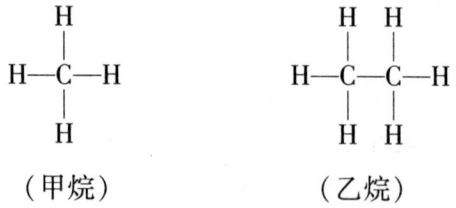

（甲烷）　　　　　　　　（乙烷）

（戊烷）

图：碳的高级化合物

① $CH_3-CH_2-\overset{\displaystyle O}{\overset{\|}{C}}-OH$

丙酸

② $CH_3-\overset{\displaystyle O}{\overset{\|}{C}}O-CH_3$

乙酸甲酯

③ $H-\overset{\displaystyle O}{\overset{\|}{C}}-O-CH_2-CH_3$

甲酸乙酯

④ $CH_3-\underset{\displaystyle OH}{\overset{\displaystyle H}{CH}}-C=O$

α-羟基丙醛

⑤ $\underset{\displaystyle OH}{CH_2}-CH_2-\overset{\displaystyle H}{C}=O$

β-羟基丙醛

⑥ $CH_3-\overset{\displaystyle O}{\overset{\|}{C}}-CH_2OH$

羟基丙酮

　　碳被称为生命最基本的元素，没有碳便不可能有生命的存在。碳水化合物、脂肪、蛋白质等为人和生物的生长、运动、繁殖提供主要能源。

　　人们吸入氧，呼出二氧化碳，这会让我们对氧有一种天然的亲切感，似乎二氧化碳是废物。但二氧化碳却是植物的肥料，吸收二氧化碳而排出氧气，形成一个闭合的循环。

　　地球上的生物都是碳基的，那有没有可能以其他元素为基础的生物体呢？

图：硅基

$$R-\underset{\displaystyle NH_2}{\overset{\displaystyle H}{Si}}-COOH$$

　　在构成碳基生物的氨基酸中，连接氨基和羧基的是碳元素，由于硅元素和碳元素同属一个族，化学性质相似，所以人们总是在设想是不是有硅基生物的存在，这种生物是以硅而非碳链结而构成有机大分子。

虽然人们基本上都不太可能找到硅基生物存在的直接证据，但这不可能束缚人们想象力的翅膀。1891 年，波茨坦大学的天体物理学家儒略·申纳尔在他的一篇文章中就探讨了以硅为基础的生命存在的可能性，他大概是提及硅基生命的第一个人。

著名英国科幻作家赫伯特·乔治·韦尔斯曾写道："人们会为这种设想所带来的奇异想象所震惊：既然有硅—铝生命体，为什么不会立刻想到硅—铝的人？让我们说，他们在硫磺气组成的大气中漫步，徜徉在温度比熔炉更高的、数千度熔化的钢铁海洋旁。"

在斯坦利·维斯鲍姆的《火星奥德赛》中，该生命体有 100 万岁，每 10 分钟会排出一块砖石，这样会使硅基生命面临一个难题。

人类是碳基的，我们的废弃物是二氧化碳，而硅基生物需要不断地补充硅基活性物，而它的废弃物是二氧化硅——硅石即我们用于砌房的砖头。硅基生物如果不随时移动，很可能自己把自己给埋在了地下。

人类似乎想挣脱碳的束缚，但从远古走来的人类的命运却一直与碳紧密相连，碳成为人类难以摆脱的魔咒，大国的竞争也围绕着碳而徐徐展开。

二、日不落帝国的哀怨

"以前火车的燃料是什么？"如果有人冷不丁问这样一个问题，我们可能会感觉问这个问题的人有些奇怪，"煤啊！"这估计是任何人不假思索的答案。

"用柴火行不行呢？"如果有人再问，这时可能普通人一下说不出个道道来，虽然老式烧煤的蒸汽机已经走进了历史的陈列馆，但从很多影视作品中，我们仍能看到开火车的师傅一铲一铲地往火红的炉腔里送煤的场景，用柴火倒没有听说过。

"不行，燃烧值太小。"如果懂点行的人可能会用这样的话来作答，再详细一些，就是柴火燃烧时发出的热量远比煤炭要小，火车根本开不动。

"谁说不行，俺就烧过，还开了一阵子呢！"这时肯定会有一个李团长站出来，不过他会给我们讲述一个真实而悲惨的故事。

解放战争时期，李团长奉命进军东北，一路上多是步行，日夜兼程，很是辛苦，来到了一座废弃的火车站，发现有一列废弃的火车，孤零零停在铁路上。

"要是把火车开起来，行军速度可就快多了。"有人建议。

李团长听了建议后，决定试一试。

他让部队原地休息，开了一个诸葛亮会，大家献计献策，如何把火车开起来，有一个营长以前在铁路干过，也开过火车，他自告奋勇担任司机，还有几个钳工出身的，愿意负责维修。李团长很高兴，命令立即动手。

一切就绪，就是煤的问题没法解决。

"没有煤，烧别的不行？俺老家从来不烧煤，就烧柴火。"有人说。

"那就烧柴火吧。"李团长拍板。

开始，火车走的还行，过了一会，就不行了，像个蚂蚱，朝前一蹿一蹿的，大家东摇西摆，有点害怕了。

火车驶上一段坡路，突然开不动了，向后滑了下来。

李团长在路旁观察，见势不妙，急忙大喊"停车，停车！"

但火车没有停下，却发生了侧翻，把许多战士从车厢里翻了出来。

事后统计，有十几个战士死亡，伤者近百。

"那是经过枪林弹雨考验的，最优秀的战士啊，日本鬼子，反动派，都没有能打败他们，可他们竟然死在我的瞎指挥里了。"

人类是被蒸汽机拖着由手工时代进入现代文明，而作为驱动蒸汽机的重要原料——煤的意义非常重大，可以说没有煤就没有工业革命时代。

人类第一次工业革命也被称为蒸汽机革命，人类从繁重的体力劳动中解脱出来，生产力获得了极大地提高，通过蒸汽轮机驱动的巨型轮船可以跨越重洋，征服世界，世界市场形成。

在石油大规模应用之前，煤炭一直是工业的支柱和人类的主要动力来源。

自1769年瓦特改良蒸汽机后，广泛应用在采矿、冶炼、纺织、机器制造等行业中，直到 20 世纪初被柴油机所逐渐取代，其经历了 130 年左右的时间。

可以说，第一次工业革命背后是煤的世界，而煤炭则成为大英帝国最强有力的驱动力量。

英国占尽天时地利，最终铸就了大英帝国的无限辉煌。

工业革命是人类的助推器，人类第一次摆脱了手工劳动，使生产效率成倍地增长，廉价的产品源源不断地涌向市场，人们可以享受到更多的产品，从而提高生活质量。

当被问到工业革命为什么单单发生在英国，而不是比英国条件更优越的西班牙、荷兰或者法国时，我们可能会想到英国资产阶级革命比较彻底，使资本主义生产方式能够冲破封建的枷锁；工场手工业中的生产技术知识的积累，有更多熟练工人；圈地运动为纺织品找到了原料；打败西班牙的无敌舰队而获得了海上霸权等等原因。

但我们不能忽视一个事实，那就是英国有丰富的煤炭资源，如果没有煤炭工业作为强大的支撑，英国可能很难走那么远，开辟那么多殖民地，成为真正的"日不落帝国"。

19 世纪中叶，英国煤炭产量占世界总产量的 2/3，1913 年开采量曾达 2.92 亿吨的历史最高水平。

瓦特的蒸汽机解决了大工业发展所必需的动力问题，推动工业革命向纵深发展。炼铁厂用它来开动鼓风机，为高炉提供风力，煤矿用它来排除矿井积水，纺织行业用它来作为动力。蒸汽机的应用越来越广泛，棉纺厂、毛纺、织布厂中都能见到它的身影。

工业革命使社会生产力有了惊人的发展。从 1770 年到 1840 年间，每个工人的日生产率平均提高了 20 倍。英国煤炭产量 1700 年为 260 万吨，1836 年增至 3000 万吨。

工业革命期间，英国建成了纺织、钢铁、煤炭、机器制造和交通运输五大工业部门，到 19 世纪 50 年代取得了世界工业和世界贸易的垄断地位。

有时我们可能会感觉英国的崛起是理所当然的，但我们不难发现英国崛起的道路仍然较为曲折。内部矛盾激化，周边环境险恶。

18世纪以前，英国的棉织品质地低劣，在印度、中国的棉织品面前没有丝毫的竞争力。当时穿着中印棉布衣服风靡一时。为了保护本国纺织业的发展，1700年英国议会通过法令，禁止从印度、中国和伊朗输入染色的棉织品，法令宣称：输入的棉货"消耗国家的财富……夺去人民的工作"。

完全自由的贸易显然是不存在的，只存在符合自己利益的贸易。

另外，工业革命前的英国因百年战争，在欧洲的势力受到较大的削弱。

14—15世纪，欧洲主要是英国及法国争霸，自1337—1453年间的战争被历史学家称为"百年战争"，虽然在战争中英国占据了较大的优势，法国不断割地赔款，巴黎差点失守。但上帝仍是偏袒法国的，在最紧急的关头送给了法国人民千古传颂的英雄——圣女贞德，最终使胜利的天平倾向了法国。

战争的结果则是英国彻底被赶出了欧洲大陆，欧洲大陆只剩下法、德、俄三强争夺。英国则成为一个岛国。很多人会津津乐道英国游刃有余的外交政策，以一个岛国之力将其他诸强玩弄于股掌中，但这实质上是英国的无奈之举。

如果英国在欧洲大陆有领土，或者足够强大，自然可以四处插手，何必一会儿支持这边，一会儿支持那边，背后玩阴招，让欧洲人不待见呢。

可以说，自百年战争后的两三百年间，欧洲事务基本上与英国没有直接关系了，只能是一个旁观者，而不再占有主导的优势。

英国在打败了西班牙的无敌舰队后，获得了海上的霸权，但英国并没有形成独霸的地位，英、法及先行的西班牙、葡萄牙、荷兰等共同瓜分着广大的殖民地。

一个连自己的衣服都是靠从别人那里进口的国家，有什么资格称霸世界呢？

1761年，英国皇家艺术学会曾专门悬赏鼓励人们发明新型纺织机，可见英国人极力想在纺织品上打个翻身仗。英国人的好运气来了，1765年"珍妮纺纱机"问世，功效一下子提高了16~18倍，使英国人终于可以摆脱国际贸易中的尴尬地位。

棉纺织业是在工业革命中起带头作用的行业，它推动了煤炭工业、钢铁工业的发展，加速了蒸汽机的研制，而这又为英国开辟了一条通往帝国的坦途。

因为有丰富的煤炭资源，它可以为英帝国提供源源不断的动力，使英国这个中年妇女一时间红光满面，精力充沛，胜过众多地球村里的壮小伙。

当英国工业革命完成之后，廉价的纺织品如潮水般涌向世界，使其成为名符其实的世界工厂，这为它带回了巨大的利润，这又成为控制其他国家最有力的武器。

但工业革命使英国在失去美国的情况下，以一个小小的岛国仍然维持着世界的霸权，仍控制了印度、中东、澳大利亚、非洲一部，拥有广大殖民地。

自由贸易精神成为英国绅士的口头禅，用来教训世界其他国家，打开你的国门吧，让大家都能享受到廉价商品的好处，如果不行，那就大炮伺候。

当我们用亚当·斯密的理论反驳同时代德国的经济学家李斯特时，可能会忽视德国作为一个落后的工业国在国门洞开时所引发的恐惧。

当我们佩服亚当·斯密《国富论》的博大精深和所倡导的自由贸易时，可能想象不到英国在工业革命前也是实行彻头彻尾的贸易保护主义。

每个国家都有权自己决定自己的贸易政策，而不必要有一个统一的标准去衡量，去评判是非。或许我们应该将贸易政策看成是一个国家的经济主权，而不需要披着"自由"的外衣对别人生存权利横加指责。

但英国成也煤炭、败也煤炭，由于煤炭工业太发达，而忽视了新技术的发明和运用，英国人想当然地认为靠着蒸汽机就可以继续维持其"日不落帝国"的地位。

这时石油出现了，柴油机出现了，人类逐渐由煤炭时代进入石油时代。

有一个有意思的现象，内燃机，包括柴油机、汽油机，现代轮船、发电机、飞机等并不是英国人发明的，而主要集中在德国和美国。

人们常将第二次工业革命称为电力革命，围绕电力的各种新技术、新发明层出不穷，并被迅速应用于工业生产，大大促进了经济的发展。

但电力革命背后更重要的却是石油的发现，石油逐渐取代了传统能源——煤而居于工业的主导地位，石油才是改变世界最主要的力量，被称为"现代工业的血液"。

如果仅就动力来源来看，煤仍占据重要的地位，但石油却有着更广泛的用途，其产业链更长，它深刻改变着整个世界。如汽车使用的主要原料是汽油和柴油，石油产品是重要的工业原料，与人们吃穿住行息息相关。

石油是世界经济赖以发展的基础，是现代国防和战争最重要的战略物资，关系着战争的胜负和国家的存亡。

到了20世纪50年代，由于中东低廉的石油大规模涌向欧洲，欧洲也渐渐从以煤为主要能源的经济开始向以石油为主要能源的经济转变。

显然，英国人没有紧紧地抓住二次工业革命的宝贵机会，但这也源于其自身条件的不足，英国虽然有丰富的煤炭，却没有足够的石油。

而重要的是，世界现代石油工业在美、俄等国发展起来时，尚未引起英国的重视。随着科技的发展，石油的商业价值和军事意义日益体现出来，英国才开始确立自己的石油政策。

英国在海外有广大的殖民地，按理说他有诸多的优势，虽然在沙特、伊拉克等地方受到美国的不断排挤，但英国凭借先天的优势抓住中东的核心国家——伊朗。

英国先是通过支持达西获得伊朗的石油租让权，促进伊缅合作以谋求在伊朗的石油霸权。在英伊石油公司面临困境时英国政府接管了英伊石油公司，并在经济、军事、外交等方面支持英伊石油公司的发展。英国政府借英伊石油公司之手，实现了控制伊朗石油的目的，从而确立了其在伊朗的石油利益。

但在石油霸权路上越走越深的美国和俄国岂能善罢甘休，英国吃葡萄不吐葡萄皮的作风引起了伊朗强烈的反抗，1945年至1950年，英伊石油公司账面利润2.5亿美元，而给伊朗的租让权使用费仅仅9000万美元。

美国借伊朗石油国有化运动之际打入伊朗石油领域，英国在伊朗的石油霸权从此基本丧失。

20世纪30年代的世界资本主义经济危机使英国煤炭工业遭受沉重打击。

二战后，中东等地的廉价石油大量涌进国际能源市场，世界能源生产消费结构改变，英国煤炭工业进一步衰退，近年来产量跌至 1 亿吨以下。

1914 年英国占有的殖民地比本土大 111 倍，是第一殖民大国，号称"日不落帝国"，在许多方面仍然走在世界的前列。但这时的大英帝国只是徒有其表。

随着英帝国失去对中东的控制权，它注定将沦为二流国家，在世界的势力范围不断收缩，为了维持其国际地位，不得不投靠美国而成为其附庸。英国，再也不可能在世界各国争霸赛上有参赛资格，只能作为一个旁观者。

从英帝国的衰败中我们仍可以找到很多的原因，但不容忽视的是，英国虽然抓住了煤炭时代，但错过了石油时代。

而紧紧抓住了石油机会的美国，至今仍是世界的头号强国。

三、法德百年恩怨：争夺阿尔萨斯和洛林

法国作家都德的小说《最后一课》自 1873 年发表以来，曾被译成世界各国文字，流传广泛，其精湛的艺术构思也常为人们所赞赏。

《最后一课》在中国老百姓中应该颇具分量，它入选了中学语文课本，作为热爱民族语言、热爱民族文化的例子而受到人们的称颂。

估计我们好几代人都会对文中所讲到的"法语是世界上最优美的语言"而发生疑问，既然法语是最美的，那中国汉语是不是排第二了呢？但相信有很多选择法语专业的人或多或少会受这篇文章的影响。

而当我们翻开历史时，可能会被迷惑。阿尔萨斯和洛林地区，中世纪以来一直是广义上的德语区，直到今天阿尔萨斯人依然保留了自己的语言——阿勒曼方言，与德语十分相近。

当法国重新夺回阿尔萨斯和洛林后，《最后一课》同样一番场景可能会再次出现，不过这个故事的主角是曾经说德语的小朋友，他们怀着悲伤的心情与德国告别，和德语老师告别，第二天不得不接受以后课堂上只能使用法语的

事实。

可惜的是，德国没有一位在世界上非常有影响的作家写出类似的文章，在国际上我们就难以听到有人为德国鸣冤叫屈了。从两个地区传统的语言习惯来看，德国人似乎更占道德优势，更有理由渲染悲情，毕竟现在阿尔萨斯和洛林都属于法国。

而法国人为了彻底同化阿尔萨斯和洛林，在文化统治上也是比较残酷的，不比德国人更仁慈，而关键是本地居民主要讲德语。为了抹去对德国的记忆，使它真正被同化，自然要求有非常规的手段。

这段历史如果真要细究起来，仅用语言习惯还真难以说明这两个地区的归宿。

欧洲历史有些类似于中国的春秋战国时代，说到某一地区的最终归属，可能谁也难以说清楚，它在历史上一会儿属于这方，一会儿又属于那方。

德国和法国在领土扩张问题上经历过无数次战争，阿尔萨斯一直被法国和德国争来夺去。对这两个地区的争夺也是一浓缩的德国与法国恩怨史。

欧洲在罗马帝国时代曾经获得统一，其后查里曼帝国也短暂统一过欧洲大部，最后查理大帝的三个孙子在公元843年把法兰克王国一分为三，分别是西法兰克、中法兰克和东法兰克，也就是后来法国、意大利与德国的雏形。

中法兰克的继承者光荣地实施了中国的汉代一样的"推恩令"，不是把大位传给长子，而是所有兄弟平分，这样中法兰克又分成很多小部分，这也自然让东西两强有了可乘之机，东法兰克和西法兰克分别抢占了洛林和普罗旺斯。

欧洲30年战争（1618—1648年）后，《威斯特伐里亚条约》签署，战败的德国正式承认法国拥有阿尔萨斯－洛林。1870年普法战争爆发，法国一败涂地，双方次年缔结和约，法德边界恢复到了300年前的状况，阿尔萨斯－洛林重新被德国占有。

1919年依据《凡尔赛和约》归还给法国；1940年又为希特勒德国兼并；1945年法国再度恢复了对两个地区的主权；今划分为默兹、摩泽尔、默尔特

—摩泽尔和孚日四省。

德法两国为什么会对这两块地情有独钟呢,为什么发生这么多恩恩怨怨?

要真正说清这个问题,需要从地理位置及资源两个方面来说明它。对于一块不毛之地,在一般情况下是不太可能像法国和德国那样大动干戈的,然而阿尔萨斯和洛林如此重要,它甚至左右着两个帝国的命运。

首先,这两块地在领土面积上不算大,但在战略地位上相当重要,这是德法两国前期不遗余力争夺的关键原因。

莱茵河被喻为欧洲的母亲河,而阿尔萨斯与洛林位于莱茵河的西岸。如果法国占有这两个地区,则可以将莱茵河和阿登高原作为法国东部的天然屏障,可以将德国莱茵河上的交通线截断,战略上形成极大的优势。

对于德国而言,如果占有这两个地区,这段莱茵河将可以成为自己的内河,可以轻易通过莱茵河出入大西洋,而不必与法国分享。

到了工业革命时代,这个地区的作用不仅表现在战略地位上,更重要的是这两个地区有丰富的煤炭资源及与此相关的工业体系,如果获得这两个地区,对本国经济将有极大的促进作用。

对德国来说,一旦失去,则如失去一条腿,更重要的是,法国煤炭等资源紧缺,如果失去这两个地区,对法国影响更甚,就像剪断了飞鸟的翅膀,使法国在工业化道路上不能迅速腾飞。

工业革命后,这两块地对于德法两国的命运有深远的影响,德法两国的盛衰成败也从这两个地区的易手中清晰地体现出来。

在农耕文明时代,法国在欧洲大陆上绝对称得上真正意义上的霸主。"百年战争"中把英国的势力赶回了英伦本岛后,随后面临着哈布斯堡王朝对法国的"铁桶阵",最后法国通过30年战争(1618 – 1648年)打败了哈布斯堡王朝。

30年战争使法国取得了阿尔萨斯与洛林,成为欧洲当之无愧的霸主,这一结果也加深了德国的分裂,难以对法国产生什么威胁。

而在法国大革命中,法国以一己之力单挑全欧洲,英国、沙俄、奥匈帝国、普鲁士德国等国家为了扼杀法国的资产阶级革命，组织了七次"反法同盟"。在前四次战争中，都是以法国全胜而告终，最后滑铁卢战役中才使法国一代枭雄拿破仑屈服，拿破仑最后死在了圣赫勒拿岛。

可以说，法国在整个欧洲近代史上的战绩是异常辉煌和灿烂的，数百年之中，法国都在欧洲大陆上四方征战，在拿破仑时代达到了巅峰。战争除了人力之外，最重要的是后勤，法国发达的农业及手工业使法国有强大的国力保障。

为了实现国家的统一，摆脱法国对普鲁士的控制，在俾斯麦首相"铁血政策"的推动下，1870—1871年普鲁士与法国之间的普法战争爆发，这场大会战以法国完败、德国统一而结束。

这场战争后，法国不仅丧失了在欧洲大陆的霸主地位，而且失去了重要的工业原料基地，这也是《最后一课》的背景，该地区人民也丧失了学习法语的权利。

工业革命是煤炭的时代，在推动煤炭及铁矿石储量丰富的阿尔萨斯和洛林后，法国再也没有办法复制农业文明时代的辉煌，在深刻改变整个世界格局的第一次工业革命中，法国交了一份最差的成绩单。

在工业革命中，法国因为匮乏的煤炭资源而大为吃亏，只能眼睁睁看着其他国家大口吃肉，而自己只能喝点汤。法国基本上就失去了与其他国家争霸的资格，法国只能局限于一个区域性的大国。

上帝把欧洲最美的一段给了法国，法国拥有丰饶的巴黎盆地及阿基坦盆地，平原占总面积的2/3，三面环山，濒临大西洋和地中海，地理位置得天独厚，这使法国农业文明时代异常辉煌，但又使其在工业革命中变得先天不足。

反观德国，则是另外一番景象。德国山地多，这使其煤铁资源蕴藏丰富，这为德国第一次工业革命提供了充沛的动力。通过普法战争，德国掠去了阿尔萨斯和洛林，在使法国严重失血的同时，却使自己如虎添翼。

到了20世纪初期，在工业产品生产方面，德国甚至超过了英国这个老牌资本主义国家，把法国远远地抛到了后面。德国在世界工业生产中的比重占

16%，跃居第二位，英国则居第三位，为 12%，法国则排不上号。

一战前，普鲁士工业蒸蒸日上，经济的过分扩张使德国必然寻求更大的发展空间，需要更多的殖民地来获得原料发展工业，并向世界倾销产品。

当时世界殖民地已经被世界列强基本瓜分完毕，德国只有通过战争的方式来取得欧洲霸权及老牌资本主义国家（法、英）的殖民地。

20 世纪初期的德国外长皮洛夫说"……让别的民族去分割大陆和海洋，而我们德国满足于蓝色天空的时代已经过去了，我们也要求阳光下的地盘……"

第一次世界大战也随之而来。

一战后，德国再次失去阿尔萨斯和洛林，但德国仍有庞大的资源。鲁尔区的工业是德国发动两次世界大战的物质基础，战后又在"西德"经济恢复和经济起飞中发挥过重大作用。

鲁尔区生产全国 80% 的硬煤，90% 的焦炭，集中了全国钢铁生产能力的 2/3，电力、硫酸、合成橡胶、炼油能力、军事工业等均在全国居重要地位。

四、建立在石油之上的美国世界霸权

1855 年，美国宾夕法尼亚州的泰特斯维尔小镇。一个叫乔治·比尔斯的人打井时发现了一些黑乎乎的东西，他并不知道这些东西有什么用，但他不想放弃任何发财的机会。于是他请美国耶鲁大学西利曼教授对这些东西进行化学分析，当这位教授通过一阵折腾，发现这个后来被称为石油的东西能够通过加热蒸馏分离成几个部分，每个部分都含有碳和氢的成分，其中一种就是高质量的用以发光照明的油。

经过将近三年的准备，1858 年比尔斯请德雷克上校带人打井，1859 年 8 月 27 日在钻至 69 英尺（约 21 米）时，终于获得了石油。

像 10 年前的加利福尼亚淘金热一样，人们蜂拥而至泰特斯维尔小镇投资，想发大财。对石油的狂热在美国一直持续了数十年，大量原油被开采，投资石油开采的资金和企业不断增加，原油开采企业从64个猛增到2300多个，产值从200万美元跃至1800万美元。到1900年，原油产量已近1亿桶，其中300万桶以上供出口。

紧接着，现代石油工业从勘探、开采、炼制加工、直到销售，在世界各地迅速发展起来。在现代石油工业发展的最初几十年里，美国一直是世界第一大产油国。

伴随美国石油工业的不断发现，出现了影响美国历史的传奇性人物——洛克菲勒及其家族。凭借着冷静、精明，富有远见及独有的魄力和手段，白手起家，一步一步地建立起他那庞大的石油帝国。在巅峰时期曾垄断全美80%的炼油工业和90%的油管生意。

与煤炭相比，石油有先天的优越性，最主要的原因则是开采成本，煤炭需要人深入到地下进行挖掘，而石油则只需要在地面竖一些杆和塔。石油时代正好和内燃机及发电机的发明吻合，从而开启了一个全新的时代。

美国成为世界霸主似乎是天意注定的，因为美国有丰富的石油资源，开始大规模地运用，建立了庞大的石油工业体系。这与英国油气资源的缺乏，未能首先实现石油的大规模应用形成了鲜明的对比。

核武器的恐怖平衡状态事实上削弱了用军事手段实现对外战略目标的能力，为美国这样的超级大国发挥石油安全战略的影响力提供了充分的前提条件。

从第二次工业革命到现在，石油是重中之重，其地位是无可替代的，谁控制了石油霸权谁就将有主导世界的话语权。

美国出于加强对欧洲控制、对抗苏联的需要，其全球战略基本上围绕着石油展开，但美国二战后的石油战略并非一帆风顺，而是在磕磕绊绊中不断前行。

美国在战后的石油工业中如日中天，整个国际石油市场基本上被以新泽西标准石油公司、皇家荷兰/壳牌、德士古、索克尼、海湾石油公司、加州标准、英伊石油公司为代表的"七姊妹"为首的国际石油公司所垄断，这"七姊妹"

中，有五家是美国的。

一战大大消耗了美国的石油资源，自从俄克拉荷马州大油田发现后，美国在 1920 年以前没有发现新的大型油田，这使美国不得不向海外寻找石油以保障自身的能源安全，并成功从英法的势力范围——中东分得了美索不达米亚石油的部分开采权。

随着二战不断深入，美国深刻认识到石油对美国的重要性，开始有意识控制世界石油资源，通过对沙特的援助，并趁英国忙于战事，慢慢对英国在中东的石油地盘进行蚕食。

当一个危重病人在生的希望与手上的一箱黄金之间进行选择的时候，他可能首先考虑的是自己的生命，命都没了，黄金还有什么用呢？这时美国就是那个可以治疗急症的医生，它也顺理成章地从英国手中取得那一箱黄金的一半——与英国共管中东的石油。

可惜的是，英国靠着美国的援助，在二战中把自己的命保住了，当它高高兴兴地与它的救命恩人共同维护世界石油霸权时，却发现世界的风向已经完全改变了，美国强大的身躯一下把瘦弱的英国从世界霸权的位置上挤了下来。

病人与医生的关系也适合于沙特阿拉伯与美国。20 世纪 40 年代末，沙特王国债台高筑，面临第三次财政危机，在美国强大的美元面前，也使沙特彻底倒向了美国。这成为美国今后实现其中东石油战略强大的基石。

经过不断地辛勤耕耘，美国终于成为中东石油最大的赢家。1954 年美国成为中东石油的最大拥有者，控制了巴林和沙特石油的 100%，科威特石油的 50%，伊朗石油的 40%，伊拉克石油的 25%。

美国不仅仅在中东取得压倒性的胜利，在世界范围内也全面开花，到 20 世纪 50 年代初达到了鼎盛，控制了美国、墨西哥和社会主义国家之外 90% 的世界石油储量和世界石油产量，炼油能力占世界炼油能力的 75%，拥有国际石油贸易的 90%。

美国的如意算盘是把人口众多军事强大的伊朗扶植成军事支柱，起到海湾警察的作用，把石油储量丰富的沙特扶植成经济支柱，起到阿拉伯国家稳定器的作用，这也就是美国的"双柱战略"。

由于石油国家民族意识的不断兴起，欧佩克（OPEC）在1960年正式成立，美国及其控制的国际石油公司与盟国、石油出口国之间的权力平衡正被打破，这种不平衡的相互依赖最终导致了20世纪70年代初期石油权利的转移和1973年石油危机的发生。

石油输出国组织正式登上了国际政治舞台，并成为国际石油市场的决定性力量。石油生产国不但掌握了石油资源的所有权，更为重要的是从1973年10月16日开始，国际石油公司完全丧失了国际石油市场上的油价决定权。

伊朗"伊斯兰革命"结束了巴列维家族对伊朗长达半个世纪的统治，取而代之的是以霍梅尼为代表的神职人员执掌政权的"伊斯兰共和国"，这使美国的"双柱"失去了重要的一柱，美国石油战略受到严重的影响。

为了挽回不利的局面，1980—1988年发生了两伊战争，伊朗背后是苏联，而伊拉克背后是美国，最后伊朗和伊拉克两败俱伤，但美国并没有成功挽回伊朗的心，而造成永远的隔阂。

美国在中东只剩下沙特，还有一颗钢钉——以色列。

但中东对美国来说，实在太重要了，只有牢牢地控制住石油，控制住世界最大的石油主产区中东，才可能维持其霸主的地位。

所有自20世纪90年代初以来的美国的对外战略都是围绕着中东进行的，都努力想拔掉伊朗这个"眼中钉，肉中刺"。

按理说伊拉克是美国坚定的盟友，萨达姆是美国在中东利益的最佳代理人，但美国似乎不满足，靠伊拉克牵制伊朗对美国来说，并不能达到其控制世界石油的战略构想，美国只有抛开萨达姆这个大倒霉蛋，开始单干。

不知道是不是美国给萨达姆设的套，但有一点可以肯定的是，至少美国对伊拉克侵略科威特是有察觉的。美国CIA虽然吃过不少白饭，但也不可能总吃，漂亮活也干过不少。作为美国的铁杆盟友，萨达姆还不会傻到打之前给老大打下招呼，美国也在一定程度上纵容了萨达姆的头脑发热。

结果呢，老萨一动手，就被美国以联合国的名义给办了。

海湾战争发生在苏联解体之后不久，这足见美国的雄心勃勃了，美国一方面迫不及待想用一场战争来宣示自己老大的地位，一方面开始为其全球石油战略铺平道路。

虽然海湾战争把萨达姆给教训了一顿，但美国还感觉不过瘾，美国的想法是彻底控制中东的石油，进而完全地控制全世界。

第一次揍伊拉克是因为伊拉克侵略了科威特，而第二次的原因却是伊拉克拥有"大规模杀伤性武器"，对于一个主权国家，难道威力大一些的武器都不该拥有？但美国认为：这个，不可以有！这就是美国牛仔的思维吧，欲加之罪，何患无辞，只是美国的这个借口有些勉强了。

以前的军事行动一般都需要联合国授权的，在联合国不听摆布的情况下，便自己拉起北约的一帮小兄弟再次杀到海湾。这次把事情做得彻底，最后，老萨被镇压，伊拉克开始上演"皮影戏"。

9·11后，这给美国足够的理由去收拾阿富汗，这枚钢钉的意义就是让中国如芒在背，坐立不安，还可以给俄罗斯眼中竖一根刺。相安无事的安生日子不过，老美确实挺能折腾的。

美国最终的目的仍然是控制伊朗，这是美国梦寐以求的，直接占领伊拉克及阿富汗也是为了最后收拾伊朗作准备。从地理位置上看，攻占伊拉克及阿富汗之后可以实现对伊朗的合围，这也是美国独霸世界最为理想的路径和选择。

我们可以想象，如果美国彻底把中东摆平了，再加上依附于美国的欧洲，通过日本、中国、澳大利亚这个葡萄串把中国东进太平洋的大门给堵死了，美国将成为名符其实的世界救世主，在石油时代根本不可能有任何国家向它挑战。

美国在战略制定上是相当完美的，如果按照美国的战略预想，美国就将真正成为地球的球长。地球的法人代表里将写下美利坚合众国的名字，中国、俄罗斯、委内瑞拉、朝鲜、古巴等只是公司里的小股东，偶尔闹闹情绪还可以，但在大事上只有美国能说了算。

随着奥巴马的当选，美国也结束了小布什时代。小布什表面上给人愚蠢、搞笑的印象，好像美国选民一时瞎了双眼，被布什光鲜的外表给蒙骗了。布什这个牛仔几场战争下来，就使美国负债累累，美国受两大战场的拖累，国力迅速衰落，布什给美国人民留下了堆烂摊子，是美国走向衰落的罪魁祸首。

但这些批评显然低估了小布什背后的智囊团，没有看到他仍是美国伟大战略的坚定执行者，为了美国的世界霸权与"邪恶"国家进行了坚持不懈的斗争。

布什失败并不是他个人的，或许是天意的安排。当美国人正无限地接近"地球球长"这一职位时，上帝斩断了美国人贪婪的手：就你一家美国吃独食，你还让我这一出戏怎么导演下去？一点悬念都没有。

美国未能完全控制住伊拉克，进军阿富汗，并没有想象中的那样完美，民风彪悍的阿富汗将可能继续扮演"帝国坟场"的角色。这使得美国控制伊朗进而控制全球的浪漫战略只能是镜中月，水中花。

虽然美国仍然独占沙特、伊拉克及以色列，但美国由于部分地失掉了中东，这对美国的世界霸权产生了致命的冲击。

时间在不断地流逝，美国也正在为舔自己次贷危机留下的伤口，但这不表明美国已经失去了再次独霸全球的机会。

五、碳资源牵动大国命运

在第一次工业革命前的数百年间，欧洲人冒险的天性及为上帝传播福音的虔诚把美洲、非洲与欧洲连成一块，让大西洋成为欧洲的内湖，美洲大陆只是欧洲的牧场，非洲为欧洲的发展提供着源源不断的黑奴。

但这个时候东西方仍是分割的，是两大体系，基本上各不相干。东方由于以农耕文明为主，缺乏商人的世界眼光，仅仅局限在自家的一亩三分地里，但也自得其乐。而波斯则充当着东西方使者与掮客角色，雁过拔毛，对过境的香料、瓷器等征收着高额的关税，小日子也过得悠哉悠哉。

但工业革命却打破了东西方之间的壁垒，蒸汽机驱动的轮船消除了东西方巨大的鸿沟，其强大的生产力使农耕文明只能成为附属。

伊朗这个阻挡东西方交流的巨大屏障被拆除，成为英国及俄国的殖民地，包括今天印度、巴基斯坦及孟加拉的整个中南半岛成为英国的囊中之物，大清王朝也只能在八国联军的坚船利炮面前苟延残喘，变成为半封建半殖民地。

东方的败落也是自给自足的生产方式完败于先进的资本主义生产方式，只不过东方帝国相对于处于更低发展阶段的非洲、美洲有一些脆弱的抵抗力，最后被整合到以欧洲为主的世界新秩序之中。

工业革命后，老欧洲在世界舞台上都是名符其实的主角，世界霸权的争夺也紧紧围绕着英、法、德、意、俄、奥匈帝国、芬兰、西班牙、葡萄牙等西欧国家展开。但美国和苏联后来居上，利用欧洲两次世界大战的绝佳机会，最终取代欧洲成为世界的霸主。西欧在国际事务中居于支配地位的时代已逐渐成为历史陈迹，取代这一传统格局的是美、苏两极格局逐步形成。

苏联的兴起似有些偶然，很多人都对一战前 25 年俄罗斯的工业化评价不高，严重落后于主要西方国家。而实际上，作为一个后进者，俄罗斯的工业化进程是非常迅速的①。俄罗斯经济学家鲍维金就认为，1885—1913 年俄罗斯与英国之间的差距缩减了 1/2，与德国之间的差距则缩减了 3/4。

在第一次工业革命中俄罗斯并未占得先机，但大家不能忽视俄罗斯有丰富的煤炭及石油资源，这是俄罗斯奋起直追的最大资本。

俄国储量丰富的巴库油田由瑞典的诺贝尔兄弟和法国的罗斯柴尔德家族联合开发。俄国从 19 世纪 80 年代起，很快成为第二大产油国，甚至在 1900 年前后一度领先于美国。到 19 世纪 90 年代初，美俄双方已把欧洲市场瓜分完毕。

诺贝尔大家耳熟能详，每年颁发的炸药奖足以让全世界各色人等为之动容，其高额的奖金是吸引大家关注的一个重要原因。我们都知道诺贝尔兄弟在炸药上收获良多，可能会忽视了他们在石油工业上的建树。

另外一个罗斯柴尔德家庭，通过宋鸿兵的《货币战争》的介绍，也算是老相识了，可能大家仅关注他们去做银行，而忽视他们也在石油上捞了一票。

---

① 《俄罗斯史学界关于革命前俄国工业化的争论评析》

苏联建国后到二战前的数十年间，更是苏联的黄金发展期，在1929—1933年的大萧条中，大量失业的欧洲工人为苏联提供了经济发展必需的技术，而苏联丰富的资源更让苏联的经济建设加了一道最大的保险。

如果没有斯大林的大跃进，我们很难想象苏联可以靠一双手对付疯狂的希特勒的闪电进攻。苏联能在卫国战争期间，每年制造出4万架飞机，3万辆坦克，12万门大炮和15万挺机枪。没有丰富的煤炭及石油资源，苏联根本没有与美国争霸的资本，也没有机会展现他的暴力美学。即使在苏联解体的情况下，俄罗斯仍可以凭借手中的石油再风光一回。

盘点一下世界上所有国家，我们基本上可以从煤炭及石油的储量中看出该国在世界中的位置。

二战中，德国法西斯的铁甲洪流，穿透了欧洲的心脏，把法国打得屁滚尿流，把英国炸得焦头烂额，对于其他小国，如秋风扫落叶，直捣黄龙，基本无视。

德国这么蛮横，但它也有它的短板，就是石油资源的紧缺。

1939年9月德国发动战争时，只储备了240万吨成品油和少量石油。1942—1943年的石油年产量达到约200万吨的水平。相对于贫乏的石油资源，这已经是最高产量了。1944年油田遭美英轰炸而减产，这加快了德国法西斯的灭亡脚步。

二战后期在德国失去罗马尼亚的石油供应后，合成燃料就越来越多地取代石油燃料了。但这种混合燃料有致命缺陷，就是凝结点太低，大概零下八九度就会冻结，影响使用，但美国或苏联方面的燃料却不存在这样的问题。这个缺陷导致德军在冬季一直不能有效发挥应有的效率。

石油的缺乏应该说是导致德国战败的直接原因。

当看到每个德国士兵身上都带有一根油管时，美国人就已经感觉到法西斯德国基本上属于兔子——尾巴长不长了。

战后，德国依靠美国的"马歇尔计划"而重振旗鼓，进而成为世界第三大经济体，但因为先天条件的不足，再也没有资格在大国游戏中扮演有分量的角色了。

法国虽然在一战和二战后两次收回阿尔萨斯和洛林，但这时石油时代已经到来，这使法国未能摆脱与德国基本相同的命运，生命线牢牢掌握在世界救世主美国手中，失去了成为世界霸主的机会。

这两个国家为了减少对石油的依赖，在新能源技术方面走得最早，这是形势所迫，但也正因为承受了极大的压力，使他们在新兴能源上收获颇丰。

日本作为一个岛国，按理说成为大国的条件基本上不具备，但日本旁边有一个庞然大物——中国。明治维新为日本发展打下了一定的基础，而中日甲午战争为日本赢得了一笔宝贵的发展资金，再加上对中国东北的占领，获得了丰富的煤炭资源，日本似乎具备了成为一个大国的条件。但石油仍是日本紧缺的，这严重地制约了日本在第二次工业革命中走得更远，也使日本的强国梦破碎，在二战中吞下的土地又原封不动地吐了出去。

为了使其航母舰队有足够的粮食，日本只有到东南亚去找油，最终使日本与美国发生激烈的冲突，加快了其被严惩的步伐。

日本在东北忙活了几十年，最终没有发现大庆油田，这就是天意。

战后，日本利用朝鲜战争及越南战争发了一大笔财，朝鲜战场及越南战场都远离美国本土及欧洲的老巢，使日本可以安心作为一个后勤基地，这为日本在 20 世纪 80 年代的迅速蹿升提供了扎实的工业基础。

但日本和英、法、德仍是同一命运，由于没有掌握石油的主动权，只能在美国的羽翼下过着小康生活，想要再次争霸世界，就基本上没有任何机会了。

英国未能把握石油时代的曙光，成为其失去世界霸权的重要原因。按英国人口、本土的资源禀赋，是很难在石油革命中牢牢站稳脚根的。但由于其雄厚的底子，再加上跟随美国的策略，其大国地位仍得以保持。

英国北海的石油彻底改变了英国全部依赖进口的局面，从而基本可以全部自给，这对英国工业有重要的影响。

六、上帝是不公平的

煤和石油是怎么来的呢？

从教科书中我们知道，煤炭是千百万年来植物的枝叶和根茎在地面上堆积而成的一层极厚的黑色的腐殖质，由于地壳的变动不断地埋入地下，长期与空气隔绝，并在高温高压下，经过一系列复杂的物理化学变化等因素，形成的黑色可燃化石。

石油主要是古代浮游生物经地壳变迁，被深压于地下，经长时间高温、高压，其碳、氢元素分化聚集形成石油。如果时间继续延长，就会转化成天然气。

当我们看到一个个储量达数亿吨的大型煤田时，不能不佩服大自然的鬼斧神工。但我们可能也会产生疑问，形成这么多的煤炭及石油需要多少植物及动物呢？

按现在地球的植被覆盖水平及动物种群，形成现在储量如此丰富的煤炭及石油似乎是很难想象的事，那得要多长的时间？

翻开地球的编年史，我们可能会找到一些答案。

石炭纪（距今约 3.55 亿年~2.95 亿年），延续了 6500 万年。这个时候地球植物大繁盛，为煤的形成提供了强大的物质基础，后来的造山运动为煤的形成提供了外部条件。据统计，属于这一时期的煤炭储量约占全世界总储量的 50% 以上。

而到了侏罗纪（距今约 2.05 亿年~1.44 亿年），这属于爬行动物和裸子植物的时代，无数的动物和无数的植物形成一个庞大的食物链。

只有异常丰富的食物才能满足恐龙的胃口，我们能想象这时到处是参天的树木，茂盛的丛林。显然这也与气候问题有明显的关联，前面也说到 1000ppm 的二氧化碳浓厚才是植物生长的最佳状态，而现在才区区不到 400ppm 的水平。大气中过量的二氧化碳是地球繁荣的直接原因。

可以想象，如果没有这样巨量的石油、煤炭资源，人类不可能有今天这样的发展，不可能有林立的高楼大厦、道路桥梁、丰富的物质生活。人类对生物化石的依赖程度越来越大。

人类目前经济发展可谓"高碳"型，严重地依赖于煤炭、石油及天然气等一次性能源。

但地球资源的分布极不规则，好像是上天的安排，有些民族天生就占了一个好地方，像贾宝玉出生在了荣国府，而且嘴里还含有一块"通灵宝玉"，一出生就是锦衣玉食，而很多则是一生忙碌的命。

虽然人类到现在并没有找到恐龙灭绝的直接原因，但这个时候无疑是石油形成的重要时期，大量恐龙尸体正好堆在了今天的中东地区。

不规则的能源分布结构影响和制约着各国的经济结构、经济发展水平，任何国家都必须重视自身的能源安全，否则一场战争、政治危机等都可能对国家经济造成巨大的冲击。许多发达国家的经济衰退或停滞不前，都与石油供应及价格波动紧密相连。

在工业革命以前的原始社会，谁控制了人口谁就能过上更好的生活，而到了封建社会，则成为土地，土地是最主要的生产资料，农耕用地的多寡决定着经济的发展水平。而到了工业社会，煤炭和石油则成为人类现代文明的基础。自第一次工业革命后，世界上所有的争夺基本上都围绕着煤炭和石油而展开。

但世界石油分布是极不平衡的，据有关资料显示，仅中东地区就占68%的可开采量，其余依次为美洲、非洲、俄罗斯和亚太地区，分别占14%、7%、4.8%和4.27%。

自1908年5月26日位于伊朗Masjed-I-Soliaman（简称MIS）地区的第一口油井冒出原油后，中东这块土地就再也没有平静过，成为争夺世界霸权的竞技场，谁拥有中东谁无疑将有雄踞天下的资本。

匹夫无罪，怀璧其罪。

只要人类不脱离对石油的依赖，中东就不可能求得安稳。

中东就像人类的一个超级奶瓶，谁拥有了中东，就可以获得生长所需要的丰富营养，可以长得人高马大，身强体壮，而那些缺油的国家或地区，只能靠低营养的大米稀饭过活，而最后的结果只能是面黄肌瘦、身体羸弱。

二战后，民族解放运动方兴未艾，众多殖民地、半殖民地国家经过不懈的斗争纷纷走上独立的道路，而中东各国也试图寻求主导自己的命运。

中东能成为世界一极吗？人们曾经对阿拉伯世界抱有很强的期待。

最后的结果并不是公主与白马王子的完美结局，而将中东大国梦击碎的则是犹太人建立的国家——以色列。

中东巴勒斯坦地区在历史上更换了无数的主人，在公元前13世纪犹太人征服巴勒斯坦前，已经有腓尼斯丁人、迦南人。此后，巴勒斯坦先后被波斯帝国、希腊、罗马和土耳其等外来民族征服，犹太人被迫流落到世界各地。

以美国为首的资本主义国家是不可能让中东安稳的，1947年，在美国的操控下，联合国大会通过"联大181号决议案"（33票赞成，13票反对，10票弃权），规定在巴勒斯坦建立阿拉伯和以色列两个独立的国家。

决议规定把巴勒斯坦总面积的57%划给占32%人口的犹太人，在中东这块土地上创造一个崭新的国家出来。1948年成立以色列国，这个消亡了3000多年的国家又奇迹般地复活了。

为了夺回被以色列侵占的领土，阿拉伯世界与以色列展开了规模空前的五次战争。但在英、法、美等国的大力支持下，以色列非但没有衰退，反而逐渐强大起来，成为中东最为重要的平衡力量。

如果没有美、英、法等国的大力支持，阿拉伯世界早就吃上了用以色列做馅儿的饺子了。

在第一次中东战争中，以埃及为首的阿拉伯联盟在取得节节胜利的时候，美国向联合国安理会递交了一份议案，操纵安理会命令双方在36小时内停火，而这时阿拉伯联军已经占领了以色列过半的领土。

停战无疑是给了以色列宝贵的喘息机会，美国、英国的轰炸机，法国的坦克，捷克大量的轻武器、野战炮、炸弹和炸药等源源不断地流入以色列，最终使以色列扭转战局，大获全胜。

而在第二次中东战争中，当以色列处于困境时，英、法组织联军，直接赤膊上阵，将埃及掀翻在地，欧美是不可能容忍失掉以色列这颗钉在中东心脏上的钢钉的。

可见，中东问题并不是简单的犹太人与阿拉伯世界的战争，而是欧美为完全控制中东这个大奶瓶的一个必然手段，只有不断地打打停停，才能逼迫阿拉伯世界屈服，才可能掌握最为重要的石油资源。

美国基本上牢牢控制着中东，但这也不表明其他国家就没有同样的想法。对美国中东利益可能产生冲击的，无疑是法国提出、最后挂着欧盟旗帜的"地中海"计划，欧盟似乎酝酿着一出和平夺权的大戏。

在法国提出"地中海联盟"之前还有一个"巴塞罗那进程"的版本，它希望欧盟国家、地中海沿岸国家和中东国家以及巴勒斯坦民族权力机构，建立在经济、能源、移民、民主制等方面的合作关系，远期目标是把该地区建成自由贸易区。

而萨科奇则现学现用，搞了一个袖珍版的"地中海联盟"，只限包括法国在内的地中海沿岸的南欧、北非和部分中东国家共 16 个国家和地区，法国当仁不让是这个联盟的最高领袖。

法国借地中海联盟将可以同德国在欧盟中争夺更多的话语权。"地中海联盟"的模型也类似于当年建设欧洲联盟那样，这样法国就可以重新成为实力雄厚的地中海大国。没有包括德国、英国、波兰以至瑞典等中北欧国家的"地中海联盟"显然想把欧盟给拆了，萨科奇吃独食的爱好引来其他国家的一致批评，最后经过妥协，法、德再次联手。

新"地中海联盟"包括了欧盟所有成员国、中东地区及北部非洲，将亚、欧、非也连在一块。更重要的是北非和中东国家以及邻近这一地区的苏丹和几内亚湾地区都是石油天然气等能源产地以及各种原料产地。如果按照欧盟的计划，"地中海联盟"将使欧盟、北非及中东连接成一个地域广泛的自由贸易区，这将是确保和开拓新能源和原料供应来源的重要手段。"司马昭之心，路人皆知。"欧盟还是想挖美国的墙角，保障欧盟的石油供应，不再完全受制于美国。

欧盟的想法是很美妙的，但这种和平夺权似乎只是一个美丽的童话。如果黑社会里的二当家看上了大当家的美女，并不是二当家和美女情投意合、郎情妾意就可以有圆满结果，最重要是看老大同意不同意，而实际上老大就专情于这个美女，你说这个生意还能不能谈呢？

中东地区内部就不可能被欧盟一厢情愿地捏合在一起，以色列与众多阿拉伯国家就是冤家一对。就算是上帝来了，也没有办法把这个官司说清楚。

在世界上的大国中，我们似乎很少听到日本对中东想入非非，实际上是这样吗？非也。

在最近几十年里，我们似乎经常看到美国打仗日本买单的情况。美国发动的第一次海湾战争中，仅沙特阿拉伯、科威特、日本三国就承担了其中的484亿美元，美国实际在海湾战争中只花了70亿美元，不足全部战争费用的12%。

在世界人民眼里，好像日本就是欧美的提款机，日本的软弱，被美国完全控制，不得不这样做，但实际上这是无奈之举。

西方国家从海湾地区进口的石油占其国内石油总消耗的比重分别为：日本64%、法国35%、意大利32%、英国14%、美国11%，日本对中东石油的依赖决定了它只有站在胜利者一方，如果不能从中东这个大奶瓶中分到部分石油，日本的经济将可能遭受重创。

我们也知道，日本右翼势力并不小，也有强烈的民族主义，但在国家的整体利益面前，仍只有和政府同一个鼻孔出气。

七、既近又远的第四次科技革命

中国正在大步跨入3G时代。

和传统的2G相比，我们将享受到更快的传输速度，以前我们用电脑下载一部电影可能需要几十分钟甚至两三个小时，而用3G手机下载，可能只需要几秒钟的时间，这将使在线视频成为小菜一碟。

为了抢占3G时代的先机，国内的移动、联通和电信可谓铆足了劲，在2G

吃亏了的联通和电信更想借机翻身，这也给移动很大的压力。

要想让消费者为3G掏腰包，自然得准备一些杀手级的应用，虽然现在什么是3G时代的杀手级应用还未有定论，但人们已经开始设想通过移动监控使自己能随时随地监控家里的一举一动，有无外人闯入；如果使用定位功能，就知道自己的小孩子在什么地方；在线邮件功能，使人们可以及时进行大容量的文件传送服务，它还可以进行身份识别，电子钱包等功能。只要有需要，科研人员就能把它设计制造出来，只有想不到，没有做不到。

随着技术的不断发展，人类正在走向智能时代，信息技术已经深入到了世界的每一个角落。和前两次科技革命相比，第三次信息革命似乎来得更彻底，把整个地球变成一个信息岛，坐在电脑前"家事、国事、天下事"尽在掌握。在信息革命时代，美国再一次执全球之牛耳，走在了世界的前列。

美国在克林顿时代启动国家信息高速公路计划，互联网和计算机产业直接拉动经济增长，而日本企业热衷于投资股票和地皮，错过了非常难得的机遇。

为摆脱对石油的依赖，欧盟将重点转移到了替代能源上，使其在核能、太阳能、风力发电等技术上有雄厚的技术实力，但欧盟在信息技术上收获并不多，这也使欧盟失去和美国再次叫板的机会。

与第一、二次工业革命对人类的推动相比，信息革命还很难达到前两次科技革命的程度，或者说信息技术革命是伴生于第二次工业革命的，并没有形成一支独立的力量。个人电脑、服务器的运行仍需要电力，它有一大部分是燃烧煤炭而来的，电子技术是一种软件，它的硬件大多仍需要传统的能源，特别是石油。

信息技术使人类的生产效率得以提高，节省了大量的人力和物力，但并不能代替传统的动力，我们的汽车仍需燃烧石油产品，我们的吃穿住行基本上都难以逃脱与石油的干系。

人类对石油的依赖并没有减弱，反而是加强了。

随着世界经济的不断发展，很难估算出人类的胃口还会多大，到什么时候才是个头。但地球的资源储量是有限的，人类的资源是亿万年发展的结果，它却在一天天地减少，根本不可能再增加。

国际能源机构在 2009 年 12 月 14 日发布的半年度中期预测报告调高了2010 年至 2014 年世界石油需求预测，此次调高的依据是国际货币基金组织2009 年 10 月发布的公告，其显示世界经济前景有所好转，预测未来 5 年世界消费的需求平均增长率为 0.9%。

石油价格极其不稳定，动荡的油价让各国都心惊胆战。而这一切信息技术并不能替代，煤炭和石油仍是人类赖以生存的基础。

除了生物化石原料外，人类也在积极拓展新兴能源，但并没有突破性的进展，就像孙悟空翻了几个筋斗云，以为到天边了，但仍在如来佛的手掌心。人类不论走到哪里，背后都有一根粗粗的油管，没有石油和煤炭，人类立马回到原始社会。

2000 年互联网泡沫破裂以前，电子商务在全球已成为各界关注和炒作的焦点。"偏执狂老板"英特尔公司董事长安迪·格罗夫发出了网络时代的警世名言："赶快跳上电子商务的高速列车，否则你将死无葬身之地！"

在千年之交，互联网、电子商务概念目前热得发烫，但凡沾点"互联网仙气"的股票便牛气冲天，但这些只是一场梦幻。

信息技术在给人类带来极大的便利时，也埋下了很大的隐患。信息技术并没有对传统的生活方式有根本的冲击，它最多是一种补充。网上购物能替代逛商场吗？显然不能，很多人把购物当成一种休闲的方式，而趴在电脑面前太久，会脖子疼。

时代华纳收购了美国在线，曾被视为传统媒体对新兴媒体的金玉良缘。但在 2009 年 12 月 9 日，在经历近 10 年的磨合后，时代华纳与美国在线这对昔日的夫妻最终还是发现不适合，以分道扬镳收场，被认为是互联网时代最大的一次失败。

时代华纳于 2000 年 1 月并购美国在线组成总市值 3600 亿美元的大鳄，而现在两家公司市值都大幅缩水，根据纽约股交所的报价，重新挂牌后美国在线总市值不到 25 亿美元，时代华纳的市值也只有 360 亿美元。

网络泡沫的破灭对美国的打击是异常大的，美国由于长期处于贸易赤字，再加上美国人较低的储蓄率，必须有大量的资本不断涌入美国才能使美国这辆经济战车有足够的动力，否则世界的经济循环可能中断，美国经济将遭受灭顶之灾。

海外的资金就像婴儿的奶瓶，他的母体美国已经不能给他提供足够的奶水，为了维持婴儿的生命，只有持续让外界给他供奶，才能维持美国人大手大脚的消费。

当时美联储主席格林斯潘对此心知肚明，在格林斯潘的导演下，美国不断降低贷款利率，大量连首付都支付不起的美国人拥有了漂亮的房子，20 世纪后一场繁荣的金融衍生品泡沫在美国开始上演。

美国实体经济在 2000 年后并没有明显的起色，但美国凭借房地产的兴旺，创造出大量的金融衍生品，这吸引了全世界大量的投资，从而保证了美国经济在 2000 年一直保持着较高的增长水平。最后甚至连格林斯潘都相信美国靠着金融能重整旗鼓，恢复美国昔日的风采，美国经济对金融产生了高度的迷恋和依赖。美国金融泡沫吹得越来越大，再漂亮也只是泡沫，而它最终破裂的可能性越来越大。

随着 2007 年美国贝尔斯登、雷曼、美林的相继倒台，摩根斯坦利和高盛也开始转行，回归传统的储蓄银行，美国的增长模式终于走到尽头。

美国次贷危机也给世界带来了一场巨大的经济灾难，美国这个火车头失去了动力，毫无生气。

什么才能让美国这辆经济马车重新动力澎湃，怎么才能让世界经济脱离现在的泥淖呢？答案很多，但最大的期待莫过于第四次科技革命。

现在各国都在搞经济刺激计划，比如日本 2010 年全年的预算就达 92.3 万亿日元，1 万亿美元啊，而中国为应对次贷危机，相应有了 4 万亿的投资计划。

世界各国如此大手笔要干什么呢？中国是修高铁、加大基础设施为主，而日本则主要用于公共事业、社会保障、教育、防卫等。

似乎各国政府在应对经济危机面前只剩下政府大把花钱这一招了，而人们最为担心的则是这些钱扎下去能不能产生经济效益，用《不差钱》里的说法就是：人还在呢，钱没了。那该怎么办呢？

经济危机之初，很多国家都在搞消费券，甚至认为这是增加消费、拉动经济增长最好的手段，但把钱发给大家之后，花完就完了，犹如把钱扔到了水里，人们只听见一些响声，之后消费券也淡出了人们的视野。

投资投下去必须产生经济效益，生产的商品能卖出去，简单扩大产能将是死路一条。不断的技术进步，这样才能催生新的投资机会，才能让企业运转起来，从而使世界的经济恢复动力。

现在世界各国都不差钱，差的是投资机会。

而第四次科技革命究竟是什么，是生物技术，还是新能源技术，似乎难有定论，站在不同的立场得出的结论肯定不一样。

但从人类的发展历史来看，只有在人类赖以生存的能源消费模式上有突破性的进展才可能使人类经济有革命性的变化，高碳经济向低碳经济转变似乎更能代表人类的方向，新能源较生物技术对人类的影响更大。

三国时魏军都是用马来运军粮，但诸葛神人发明了"木牛流马"，在理论上蜀军岂有不胜之理。

可以想象，如果出现可以替代石油、煤炭的能源替代品，它可能使人类彻底摆脱一次性能源的需求，减少对化石能源的依赖，工业模式和格局将发生深刻的变化。

人类对于能源枯竭的担忧是现实的，如果我们这一代人将所有资源都开采完了，那我们又能留给子孙后代什么呢？

人们对新科技革命的渴望也是现实的，如果有革命性的突破，星际旅行也将变成现实，人类也将不再局限于在地球村里家长里短，吵吵闹闹。

但这些担忧与期望毕竟都离我们比较遥远，随着新油田不断被发现，目前地球的石油储藏量仍可以维持人类上百年的时间，而煤炭资源则可以用上数百年。

我们更应关注现在，把握住现在。

按理说，世界资源已经瓜分完毕，美国几百年里积攒的家底还是相当厚实的，美国独霸的局面在较长时间内都难以改变，地球村里的人都应该安分守己，共同拥戴美国这个盟主，齐心协力维护地球这个唯一的家园才是。

    但事情好像并没有如美国所愿，美国越来越没有汉高祖刘邦在长亭大唱"大风歌"那样的踌躇满志，那么还有什么可以成为改变世界的力量，谁真是挖美国墙角的那个人呢？

第五章 碳贸易，世界的天平不断倾斜

本章导读：地缘我们可以看成是一个国家发展的基础条件，代表着一个国家的资源禀赋。周边的国际环境，政治、经济、军事、外交等都受到地缘的严重制约，我们很难脱离地缘去分析一国的发展潜力及未来走向。

然而，在全球化的影响下，我们却看到另外一股巨大的力量正在改变着世界的格局，它颠覆了人们对传统地缘的认识，这就是贸易自由化。

中国凭借低廉的劳动力，庞大的市场，独立于欧美的发展道路，正成为世界一支重要的力量。世界上三次产业转移，高能耗的生产基本上都转移到了发展中国家，欧美在国际贸易中逐渐丧失了主导权，呈现巨额的贸易逆差，使其经济停滞，这给欧美经济带来了严重的影响。

一、失意的底特律

2009年1月，底特律车展上名车云集，人潮涌动。

北美国际车展（原名底特律车展）在业内可谓鼎鼎大名，拥有崇高的威望，至今已有一百多年的历史，是世界最著名的五大车展之一。每年世界各地的汽车商都会不远万里力争在北美车展上露露脸，能出席北美车展也是一种身份的象征。由于欧、美、日在汽车上先行一大步，欧、美、日的汽车商也当仁不让是展会的主角。

然而本年度的车展却有一些小小的变化，是关于中国汽车制造商的。

往年中国参展商亮相底特律时，全部都被安排在地下展厅，中国制造的汽车在美国人眼中还像一个襁褓中的孩子，地下室待遇并不能说明中国汽车受委屈了。地上展位就那么多，欧美日等汽车巨头的位置都排不过来呢。

不过2009年的底特律车展上，中国汽车却受到了优待，中国参展商结束了"地下生活"，转到了"地上"，拥有与欧美日汽车同台竞技的机会。

中国汽车为什么会有这样的待遇呢，是中国汽车工业水平大幅提高了吗？答案显然是否定的。

由于受次贷危机的影响，北美车展严重缩水，以往众多大牌在今年都缺席了，空出的展位让中国参展商有了"一见天日"的机会。

与以往对中国汽车冷嘲热讽稍有不同，在美国的媒体上出现了一些正面的声音。《华尔街日报》评价道："在你对它（比亚迪）那2025年前要成为全球最大的汽车公司的目标表示不屑之前，不妨考虑一下股神巴菲特旗下一家公司刚刚拿下比亚迪10%的股份。"

中国汽车给美国汽车市场添加了一些花边新闻，除此之外，底特律车展的阵阵寒意给人们的印象则更为深刻。

经过美国人民的不断创新，车展越来越像一个盛大的party，看的、吃的、玩的，应有尽有，北美车展犹如让人们体验一场时尚的梦幻之旅。

在以往的车展上，记者们曾经见证了超现实视觉盛宴：克莱斯勒前掌舵人罗伯特·伊顿和通用副总裁鲍伯·鲁兹坐在造价100万美元的人工湖边，而一辆克莱斯勒微型货车冲破布景，着陆在玻璃帘的百合叶子上。

车展结束之后，来自世界各地的记者一般都可以免费品尝克莱斯勒首席执政官纳德利亲手调制的鸡尾酒，但今年被取消掉了。

以往财大气粗的美国汽车商们手头开始紧紧巴巴的。

丰田公司遭遇71年来首次经营亏损后，仅有少数几位高层从日本飞到底特律，并打破惯例，不再举办盛大晚宴和邀请精英媒体记者参加。本田公司也只是对产品做简单介绍而没有召开新闻发布会。

唉，一个次贷危机把整个车展给搞得冷清许多，少了以往的热闹。

比底特律车展更惨不忍睹的则是底特律这座汽车之城本身。

《福布斯》杂志最近公布了2100年可能消失的城市，底特律位列其中，消失理由为人口持续减少。因为自1950年以来该城人口已经减少了1/3，预计未来还会持续减少下去。底特律似乎最终无法摆脱墨西哥的特奥蒂瓦坎古城和土耳其的以弗所古城的命运，二者都曾是辉煌文明的发源地、热闹的工业中心，最后这两座古城被遗弃的命运也成为中美洲和欧洲众多文化遗址中的一部分。

半个世纪前，底特律因为汽车业而繁荣，是全世界最有活力的城市，人口高达200万，现在每天都有人逃离这个城市。

站在底特律的人街上，我们仍可以从很多遗迹中感觉到底特律的辉煌。

20世纪初期，当金融巨子们在华尔街争盖摩天楼时，汽车大亨们也不甘示弱地在底特律盖起一幢幢尖顶、几何拼贴外观装饰艺术欧化的摩天楼，底特律于是拥有了"美国的巴黎"的美誉。金融区对面的72层摩天楼则是通用汽车总部，美名曰为"文艺复兴中心"。

底特律汇集了通用、福特和克莱斯勒三大汽车总部，是名符其实的"汽车之城"，让人们见证了美国汽车业的繁荣。

汽车已经成为美国人生活的一部分，有人说，美国是生活在汽车轮子上的国家，这显然一点也不夸张，3亿左右的人口总数，汽车保有量达2.8亿辆左右，汽车是美国的支柱产业，是美国取代英国成为"世界工厂"的重要标志，汽车工业在美国有独特的地位，是美国人的骄傲，是美国人难以割舍的情结。

和英国的发迹道路一样，美国也是从棉纺上起步的。因此在 1860 年以前，轻纺产业占主要地位。但在 1860—1900 年，钢铁、煤炭快速增长，并出现电子、化工和汽车产业。二战后，美国重点发展资本集约型产业，把钢铁、汽车、机电作为工业发展的支柱产业，汽车在美国工业中开始扮演重要角色。

随着美国汽车业的兴起，美国修建了世界上最发达的高速公路网，而早在 1938 年，富兰克林·罗斯福总统在美国地图上划了六道直线，其中三条贯穿南北，另外三条横贯东西，构成美国高速公路的最初蓝图。

将近 90 000 万公里的高速公路在全世界无出其右，它同时把美国全国所有 50 000 人以上的城镇编织成一个巨大的网络，为美国经济注入了强大的动力，也为美国汽车业的高速发展提供了宽阔的道路。

1950 年，美国小汽车总产量为 666.58 万辆，占世界汽车总量的 81.5%，当时日本只有 2396 辆，[①] 在美国人眼里，日本汽车产业根本不值一提。

20 世纪 50 年代初，美国由于朝鲜战争的需要，大量向日本订货，仅丰田汽车公司一家，就接受美军订货 36 亿日元，这不仅使丰田汽车公司起死回生，整个日本汽车业都因此而获救，并且形成了以后迅速发展的基础。

但危机也在这个时候开始种下。

1980 年，日本汽车产量首次超过蝉联"汽车世界冠军"长达 70 年之久的美国，成为世界最大的汽车生产国。同年，日本汽车生产达 1100 万辆，占世界汽车总产量的 36%，美国只有 800 万辆，占世界产量的 26%。

日本汽车的大举进攻，让美国汽车业损失惨重，1980 年"克莱斯勒"亏损 17 亿美元，"福特"亏损 15.4 亿美元，"通用"亏损 7 亿美元，号称美国汽车城的底特律黑人失业率达到 65%。

1991 年，美国对日本的汽车贸易逆差接近 280 亿美元。

美国怎么也没有想到自己扶植起来的小弟爬到自己头上撒野。美国不能容忍历经百年的汽车产业就此倒下，作为美国的三大支柱产业之一的汽车产业，耗用全国 21% 的钢铁、25% 的玻璃、25% 的工具机械等，汽车业从业人员达

---

① 数据来源，《没有硝烟的战争——美日汽车贸易战透视》

400 万，美国平均每 6 个职位中，就有一个与汽车有关。

汽车产业仍是美国的命根子，失去汽车产业对美国来说将是不可承受之重。美国不可能坐视汽车工业就此衰落，为了限制日本汽车，美国使出了浑身解数。

1992 年，当时的美国总统老布什亲自挂帅，带领美国汽车制造商组团到日本，为美国汽车充当推销员。

经过三个多月的思考，日本决定从 1992 年起把对美国的轿车出口量由 230 万辆降为 165 万辆，并以行政命令形式将新定的出口限额分摊给日本各大汽车生产商。

但这并没有阻止日本汽车进军美国的步伐，而是愈演愈烈。到了 1995 年左右，日本车占有美国市场 25% 的份额，而美国车仅占有日本市场 1.5%。在双方的汽车零部件贸易中，美国则有 128 亿美元的逆差。

后来克林顿总统又故技重施，美国对日本汽车挥舞起大棒。为了维护自己的切身利益，什么盟友、亲密伙伴到一边凉快去吧。

1995 年 5 月，美国政府请出其贸易保护的三大护法之一的 "201 条款"，将对来自日本的豪华轿车征收 100% 的关税，这样岂不是日本的豪车一点机会都没有了么？但日本的地位迫使它再次做出让步，这使得美国汽车业又获得一次喘息的机会。

美国为了保护自己的汽车业，可谓机关算尽，但这样也没有停止美国汽车业衰落的轨迹。

时间又到了 2009 年，这次美国的汽车产业面临着更大的考验。

受次贷危机所累，美国三大汽车巨头再次面临绝境，他们再次要政府伸出援手，否则死给美国政府看。汽车厂关闭了对资本家来说并不是致命的，债务有银行兜着，数百万汽车工人的就业问题抛给了政府。

汽车厂固然可以撂挑子不干，但政府却是难以承受。在次贷危机中，美国政府已经被搞得焦头烂额，再加上数百万失业工人，还有美国的汽车工业，那可不是闹闹情绪就能解决的，可是会出大乱子的。

兹事体大，美国的领导人还是知道轻重的。

2009 年 1 月 19 日，美国总统布什紧急宣布拨出 174 亿美元，以挽救濒临破产的美国汽车巨头通用和克莱斯勒，使底特律这座伤心之城能苟延残喘。

对此，小布什给出的理由是"不替继任人制造眼前麻烦"，小布什表面上是不想给奥巴马留一个烂摊子，实质上也是美国汽车业不可能再拖，如果等到奥巴马上台再批准援助法案，可能那时黄花菜都凉了。只要能拯救美国的汽车业，管他是资本主义还是社会主义。

消息公布的当天，候任总统奥巴马就对此做出了积极回应，这说明新旧总统之间已达成默契，不能让经济危机失控。

底特律像一个缩影，折射出美国汽车工业的盛衰。

可能有人说，美国不是完全市场化了吗？美国汽车竞争不过其他国家，让他自生自灭不更好么？美国人民可以享受到更廉价的汽车。

美国人推崇的自由主义、全球化，用来骗骗其他国家是可以的，好让其他国家打开国门，使美国货在该国畅通无阻。而一旦涉及自身的利益，就另当别论了。就像一个神父忽悠他的法术包治百病，而当他生病了，却要到医生那里抓药一样，神父不会拿自己的生命开玩笑。

有人或许会说，美国毕竟是世界的金融中心，金融在美国产业中占据了重要的地位。美国不是早不干体力活了吗？美国的服务业多发达，光搞金融就够美国人花销了。

而在金融市场高度繁荣的时候，美国也不是没有动过这个念头，金融最赚钱，股市上一个来回就几天时间，利润可以保持很高的水平。

但问题是次贷危机让美国金融业受到重创，想靠赚快钱过日子的美国人似乎已经忘记曾经想在金融业上大干一番的豪言壮语了。

或许还有人会说，虽然美国第三产业比例越来越大，工业在经济中的比例越来越小，但美国2008年经济总量达14万亿美元，工业总额仍有1.6万亿美元，其绝对数仍居世界首位，美国汽车业受点伤算什么呢？

美国在1970年以后，大力发展技术集约型产业，如航天航空、IC、计算机、新材料等高新技术产业，而在20世纪90年代后大力发展信息产业，加强了信息产业与其他产业的融合，使美国仍保持了较强的实力。

虽然美国现在仍然体格强健，但美国却一直在失血，对它冲击最大的仍是产业转移，大量的工厂迁到了国外。

如果我们身上出现一个较大的伤口，血流如注，这时我们必须进行伤口包扎，否则可能因为失血过多而危及生命。或许美国是一个庞然大物，流一点血并不碍事，但美国似乎找不到包扎伤口的方法，只能看着自己的实体经济不断缩水。

实体经济缩水的同时，美国的金融业虽然可以获得较高的利润，但这并不能提供大规模的就业机会，这对经济的伤害将是致命的。

与美国及其他发达资本主义国家的汽车业衰落不同，2009年的中国车市却是一枝独秀，汽车累计产销双双突破1300万辆，达到历史最高水平，世界上第一次有国家在汽车销售上超过美国。

打开世界汽车百年史，不难发现凡是工业现代化列强、超级军事大国，也都是汽车大国。如美国、日本、德国、法国等等。因为汽车工业关联效益大，它一方面创造了巨额的产值，另一方面对相关产业带动作用也是其他行业所不可替代的。汽车工业产生100多年以来，一直被当成工业发达国家的经济指标，在国家实力成长中发挥着极为重要的作用。

中国以一种独特的方式展示它强大的经济力量。

二、追逐利润：世界范围内的三次产业转移

美国汽车业为什么会如此衰落呢？

明眼人一眼就能看出来，美国汽车工人的工资太高了，这使美国汽车在国际上丧失了竞争力。

美国一个普通汽车工人的工资一般都在10万美元/年，工资和美国大学的教授相差不多，和其他发展中国家相比，是别人的几倍甚至十几倍。

二战后，美国经济的迅速崛起，由于劳工短缺，美国的汽车业争相用高福利、承诺在退休后可以享受医疗保险为条件吸引员工，最终使用工成本越来越高。

通用汽车一直给工作满30年的退休员工终身退休金，也就是说基层退休工人也可终身月领约3000美元的退休金，有了稳定的高收入，工人才可能更加卖力地干活。美国高额的工资也同时吸引了全世界最顶尖的人才，为美国的

经济列车注入了强劲的动力，但现在高工资却成为美国的累赘。

为了挽救美国的汽车工业，美国汽车工人的工资难道不能下降一些吗？如果要降，估计是一件难上加难的事。

由俭入奢易，由奢入俭难。

美国工会可不是一个好惹的主，按西方经济学的"刚性工资铁律"，工资只有不断上涨的分，要想降工资，肯定没门。

汽车工人工会是美国最大的工会之一，他们在工资增加、福利增加、医疗方面是寸土不让的，他们在美国汽车工业陷入困境时甚至要求通用减少在墨西哥和外国的生产，要把产能转移回到美国。

早年通用汽车把产能转移到墨西哥的初衷就是为了降低成本，如果再把生产线迁回美国，这肯定将大幅度增加成本。这就像一个病人，按常理要给他不停地输液才能维持生命，海外廉价劳动力才可能增加美国汽车商的盈利，从而补贴美国本土汽车业，现在美国工会的建议是不仅把输液器拔掉，还要再给病人放血。

"高额的劳动力成本"压得美国三大车厂喘不过气来，无力新品开发，难以抵挡日本汽车咄咄逼人的攻势。高工资、高福利、高税收成为压在汽车业头上的"三座大山"。

据说通用汽车员工的医疗费平均分摊到一辆车上是 1800 美元，而一辆汽车平均售价才 2 万来美元，说明通用汽车帮员工支付医疗费用的金额比制造这辆汽车的钢铁的价格还高。

美国每年的医疗花费已经高达 2 万亿美元，其卫生总费用占其 GDP 的比重为 17% 左右，但在富裕国家中，美国是唯一一个不保障国民基本医疗的国家，以税收为基础的联邦保险方案只覆盖 65 岁以上的老人。

65 岁以下的美国人医疗保障主要依靠美国企业提供的福利和私人保险。这使得企业成本非常高，在国际上缺乏竞争力，就像让刘翔背个 20 公斤的重物，你能让他去夺 110 米栏的冠军吗？

美国现在婴儿潮一代的人（主要是 20 世纪 50 年代出生的这一代人）进入退休高峰期，通用汽车的退休员工人数愈来愈多，雇员的医疗费用不断上升。

汽车业在美国有重要的地位，政府总是出手大方，希望通过给钱等方式使美国汽车业起死回生，对于其他行业而言，可能就没有那么好的待遇。

惹不起，难道还躲不起么？

因此，自20世纪80年代后，美国众多制造业只能远走他乡，把工厂建到国外，靠国外低廉的劳动力降低成本，来维持企业的竞争力。

人往高处走，但对于很多资本家来说，却是往低处走。他们不断地把自己的工厂搬到人工便宜的地方，这样才有钱赚，否则将失去市场的竞争力。

对于一个高速发展的地区而言，如果不断有新的技术出现，再加上城市空间有限，那些落后的生产线必然被淘汰出本地区，本地区将进行产业的升级，这将提高本地区的竞争力。

对于一个打工者而言，他总是希望到能给他提供更高工资待遇的企业工作，而高新技术企业也只有支付更高的工资才能吸引到优秀的人才，这也使得那些劳动密集型的企业在原有的地盘中逐渐丧失竞争力。

因此，产业转移对于一个地区来说，既是好事，也可能是坏事。产业转移可能成为经济发展的一个发动机，它促进了资本的不断流动，使企业都努力提高技术水平，新的发明不断涌现，人们可以享受到更多低廉、优质的产品。

没有国界的资本在世界范围内不断地流动，最终促进世界经济的不断向前发展。

美国的原始积累也主要来源于英国的产业转移。

美国是一个移民国家，建国之初，美国国内总人口仅有390万。而从1820年到1920年的100年间，美国一共接纳了大约3350万移民，形成美国持续百年的移民潮。

据统计，1871—1892年间，来自西欧和北欧的移民中，有大约1/4是熟练工人，他们带来了钢铁、纺织等工业技术，成为美国工业革命的重要技术力量。

英国自然知道技术保密的重要性，也曾千方百计限制技术工人移民到其他国家。按英国人的最初设想，美洲是英国的牧场、奶站和粮仓，源源不断地为英国提供纺织用的原料及奶制品。而亚洲等地则是英国的销售市场，这样将使英国永保世界霸主的地位。

这其实有些像明太祖朱重八，在死之前把所有能威胁到儿子皇位的人都杀掉了，给子孙留下一套成熟完善的制度，以为这样就可以永保大明的江山。而实际上自己的儿子朱棣就杀掉了孙子当上了皇帝，明朝最后也逃不掉被大清灭掉的历史宿命。而英国美妙的设想在人类对财富永无止境的追求面前也是不堪一击。

曾被美国第7任总统杰克逊誉为"美国制造业之父"的塞缪尔·斯莱特移民美国后，凭借其盗取的英国纺织业的秘密，在美国成功复制出了高效棉纺机，并办起棉纺厂，使美国快速完成工业革命，积攒下第一桶金，有了以后称霸世界的资本和家底。

二战后美国经济因需求下降再现大幅下滑，因此马歇尔计划一方面是重振欧洲以对抗苏联的影响，同时也是为自己过剩的产能寻找出路，美国因马歇尔计划的成功实施而势力达到前所未有的顶峰。

而苏联为了在欧洲形成与美国对抗的均势，也大力地武装东欧社会主义国家，形成东西呼应的产业转移与技术扩散的两次高潮。

如果说美国的马歇尔计划及苏联与其加盟共和国之间的分工与协作代表政府的意愿，有非常浓厚的官方色彩，那么二战后的三次大规模产业转移则是私人资本在政治的指引下，不断追逐利润的过程。

战后大规模的产业转移共发生了三次，也产生了相应的经济奇迹。

第一次是欧美的生产能力转移到日本、巴西等国。

在冷战的背景下，两大阵营仍然是泾渭分明。日本作为美国保护国，在亚洲有重要的标杆意义，再加上朝鲜战争、越南战争中为美国、法国等就近提供补给，日本大发了一笔战争财。美国有意向日本转让技术，在经济上武装日本，日本的经济实现高速腾飞。

日本战后的再次崛起和日本民族的勤劳有直接的关系，但不能否认美国向日本的产业转移为日本经济发展奠定了基础。

巴西等拉美国家是美国的后院，占据了天时地利，其低廉的劳动力成本让资本家垂涎三尺，巴西、墨西哥、阿根廷等国开始了为期40—50年的工业化历程，经济以在8%~10%超高速度增长，为第一次和第二次工业革命补课。

战后是第二次科技革命深化的时期，新兴的产业不断涌现，重工业逐渐占主导地位，这使得高利润的产业留在了欧美本土，部分服装、玩具、日用品等低端产业转移到日本等国。

日本的发家史也少不了一个卖苦力的阶段，正如一个贵族不是凭空产生的一样，它必然有几代人不断的努力，都少不了洗脚上田的过程。

在这个时候，国际分工体系开始逐步建立，大型工业集中在欧美、日本手中，而原料、食品等集中在亚非拉国家，亚非拉国家的生产结构变得畸形，形成众多纯粹的农业国、矿业国，他们成为发达国家原料来源地和商品销售市场。

二战后大批国家政治上获得独立，原有宗主国和殖民地之间的经济联系被打破，但他们仍处于产业的低端，世界格局没有发生本质的改变。以前是佃农给地主干活，佃农往往要给地主干一些义务劳动，有一定的人身依附关系，而现在地主摇身一变成为企业家，佃农变成工人，看起来工人比佃农的地位提高了，在众多资本家中可以选择自己喜欢的资本家，但发展中国家与发达国家的地位根本没有发生什么变化。

第二次产业转移则发生在 20 世纪 70 至 80 年代，欧美日的生产设备转移到韩国、新加坡和中国香港、台湾等地，它带来的直接结果则是"亚洲四小龙"形成，产生一批新兴的工业化国家和地区。

20 世纪 70 年代也是第三次科技革命开始的时候，这必然要求在世界范围内进行较大规模的国际分工，华夏文化区利用特殊的地缘优势紧紧抓住了这一次机会。

在苏联的大力援助下，朝鲜的小日子在较长时间内过得都还挺滋润，在很多方面都超过了韩国，朴正熙上台的 1961 年韩国经济总量仅 23 亿美元，人均 GDP 才 87 美元。而比较现在的韩国和朝鲜，让人不免产生恍若隔世之感。

正是朴正熙和全斗焕两届政府紧紧抓住了第二次产业转移的机会，在 20 世纪 70 年代至 80 年代末，韩国经济实现了腾飞，20 多年高速的经济增长被称为"汉江奇迹"，到 1997 年亚洲金融危机爆发前，韩国人均 GDP 达到了 10000 美元，正儿八经的小暴发户。

朴正熙是靠军事政变上台的，在外人眼里是一个赤裸裸的军政府，但一俊遮百丑，当现代人们评价韩国经济起飞时，可能会刻意忘记这一位想用经济证明自己政府合法性的人，不过他赌赢了。

台湾的经济发展我们从王永庆的发家史中便可以看出来，作为台湾的首富，人称"石化大王"，其第一桶金就来自于美国的援助。由于美国扶植台湾的需要，美国高科技无阻挡地进入台湾，使台湾在圆硅晶上形成独特的优势，这就是制造计算机芯片的基础原料。

香港的李嘉诚在收购和记黄埔及长江实业之前，是靠制作塑料花挖得第一桶金，当时香港也是欧美的一个低级加工厂，服装、鞋帽、纺织、玩具等轻工产品是香港的支柱产业。大批偷渡到香港的内地人为香港提供了源源不断的廉价劳动力。

新加坡占据了非常有利的地理位置，正好位于马六甲海峡的交通要道，伴随着第二产业转移的东风，迅速发展起来也是再自然不过了。

随着中国改革开放的不断深入，第三次产业转移悄然发生，它仍承接着第三次科技革命促进国际分工不断深化的余波。

第三次产业转移则是从日本、韩国和中国台湾、香港等地转移到中国内地、东南亚国家，这一时期最重要的历史事件则是中国的崛起，成为"世界工厂"，而东南亚国家则遭受1997年亚洲金融危机的影响而伤痕累累。

当时中国成功走出"文化大革命"的极"左"思潮，希望去吸引欧美的企业，特别是汽车企业。当时的世界汽车公司，对中国这个市场根本看不上眼，到最后只引来德国大众这个拓荒牛。

中国家用轿车市场的一张白纸也让德国大众凭借一款在欧洲已经淘汰的桑塔纳横行中国汽车市场20年左右，创造了世界汽车史上的一个奇迹，让其他大型跨国汽车公司追悔莫及，只有不断地补课。

有人说如果中国早改革开放几十年，可能会吸引更多的海外投资，更早地参与国际分工，吸引更多的外资，但这只能是设想。

在20世纪50至70年代，在美、苏冷战的背景下，由于意识形态等方面的差异，中国如果不保持自身经济的独立，最多只能进入苏联的体系，成为苏联的一个原料基地或单一的市场，想吸引到欧美发达国家的投资，基本上不太可能。

中国改革开放之初，划定了五个经济特区，厦门、汕头、深圳、珠海和海南省，但最后也只有深圳真正发展起来。深圳的发展也主要是靠香港的辐射。

借助优越的地缘优势，背靠大陆的香港转型做贸易，当当倒爷也让小日子更上一层楼，而腾出来的生产设备正好转移到邻近的深圳和东莞。

在1992年之前，中国吸引的海外投资中83%都是来自于港澳台及海外华人。如果没有香港、台湾，没有海外华人在20世纪70年代形成的财富积累，没有广东这一块改革开放的前沿，中国是难以借到第三次产业转移的东风的。

在1992年以前，深圳除了吸引香港、台湾的投资外，更像一个批文的集散地，全国的倒爷将深圳当成一个计划外物资的中转站，两股强大的力量使深圳这一个边陲小城迅速成长为全国第四大城市，创造了世界经济发展上的一个奇迹。

到了1992年后，世界上欧美国家才开始自觉地将生产线转移到中国内地，这时以上海浦东等地为龙头的长三角正式发力，而在1992年以前中国经济的亮点则无疑在珠三角，长三角主要是传统工业，影响范围有限，其光芒一直被珠三角所掩盖。

因此，我们也可以将中国改革开放的30年分成三个阶段：

第一阶段：1979—1991年，外国企业在华投资还处于小规模、试验性投资阶段，而中国的香港大部分轻纺、玩具、钟表、消费电子、小家电等轻工和传统加工业等以加工贸易方式开始转移。

第二阶段：1992—2001年，主要是我国台湾以及日本、韩国的电子、通讯、计算机产业的低端加工和装配的大规模转移，我国引进外资重点转变为外商直接投资。1996—2001年，海外对中国投资每年维持在400亿~500亿美元的水平。

第三阶段：2002年至今。中国进入承接产业转移的高速增长阶段。欧美日以IT、汽车为主导的产业，以跨国公司研发中心、采购中心为代表的高端服务业转移。东南沿海地区已集中了全国80%左右的加工装配工业。

跨国公司成为第三产业转移的主要力量，政治的因素逐渐减弱。它们看中中国的显然不单单是低劳动力成本，包括中国是一个巨大的市场。

20世纪世界范围内的三次产业转移均是由于欧美的产业转型与升级，第三产业比重大幅上升，如设计、研发、销售等都留在本国，而劳动密集型的制造都转到了国外。

经济的发展，使劳动力成本不断升高，也逼迫低端产业寻找劳动力成本更低的地区，这样才能维持正常的经营。

在低端产业转出我国香港、新加坡、韩国等地方后，这些国家或地区的港口物流、金融、保险、精细化工、电子等产业继续发展，填补了产业转移后留下的空缺，就像一个小孩子的小奶瓶让给了其他小孩子，这并不意味着他就要断奶了，而是换了一个大奶瓶，有更好的营养，经济获得持续的发展。

与中国形成鲜明对比的是印度，虽然印度有引以为傲的软件外包产业，但它4亿庞大的赤贫人口，落后的基础设施都将成为其发展最大的障碍。

重要的是中国庞大的产能已经足够供应欧美主要发达国家的需要，短时间内很难再有大规模的增长，除非中国生产能力转移出去。

按常规，随着中国劳动力成本的不断升高，可能有众多的企业再转移到其他第三世界，成本更低的国家，但世界范围内的第四次产业转移并没有在人们预料中出现，而只是一个零星的现象。

但世界上还有哪个国家或几个国家的联合体有中国这样完善的基础设施，有中国素质良好的产业工人呢？有中国这样广阔的市场呢？

可以想象，如果中国没有进行改革开放，中国错过了最后的第三次产业转移的机会，是转移到世界其他地方，中国将难以再有什么机会，将很难参与到国际的分工体系中。

没有第三次产业转移，中国将不能形成原始积累，那中国可能像印度一样，面临庞大的贫困人口拖累，只能保持较低的增长水平，在那样的条件下，中国崩溃论将真正成为现实。

中国经济崛起被视为世界政治最大的变数，在中国此前的国际分工体系中，都是欧美为主导，其他国家都处于边缘状态。但由于中国逐渐成为独立于欧美日体系外一支独立力量，当中国以一个巨无霸的面目出现在世人面前的时候，曾经的世界格局发生了质变。

三、中国崛起：一个插班生的成长日记

1900年，世界上发生的大事莫过于八国联军侵华，中国带着首都被攻占的耻辱进入了20世纪。

直接派兵侵略中国的是英国、俄罗斯、法国、美国、意大利、日本、德国和奥匈帝国等八国。由于英军的主力部队被牵制在南非，正在那里与荷兰人鏖战，为了抢占更多的利益，不得不从澳大利亚征调水兵进入中国。

英国在澳大利亚的6个殖民地在1900年通过了一次全民公决，于1901年1月1日，组成澳大利亚联邦。因此，澳大利亚也算侵入中国的第9个国家。

侵略中国的国家最后瓜分按中国当时人口4.5亿人口为基础计算出来的4.5亿两白银时，比利时、荷兰、西班牙、葡萄牙、瑞典、挪威等毫无干系的国家也搭着顺风车，瓜分了其中部分款项。

侵略中国的国家基本上囊括了当时所有发达资本主义国家，这也正好体现了当时的世界政治、经济、军事格局，这些发达国家凭借强大的军事及经济实力主导着世界其他国家的命运。

在20世纪，人类发生了两次波及世界所有大国的大战，其后又有朝鲜战争、越南战争、五次中东战争、两伊战争、两次海湾战争、空袭南联盟等大大小小的战争，世界主要势力并未发生重要的变化。

当我们站在21世纪的门槛上回望这100多年的发展历程，将现在的G8（开始是7国集团G7，后来加入了俄罗斯便改成G8）与八国联军对比时，会发现只是奥匈帝国换成了加拿大。

曾经的奥匈帝国分裂成奥地利和匈牙利及南斯拉夫等国，而南斯拉夫又再次分裂成多个国家，一个曾经参与瓜分中国的强国被其他强国撕裂成众多小块。

这也意味着人类在经过100多年后，虽然众多国家通过民族解放运动纷纷取得政治上的独立，但并没有在经济实力、国际影响力上有较大的突破，整个世界的政治版图并没有发生太大的变化。

富国仍然是富国，穷国仍然贫困，两个世界之间有一条难以逾越的鸿沟。

群魔乱舞的20世纪，中国外部列强环峙，美国通过三个岛链封锁了中国东出太平洋的通道，而北方则有强邻压境，东南亚是日本及欧美的势力范围，中国似乎并没有什么机会。

1972年尼克松访华，随后中美两国发表了指导两国关系的《中美联合公报》；1975年12月，福特访华；1976年2月21日卸任总统尼克松再次访华；

1979 年 1 月 1 日，中美正式建交。

随着中美关系的缓和，中国逐渐成为美苏两大阵营之外一支独立力量，中国的经济发展获得了一个难得的和平的国际环境。

政治是经济发展的基础，中国自二战后就是一个政治大国，联合国五大常任理事国之一，但夹在两强中间，中国的影响力实在太有限。

在世界经济一体化的趋势下，中国想要独立发展，似乎已经不太可能，中国只有主动地融入世界，吸引先进的技术和资金，才可能取得更大的发展。

而随着世界范围内的第三次产业大转移，中国紧紧抓住了第三次产业转移的机会，这个世界才再次出现能够颠覆原有世界格局的新兴力量。

而这一切又是从中国的"世界工厂"角色开始的。

当"世界工厂"的帽子戴在中国头上的时候，中国人多少还有些感觉不适应，好像有些名不符实，中国与美国及日本全盛时期还不能相提并论。

英国成为"世界工厂"花费了 100 年左右的时间，从 1760—1830 年，英国制造业占世界总量从 1.9% 上升到 9.5%，1860 年更是达到了 19.9%。

随着工业革命的完成和机器大工业的确立，英国以其纺织业、采煤业、炼铁业、机器制造业和海运业为主导产业确立了它的"世界工厂"地位和世界贸易中心地位。同时，伦敦逐步成为国际金融中心，英镑也逐渐成为世界货币。

美国的"世界工厂"之路也不平坦。

美国南北战争开始前，美国工业制造品在世界上占第 4 位，在资本主义丛林中并不算大块头，但美国的丰富资源、欧洲的充裕资本、世界转移的先进技术、西进运动、铁路带动的"新经济"成为经济发展的重要推动力，促成"世界工厂"逐渐向美国移动。

到了 1894 年，美国工业生产跃居世界第一，并且制造业总产值已经相当于英国的 2 倍。1913 年，美国制造业工业品总产量占世界的 1/3 以上，相当于英、德、日、法四国的总和。至此，美国工业长期保持了世界第一的地位。

美国之后是日本接班，世界银行统计资料显示，1965—1991 年，日本历经了长达 30 年的高速增长期，而其他主要资本主义国家经济却如蜗牛爬行，日本实现了快速的赶超。

1992 年，日本的国民生产总值折合 3.67 万亿美元，相当于美国的

62.0%。2007 年日本的国内生产总值稳居世界第二，为 52900 亿美元，美国为 139800 亿美元

英国、美国、日本相继成为世界制造业中心的过程中，伦敦、纽约、东京都成为国际金融中心。1974 年纽约、伦敦、东京三大国际金融中心占有全球市场资本的 73%，1986 年更上升为 80%，而纽约则独自控制了全球资本的 40%。

与曾经的英国、美国、日本在世界制造业中的地位相比，中国现在只能说徒有其表，像一个瘦子，穿了件充气的外套，看起来体格强壮，但这件外衣可能随时被扒下，穿在印度、或巴西身上，到时还会露出中国本来的面目。

对中国"世界工厂"的地位持怀疑态度，主要原因在于中国低廉的劳动力成本优势已经难以维持，只是一个血汗工厂，能源消耗巨大，石油、铁矿石等严重依赖进口等。

从中国经济的实际运行来看，港、澳、台及海外投资对中国内地的经济促进并不大，比如中国的众多合资企业，只是大型跨国公司的一个加工厂。当年摩托罗拉曾经在成都开设的工厂，中方只负责生产颜料外壳，将美国的芯片拉进来后进行简单的组装，高端技术仍掌握在美国手里。

富士康在深圳龙华 2.3 平方公里的土地上，聚集了 30 多万年轻人，它拥有一个建筑面积约 1.25 万平方米，规划产能为一条线 6 万份/餐的巨无霸厨房，完全是一座中等规模的城市。

富士康这个巨无霸的大还体现在它的出口上。2008 年富士康集团旗下所有了公司，出口额达到 556 亿美元，约占中国出口总额的 3.9%。

但富士康两头在外，巨大的出口是以巨大的进口为基础的，但它只是一个代工企业，设计研发及销售部门均在台湾，和内地其他中资企业的联系较少，内地只是富士康的一个加工基地，只是利用内地廉价的劳动力。

根据 2008 年 7 月 8 日国家下发的《高新技术企业认定管理工作指引》，富士康从高科技企业名录中被剔除出局，不再享受各种税收优惠。富士康也沦落成深圳市政府眼中的"鸡肋"，而不再是香饽饽。

如果中国仅只有这样一些外资企业，中国经济只是建立在这些简单的代工厂的基础之上，对中国的担心将迅速成为现实，中国很难经受住任何国际经济的风吹草动。

中国如果没有完整的产业链，那中国也只能是一个廉价劳动力来源地，等中国工资上涨时，资本家又一溜烟转移到劳动力更便宜的地方去了。

但中国不仅仅只有这些外资企业的加工厂，还有自己完整的工业体系，而外资企业进入中国，像一条鲶鱼一样，激发了中国经济的活力，使中国经济快速融入世界经济之中。

改革开放后的 30 多年，中国完成了一次史无前例的人口大迁徙运动，2 亿多农村富余的劳动力进入城市，成为国民收入增加的重要条件。

大规模的外资企业为中国培养了大批的熟练工人，这成为中国经济再次崛起的最宝贵资源。

中国拥有 13 亿人口，这决定着中国将长期实行劳动力密集型战略，外资企业为消化和吸收劳动力富余起到了至关重要的作用。

由于起步不一样，这也使中国世界制造中心的地位已经不像以前英、美、日世界制造中心那样地位显赫。前三次世界制造中心基本均是"三位一体"，其影响力比较大。而在多极世界中，中国已经不能复制单极世界中、英、美经济性的贸易地位。

对中国来说，中国通过加工大规模的出口，获得了巨大的外汇，在 20 世纪 80 年代至 90 年代，"出口创汇"曾是政府政绩考核的一个重要指标，这也源于中国外汇极度短缺。和其他国家交往，没有钱也不好办事啊！

中国利用这些外汇在国际市场上引进所需要的技术和产品，加快国有企业的技术更新。沿海城市的开放，使中国彻底完成了由计划经济向市场经济的转变，中国人的思想观念也获得了根本的转变。

在改革开放前 30 年，我们都在不断争取海外投资，各地为了有限的投资争得面红耳赤，世界 500 强经常成为各地方政府的一道门面。沃尔玛将中国总部落身在深圳，这引起了广州的不悦，沃尔玛在较长时间内都难以进入广州市场，最后则通过收购好又多才间接叩开广州市场的大门。

在中国加入 WTO 之初，人们就非常担心国外大型超市会挤垮中国弱小的百货业，但事实证明这种担忧并不必要。在外资百货大规模进入中国之际，中国本土的零售商业也逐步发展起来，形成与外资抗衡的局面。

可以想象，如果没有外资零售业进军中国，中国商业可能仍处于条块分割的状况。中国零售业在激烈的竞争面前，主动去开拓市场，了解消费者需求，从而获得了长远的发展。

这一幕也发生在银行业身上。我们一直为外资银行进入将不断吞食中国市场，使中国金融整体沦陷而担忧，但在2009年末的世界银行市值排名中，中国工商银行、建设银行及中国银行牢牢占据了前三位，如果中国农业银行成功上市，在前10名中，还将多一个中国银行的身影。

截至2009年8月，久负盛名的高盛银行市值为307.6亿美元，逊于交通银行的392.8亿美元，摩根斯坦利市值242亿美元，略高于招商银行的229.6亿美元。在五大投行独步天下的时候，中国人只有顶礼膜拜的分，而现在这些企业却被中国人踩在了脚下。

中国在外人看来像一个步履蹒跚的老人，都以为他下一步就可能栽个大跟头，就等着看中国的笑话，但中国的步子却越走越稳，到最后开始健步如飞了。在欧美饱受次贷危机伤痛的时候，中国却战胜了汶川大地震，搞了一个有史以来规模最大的奥运 party。

相反，欧美各国这些大多成了老态龙钟的贵妇人，表面上看起来风光无限，却已经患了动脉硬化，想跨一个大步都已经不太可能了。

如果对中国经济有什么怀疑的话，港口货物吞吐量可就不能撒谎了，我们可以从世界港口排名的变化来看中国经济巨大的能量。据巴黎 Alphaliner 公布的2009年上半年世界20大港口排行中，前10名，中国占据了6席，在11～20名中，还有天津、高雄和厦门。

另外，中国目前钢铁产量是世界排名第2到第8名的总和，中国水泥产量一直雄居世界第一，中国电力装机容量及发电量也达到世界第2，不要多久就可以超过美国，这些数据都见证了中国经济的崛起。

四、成长的烦恼

中国还没有把"世界工厂"的帽子戴正，却让其他国家感觉到了空前的压力。中国商品像潮水般涌入世界各地，低廉得让人咋舌的价格成为中国商品攻城略地的利剑。

中国鞋，售价 5 欧元一双；意大利鞋，售价 50 欧元一双。作为消费者，你愿意购买中国鞋还是为了保住意大利人的饭碗而多掏腰包呢？

所以，意大利中部费尔马诺省的鞋厂老板们愤怒了，为保住数万制鞋从业人员圣诞餐桌上那只烤鹅的分量，以及父辈们靠宰牛剥皮起家辛苦创下的欧洲最负盛誉的制鞋产业，他们只有一致的行动将中国鞋付之一炬，只有这样才能消除他们的愤怒。

可是意大利人并没有足够的理由对中国鞋采取行动。

中国鞋上标注的是"made in china"，但牛皮是意大利的，染料是意大利的，制作工艺是意大利的，甚至，鞋厂的投资也是意大利的。唯一不带意大利色彩的是中国工人每天工作 12 小时每月 100 欧元的工资，而意大利工人的工资是每个月 2000 欧元。

想要同中国竞争也行，那得把"高收入"的欧洲工人的工资降到卖火柴小女孩期望的水平。

中国似乎是一个无底洞，正无情地吞噬着欧美发达国家工人的工作机会。

不仅仅是意大利，印度这个世界人口第二大国，对中国也有所收紧。印度对中国有很强的防范心理。

2009 年以来，印度官方对中国通信厂商越发严苛。除封杀山寨手机外，6 月份，印度国防部以国家安全利益为由，反对其国营电信公司使用华为和中兴的设备；12 月 7 日，华为获得的总额为 20 亿元的设备订单被印度运营商 BSNL 单方面取消。

在拒绝中兴和华为的背后，我们看到印度大象的恐怖，印度 3G 市场将在 2010 年启动，如果按现在中兴、华为攻城略地的速度，将可能独大，欧美的电信设备商在华为、中兴面前也显得优势全无。

印度政府公布的统计数据显示，2008 年度（2008 年 4 月至 2009 年 3 月，印度的会计年度和中国不大一样）印度对华贸易额超过 400 亿美元，首次超过对美贸易的 389 亿美元，而印度对中国贸易逆差就突破了 200 亿美元。

天底下没有无缘无故的恨，从巨额的贸易逆差中，我们也能看出印度的无奈。

目前全球35%的反倾销调查和71%的反补贴调查针对中国出口产品。截至 2008 年，中国已连续 14 年成为遭受反倾销调查最多的经济体，连续 3 年成为遭受反补贴调查最多的经济体。

全球金融危机爆发之后，由于国际市场需求快速萎缩，各国企业都面临着争夺国际、国内市场的双重压力。许多国家为扶持和保护本国产业，防范国际市场萎缩导致的贸易转移，纷纷出台各种贸易保护措施。

单个国家的行为，可能是偶然的，并不需要怎么害怕；但当大多数国家都把矛头对准中国时，中国也感受到了强大的压力。

从电视、网络等渠道我们发现，针对中国产品的倾销案接踵而至：

2009 年，美国、加拿大、印度、墨西哥等国均在对原产于中国的无缝钢管发起反倾销调查；

欧盟、美国、印度、巴西、阿根廷等多个国家及地区分别对中国产的聚酯高强力纱、粘胶纤维等纺织原料展开反倾销调查；

欧盟、阿根廷、印度等国家及地区对中国的铝合金轮毂、钢轮毂、前轴传动杆和转向铰链等汽车零件发起反倾销调查。

从发起反倾销调查的国家和地区来看，印度对中国发起反倾销的宗数最多，商品涉及钢材、化学品、纺织品、机电产品等多个领域。

中国的崛起似乎并不合乎西方人眼中的逻辑。

英国、美国、日本都有自己一条独特的路，但最要紧的是都有核心技术，而中国人仅凭借的是长时间的超负荷工作，低廉的工资。

中国唯一的优势就是人多，以难以想象的低生活成本使国外的资本家千里迢迢将生产线牵到中国，然后再将产品销往国内，而这样也能赚钱。

中国人能获得成功吗？这在很多外国人眼中是会打大大问号的，南美洲的巴西就是前车之鉴，而且还有一个恐怖的名词"拉美化"。

想当年，巴西也是踌躇满志，高度发展的经济激起了巴西政府的雄心，绵延的森林，丰富的石油和铁矿，850 万平方公里的广袤国土，1.8 亿人口，有这些难得的优势，巴西有理由成为国际社会的重要成员。

在 20 世纪 60 年代至 70 年代，在"积累理论"和"引进外资理论"的指导下，巴西政府实施负债发展战略，不停地向国外银行或私人借钱，弥补经济发展中的资金缺口。在 1968—1973 年期间创造了 GDP 年均增长 10% 以上的"奇迹"。

巴西人住上了楼房，购买了汽车，为人均 4000 美元而兴奋。巴西人曾自豪地宣称已脱离第三世界的苦海，成为发达国家的一员。

然而到了 2004 年，巴西人均 GDP 跌落至 2200 美元，再次陷入第三世界的深渊。巴西的工业乃至流通命脉已完全由外资所控制。

对比当今的中国，也出现较多与巴西一样的类似现象，外资渗透已经比较严重。很多国外的学者对中国经济给予了善意的提醒和批评。

中国也处在一个较为关键的转型时期，中国如果能向产业链更高端有所发展，中国经济将实现华丽转身，如果中国转型失败，则可能如巴西一样的下场。

加入 WTO 是中国再次腾飞的重要推动力，但这条路并不是一路平坦。欧美国家对中国有很强的防范心理，也做好了很多应对措施。

和英国、美国、日本、东南亚国家一样，中国最初也基本上是靠纺织机积攒第一桶金的，廉价的纺织品为中国换回大量的外汇。

为此，欧美为中国加入 WTO 设置了重重障碍，其中较为关键的一点就是对中国纺织品实施配额限制，就是每年中国向欧美国家出口的纺织品是有限额的，超过了可能面临大幅的关税。

在他们看来，中国就像程咬金的三板斧，就这几招了。只要限制了中国的纺织品，则拴住了中国的一条腿，只能在欧美设定的框框中。

但东方不亮西方亮，中国打天下的不仅有纺织品，中国的机电产品迅速成为出口的大户，纺织品倒成了一个小配角了。

欧美国家似乎已经缺少制衡中国的手段，只有变着法在贸易保护上做文章。

五、中国不满足

一群中国人忙碌在罗孚汽车的英国伯明翰长桥厂区，以前机器轰鸣的生产车间，现在已经是一片死寂。

中国人不是来参观学习的，而是做准备把这些已经是中国南京汽车公司资产的汽车制造设备运回到中国去。根据中国南京汽车与英国罗孚汽车达成的收购协议，这些机器设备就是南京汽车的了。

中国人进入厂区后就杳无声息了，一度引起当地居民的猜测，当地的报纸甚至破天荒地用中文写了个头版头条："请中方开诚布公"，然后开列了 12 个问题，中文英文对列摆放，仔细地询问中方的商业计划。这似乎在英国报纸没有先例。

这里的土地都已经租借给其他人，必须尽快将这些设备完好地拆下来运回国内。为了保证机器在回国后能正常使用，要在硬件拆卸过程中不丢失软件数据，拆卸的过程必须符合当地的环保要求，如果一些设备赶在当年圣诞节前拆完，还可以免去几百万元的税收。

这对南京汽车厂的人来说都是很大的考验。

面对这些以前见也没有见过的设备，南京汽车厂的人并没有气馁，而是在英国工程师的指导下熟悉图纸，他们要保证这些设备拆到中国后，重新组装起来，能迅速投入生产。

这是一群忙碌的人，多在英国停留一天，就意味着多一天的开销。领导没有住在宾馆里，而是和普通员工一起在工厂里搭地铺，吃方便面。

一辆辆汽车从厂区驶出，上面装的都是大型的集装箱，里面是刚拆下来的设备。

走的时候，南京汽车厂的人还派人把整个厂区好好打扫了一遍，像一切都没有发生过，生产车间仍是原来的生产车间，只是里面空空荡荡的。

南京汽车厂的人拼命地干，仅电脑拷贝的技术资料，就高达 2000G，所有拆卸下来的设备共装了 4900 个集装箱。

运回南京后，光拆装这 4900 个集装箱的设备用了 6 个月时间。

从英国买回 MG 罗孚的资产后，南京汽车厂的人创造出"交叉工作法"，仅用 8 个月，30 万平方米厂房拔地而起，运回的设备和大多数工厂生产线到本月底基本安装就绪，安装到位的设备大部分调试完毕。中外来宾惊叹这是"世界速度"。

这是一场罕见的大跨国大并购，而参与竞争的基本上都是清一色的中国汽车公司，目标都是罗孚汽车。

罗孚汽车（rover）诞生于 1904 年，是以制造豪华轿车闻名的英国汽车品牌。1967 年 p5 车型把罗孚推向了顶峰，包括英国首相以及女王都把这款车作为他们的私人用车。旗下的 MG 品牌有"欧洲贵族"之称，品牌价值和市场售价可与捷豹、沃尔沃、萨博等品牌相媲美，具有世界级的知名度和美誉度。

但是到了 20 世纪 70 年代，随着日本车大举进入欧洲，再加上英国经济政策的影响，包括罗孚在内的英国汽车产业遭受重创，rover 也如同它的英文意义"流浪者"一样，开始了颠沛流离的流浪生涯：先是与日本本田合作，后来又被英国航空公司收购，继而又被转卖给德国宝马。

对罗孚抱有幻想的德国宝马汽车认为，如果能利用宝马成功的经验重新定义罗孚汽车，并帮助它提高质量，降低成本，完善服务网络，那么宝马收购罗孚应该是一桩万无一失的买卖。

但结果并未如德国人所愿，在这短短的六年中，宝马在罗孚身上前后损失了 40 多亿美元，总裁贝恩德·皮希斯里德也被迫在宝马下课。

在罗孚的四大块资产中，宝马只将 MINI cooper 留了下来，而将略有起色的陆虎越野车以 30 亿美元的价格卖给了美国福特汽车，某英国私人投资商凤凰集团象征性地以 10 英镑将罗孚剩下的罗孚汽车及 MG 跑车"领回"了英国。

罗孚这时明显是一个"烫手的山芋"，昔日风光已经不再，已经是一个老态龙钟的老绅士。但就算这样，仍引来了中国上汽集团与南京汽车两家公司的激烈争夺。

结果，上海汽车花了 6000 多万英镑买了一堆罗孚的图纸，南汽获得的是包括 MG 跑车品牌、发动机、生产线在内的诸多生产设备等资产，花费的代价是 5078 万英镑。

这一场争夺似乎没有真正的赢家，一心想获得罗孚商标使用权的上汽，最终还是让福特抢先了。根据优先购买权，福特以 600 万英镑的代价将罗孚这个百年品牌收入囊中。

德国大夫不但没能拯救英国病人，一世英明也差点毁于英伦，那么中国这一群泥腿子能让罗孚起死回生吗？两家企业各拥有罗孚的部分资产，而且双方都少了罗孚这块金字招牌。

事后证明这些设备并没有让南京汽车延续依维柯的辉煌，所推出的第一款轿车名爵 MG3SW 销售一般，上海汽车推出的荣威 750 销售也只差强人意，后来的荣威 550 还算不错。

南汽和上汽合并逐渐成为大势所趋，最后两家也喜结良缘，虽然这对南汽来说脸面上有些挂不住，南京汽车好歹曾经是一家中央直属企业，比上海汽车高一个级别。

中国的企业花这样大的代价去做什么呢？绕了这么多的弯路，说白了，还是想在高端汽车上有所作为。

改革开放后 30 多年里虽然中国已经有一些积累，但中国人始终在低端轿车上原地打转，20 万以上的高端汽车基本上和中国没有一点关系。自动变速箱中国能造吗？有优良的发动机吗？有自主设计吗？有百年品牌吗？既然这些都没有，消费者凭什么选择你造的豪车。豪车都是有故事的，但中国的汽车好像背后一片空白。

低端意味着低利润，看着国外汽车巨头们吃香的喝辣的，中国嘴馋得没法说。

中国汽车发展模式大概可以分为两种，一是中外合资，当假洋鬼子，这种方式实质是把中国当成国际品牌的生产基地，中国想要获得技术，那没门；一是自立门户，如吉利、奇瑞那样，把英美等汽车强国的路重新走一遍，搞原始积累，一步一个脚印。

但搞自主品牌实在太累，培养一个贵族都要三代人，一个高端的汽车品牌至少也得几十上百年，对于雄心勃勃的中国汽车业来说，这条路显然太漫长了。

南汽巨资收购 MG 就是想开辟中国汽车自主高端品牌的第二条道路，两家企业共计花费一亿多英镑，为的是购得同一个平台上的东西，想靠着成熟的技术迅速在国内打开现在高端汽车上不利的局面。

国外成熟的技术和品牌可以让中国少走不少弯路，中国有庞大的市场，这也是南汽与上汽收购陷入绝境的罗孚的底气所在，不然谁还敢趟这浑水。

汽车工业是综合性工业，反映了一个国家的综合工业水平。从历史上看，从工业化中期到最后完成工业化和现代化，没有一个大国强国不是靠汽车工业的高速发展来完成这一过程与历史使命的。

中国经济发展的这个环节显然也不可能缺失。

在次贷危机的情况下，欧美汽车公司纷纷面临严重的危机，这也正好给中国汽车提供可乘之机。一只能生金蛋的鸡怎么可能被主人卖掉呢，而一旦意识到手里是一堆烂苹果，主人就想越快脱手越好，以前牛气冲天的国外大型汽车品牌也只能屈尊下嫁到中国。

因此在 2009 年底，中国在汽车收购上又有一些大手笔，北京汽车收购了萨博汽车的部分资产，这和南京汽车收购罗孚剩余资产如出一辙，而吉利汽车则从福特手中如愿获得沃尔沃。

改革开放为中国积累了雄厚的财力，中国人已经越来越不满足于给别人打下手，赚些辛苦钱的日子。

中国怀着强烈的产业升级的冲动，中国需要更好的技术，中国的产品也要不断走向高端。

但似乎一切正在向好的方向发展，汽车工业往往是一个国家工业发展的一面镜子。2009 年中国国产汽车第一次超过日本，获得市场占有率第一。

如果说中国的汽车业正在艰难突破，未来的路还比较难说，那么其他一些行业则可以让我们倍感欣喜。

2009 年 12 月 26 日，武广铁路正式运营，一条纵贯湖北、湖南、广东三省的千里大通道正式运营，中国似乎对世界第一情有独钟，一次建成里程最长、运营速度最快、标准最高、投资最大，把中国的师傅日本新干线、法国 TGV 及德国的 ICE 等远远地甩在后面。

中国一直奉行以市场换技术的策略，虽然在汽车等行业上步履维艰，却在高速列车上实现了成功的跨越。

日本人在武广高铁通车前，通知中国说日本原型车的设计时速远低于中国公布的时速，希望中国注意风险。而实际上，中国通过消化吸收各国技术，已经可以保证中国高速列车以每小时350公里的速度运行，而此前中国在京津城际列车上已经积累了大量的经验。日本表面上是严谨，背地里却是酸葡萄的心理在作怪。

高速列车与人们生活息息相关，自然引发外界的高度关注，但中国在技术方面的突破并不只这一块。

汶川大地震让中国经受了严峻的考验，但也让世人了解了一个庞然大物——东风电机。我们通过电视、网络在那段时间经常听见有关东风电机的消息。震后东风人顽强拼搏，迅速组织恢复生产，保证了大型发电设备按时完工。

而东风电机与高速列车一样，也走出了一条引进技术到消化吸收再到创新的路子，东风电机伴随着三峡工程一起成长起来。

在三峡工程建设前，我国国产最大的水轮机组是1987年在青海黄河龙羊峡水电站投产的32万千瓦水轮机组，与美国、苏联在20世纪70年代研制的60～70万千瓦机组有着相当大的差距。

1996年6月24日，三峡左岸厂房14台70万千瓦水轮发电机组正式进行国际招标，中国人开出的条件是必须转让技术，前12台以外商为主，中方参与制造；后2台机组以中方为主。

14台机组总金额7.4亿美元，约合60亿元人民币，单台造价约4.3亿元人民币，这样的大单对国外巨头来说，实在太诱人，以前在专利上的寸步不让已经行不通了，最后标被几大跨国公司所瓜分。

中国最后获得了两套完全不同的技术，这与后来中国高速铁路招标何其相似，几种技术虽然有很大的差异，但有利于各取所长，最后形成自己的核心竞争技术。

中国哈电和东电两个企业通过技术转让在短短六七年的时间里迅速掌握了技术，在2004年三峡电站右岸电站12台机组的招标中，哈电、东电和国外的水电巨头们已经可以同场竞技了，哈电和东电获得了2/3的市场份额。

中国企业不仅掌握了核心技术，完成了从分包商到主承包商的地位转换，更找到了新的跳板，站到了世界电机制造业的制高点。使我们在一些原先落后的关键技术领域迅速赶上了世界先进水平。

在后来向家坝、溪洛渡的发电设备招标中，就基本上是以中国为主了，发达国家成为配角，中国再也不需要看其他国家的脸色。

所以在汶川大地震中，我们才看到东风电机为了向家坝水电站发电的一幕，它背后有太长的中国制造赶超世界先进技术的故事。

和巴西等国家相比，中国制造恐怖的地方是中国的产业链太完整，中国的技术消化和吸收的能力不是一般的强。

当年巴西也因为产业转移而兴旺了好长一段时间，但由于没有自己的核心技术，只是一个加工点，当国外资本撤离时，国内的技术及投资跟不上，最终导致了巴西的产业空心化。

中国不但紧紧抓住了第三波世界产业转移的机会，而且中国产业更在一步不停地升级，不断走向高端，使中国产业具备世界的竞争力。

世界范围内的产业转移在中国这里基本上停止了，中国经济首先是沿海地区获得了较快的发展，但中国中西部地区仍较为落后，随着中国沿海产业不断向内地转移，中国经济正在发生一个良性的循环。

为了紧紧抓住中国沿海产业转移的机会，众多城市纷纷在深圳、东莞等城市建立了联络办，使驻深办、驻莞办等成为一种时尚，跑步进京、驻京办等原有计划体制下的东西正在被市场化的力量所取代。

中国彻底颠覆了世界经济的传统发展模式，而变成一个巨大的黑洞，吸引了来自海内外大量的投资，使中国产业不断升级。

中国这只进入瓷器店的大象，稍一动静，便可以引起世界范围内极大的震动。

中国由于资本账户是不开放的，意思就是说你把钱投到中国必须是以实业的形式，要带具体项目来的，而不能到中国来炒股炒楼，当然可能有漏网之鱼，不过也有办法。你进中国的时候，是用美元，在中国换成人民币后，赚的钱是人民币。由于人民币在海外不能流通，所有这些钱还是要换成外汇，如果你拿到银行去换的时候，对不起，必须得说明来源。

中国的经济发展更为健康，进入中国的资金基本上都是实业资本，这给中国带来源源不断的技术和资金等，而不是像美国那样的金融衍生品泡沫。

中国政府计划和世界银行合作，将纺织厂转移一批到非洲，这样使中国掌握了更多经济发展的主动权。

六、从 G8 到 G20，国际格局变革中的中国因素

国际货币基金组织（International Monetary Fund，简称 IMF）好像并没有留给巴西总统卢拉什么好印象，在众多公开场合中，"IMF 滚出去"是卢拉经常挂在嘴边的话。国际货币基金组织（IMF）留给南美人民的好像一直是噩梦，自然卢拉总统不会对 IMF 有丝毫的客气。

二战后，美、苏、英等三国在克里半岛秘密签订了《雅尔塔协定》，建立了以美苏为主导的世界政治经济新格局，一大批国际组织相继建立，这就包括联合国，国际货币基金组织、世界银行等。与联合国主要讨论政治议题不同，国际货币基金组织及世界银行主要是关乎经济的。

IMF 成立于 1945 年 12 月 27 日，其主要设计者便是大名鼎鼎的英国经济学家、费边社成员约翰·梅纳德·凯恩斯以及美国副财政部部长亨利·迪克特·怀特。

国际货币基金的使命，是为陷入严重经济困境的国家提供协助。对于严重财政赤字的国家，基金可能提出资金援助，甚至协助管理国家财政。

国际货币基金组织并不是活雷锋，在进行经济援助时都会提一些条件，如受援助国需要实行基金建议的经济改革，所借款项必须于 5 年内清还。

接受了 IMF 的援助，则意味着政府在金融制度上就得听 IMF 的，IMF 的看家法宝则是要求被援助国实施紧缩的财政政策，但预算减少将削弱政府维持基础建设、福利、教育服务的能力。

每当经济危机关头，欧美发达国家都是采取积极的财政政策，加大货币投放，增加政府投资，但 IMF 给所援助的国家开的药方则是紧缩，政府节衣缩食不要紧，但这明显是束手待毙。

南美国家在 20 世纪 90 年代都遭到了严重的经济危机，而 IMF 的措施无疑使整个南美的经济雪上加霜，我们也有理由理解南美国家对 IMF 的怨恨，他们指责基金要为南美地区的经济问题负责。

凡是接受了 IMF 援助的，似乎都被刮了一层皮，就像一个健康人得了一场

重感冒，IMF 则按癌症进行医治，最后"病"是好了，但却落下了终身残疾。

巴西总统卢拉是工会领袖出身，对于国际货币基金组织（IMF）可谓深恶痛绝，代表工人利益的卢拉，当然不必掩饰对 IFM 的憎恨。

但在 2009 年，卢拉似乎对 IMF 这个"仇家"示好起来，他要说服国会借钱给他，典型的以德报怨，这又是哪门子事呢？

原来在次贷危机的重创下，IMF 急需资金，美国要钱来救华尔街的金融寡头及底特律的汽车巨头们，欧洲也需要钱来刺激经济，这时钱从何来呢，传统给 IMF 提供资金的美国、欧盟及日本在次贷危机这滩烂泥面前也有些难以招架了，在次贷危机中受伤不算太重的发展中国家则义务地承担起救死扶伤的国际人道主义责任了。

所以，除了巴西开始借钱给 IMF 外，还有印度、俄罗斯及中国这几大金主给 IMF 输血。钱肯定不可能白借的，不然卢拉、辛格、普京及温总理等怎么说服国会、人大等机构呢？IMF 自然得让出一部分权力出来。

二战后重建的国际金融体系并没有建立一个公平的竞争环境，其倾侧与不平衡是有意设计的。国际货币基金组织和世界银行这样的国际金融机构，是按控股公司的形式组建的，其中富国有不成比例的投票权并且控制其理事会。

成员国的"配额"决定了一国的应付会费、投票力量、接受资金援助的份额，目前 IMF 的投票权主要掌握在美国、欧盟和日本手中，美国在 IMF 中占有 16.83% 的投票权，而经过 2006 年的改革，中国投票权增加至 3.72%，低于比利时与荷兰的总和。

根据 IMF 的规矩，任何一项重要决议有 85% 的投票即通过，欧盟整体在 IMF 中所拥有的投票权比例超过 30%，显然如果欧美两个主人不同意，IMF 任何重大决策都难以实施。

发展中国家显然越来越不满意目前的权力分配，希望在 IMF 中拥有更多的话语权，而欧盟若轻易放手，意味着权力就要被削弱。围绕 IMF 投票权的争夺也将越来越激烈，谁拥有 IMF 更多的投票权，就意味着在经济联合国中将拥有更多的主动。

目前，发达国家与发展中国家的投票权比例是 57：43，欧美有意向发展中国家转让 5% 的投票权，将比例变为 52：48，然后谁让出投票权，让出多少，仍将是一个未知数。

当世界进入新世纪后，国际货币基金组织（IMF）的研究报告几乎言必称"全球失衡"，显然这个失衡主要体现在经济上，进而影响到政治等多方面。

作为一个重要的表现，则是二十国集团（G20）有逐步取代八国集团（G8）的趋势，2010年的G8峰会和G20峰会将在加拿大合并举行，人们甚至开始猜测G8将成为历史。

进入全球议事堂，是一种身份和实力的象征，在G8时代，每个可都是地球村里一等一的富人，不是随便就能进去的，穷国只能踮着脚在门外看些热闹。

以前靠着八国集团（G8）就可以把村里的事给定下来，现在突然发现不行了，而这一切似乎都和中国有关。

二战后前两次世界范围内的产业转移对世界格局并没有什么根本的影响，日本在战后重新崛起，成为世界的经济大国，恢复G8身份。

同样恢复身份的还有俄罗斯，1997年丹佛峰会叶利钦参加了除经济议题外的所有讨论，峰会首次以"八国峰会"名义发布最后公报。1998年伯明翰峰会期间俄罗斯参加了所有讨论，俄罗斯才真正成为G8的完全成员。

俄罗斯恢复G8身份也算掉了一层皮，包括默许了北约东扩，以及叶利钦总统在科隆峰会上同意了科索沃和平计划。G8对俄罗斯的诱惑实在不小，不然不会以如此大的利益交换。如果不进入G8，则意味着自己哪天被卖了都不知道，进了G8则不需要再依靠小道消息或间谍。

在第二次产业转移中崛起的韩国、中国台湾、新加坡、香港等"四小龙"对地缘政治并没有产生什么大的冲击，G8仍是原来的G8。

但第三次产业转移却使世界格局发生了翻天覆地的变化，中国这只超级大恐龙出现了。

G8死活想扩容，将中国拉进去，但作为发展中国家的代表，中国也不愿意站到新的G9或G10（加上印度）里附庸风雅，听洋大人们高谈阔论，而有更多代表参加的G20似乎更为融洽和谐，使地球董事局里也有穷人的身影。

可以想象，如果没有中国，发展中国家在世界上的发言权仍可能无足轻重。

更多的参与意味着更多的斗争和妥协，欧美日传统的政治格局受到越来越大的挑战。

七、美元霸权背后的"潜实力"

2008 年诺贝尔经济学奖获得者克鲁格曼在 2009 年末为《纽约时报》撰写了一篇题为《大零蛋》，对美国的 20 世纪头 10 年的经济发展进行了简要的概述。

在这位经济学家的眼里，这 10 年美国就业增长基本上为零，普通家庭收入增长基本为零，2009 年底美国的房价，扣除通货膨胀的因素后，基本上回落到了 10 年前的水平，股市的收益基本上为零。

美国以前引以为傲的最完备的会计体制，普华永道、德勤、毕马威、安永和安达信等"五大"基本占据了世界主要公司的审计业务，但在美国安然、世通等假账丑闻中，安达信早身败名裂，五大只剩下四大，美国会计师的业务不断萎缩。

在资本市场上，我们往往会看到很多评级机构对股票、基金、债券等进行评级，评价其走势，提示其风险，为投资者提供决策参考。然而在美国的次贷危机中，美国的主要评级机构却来了一个超级大变脸，昨天还是 AAA 的次级债券，今天就一下成为不值一钱的垃圾，各评级机构不断地下调，又引来更大的暴跌，各评级机构的声誉受到了较大的打击。

美国在最近几十年里变得越来越贪婪、越来越醉心不劳而获，这使美利坚民族崇尚自由、开拓进取、勤劳务实的美国精神遭到了侵蚀。

由于美元世界流通货币的特殊身份，美元必然成为世界各国的储备货币，在世界贸易中大家只认美元，美元曾和黄金有一样的功能。如果一个国家连续几年出现贸易逆差，国际支付能力将受到严重的影响，美国则不受这样的限制，只需要开动印钞机就可以从国外购买到货物，而其他国家也需要有美元作为国际贸易的硬通货。

因为越战的拖累、日本等国家经济的迅速崛起等因素，美国贸易由顺差变为逆差，美国由债权国变成为债务国，美元只能与黄金脱钩，国力受到削弱。

但这并不影响美国美元霸权的地位，全球化催生了巨大的贸易量，这也形成了巨量的美元需求，所以美国在巨大贸易逆差的情况下仍能维持正常的运转。

前面说过，纯粹的开动印钞机，向全世界发美元根本不可能持久，如果美国印刷的美元超过了流通中所需要的美元，必然造成美元的贬值，美元只有在美国国内才能流通，这些过剩的美元将如潮水般涌回美国，对美国造成致命的冲击，那样的话，美国离死也就快了。

美国不仅仅是一个懒惰得只会开动印钞机的民族，它还有良好的市场化运作机制，有强大的创新能力，有发达的资本市场。

因此，世界上出现了这样一幅看似完美的流程。世界上众多发达国家及发展中国家辛辛苦苦赚来美元后，除储备一部分以备流通之外，会把很大一部分再投资到美国，购买美国国债、企业债、金融衍生品等证券。这部分钱实际上是最后又再借给喜欢消费的美国人民，让他们拥有漂亮的大花园、可以在圣诞节购买无数的礼物，根本不知道节约是怎么回事。美国人的工作就是把巨量的中国、德国、印度等国对美国贸易顺差的东西给消费掉。

另外，美国人赚钱的本事也相当高明，美国在海外拥有为数众多的跨国公司，随便拿一个出来都很吓人。沃尔玛、宝洁、可口可乐、百事可乐等随便拿一个出来都是超级恐龙，这些跨国企业每年为美国带回巨大的资本收益，随着资本的回流，美国人又增加了巨大的消费能力。

最终，GDP留给了中国等国家，顺便附送了环境污染及资源浪费。而中国等国家获得并不是可以马上用来购买货物的美钞，而是一纸债权，勤劳的美国人民将来用税收或其他方式进行偿还。

如果美国人不消费了，中国等国的生产机器将停止转动，中国人还将面临失业的危机，大家都成了坐在同一条船上的人。次贷危机美国人是挺难受，以前借的次贷现在还不了，再借钱消费有些困难，这使美国的进口大幅度减少，这便构成美国次贷危机的前因后果。

次贷危机让很多其他国家在美国的投资顷刻间灰飞烟灭，但给美国的中低收入人群留下了漂亮的别墅，留下了更为完善的基础设施，更加强大的科技实力。不好的结果可能是经济在一定时间内的衰退，世界各国人民都要花时间来舔自己的伤口。

所以说，很多时候也只能佩服美国人的祖辈太厉害，攒的家底太厚实，到现在仍能让美国人享受到好处。

中国手中握有 2 万多亿美元的外汇储备，其中 8000 多亿购买了美国的国债，在很多人眼中，在美国受次贷危机之伤不轻之际，可以成为压垮美国金融霸权的最后一根稻草。另外一方面，美国面临着巨大的信用风险，一剂次贷危机的泻药能否把美国的小命赔了，美元霸权还能否长久维持？

《中国经济周刊》曾有一篇文章《美国在技术层面上已经破产》，这篇文章给人们传递出一个强烈的信号。美国如果不是靠赖账，不是强势的美元霸主地位，早已经破产了，但实际是这么回事吗？

这篇文章提到，美国目前有国债余额大约 12 万亿美元，再加上美国政府欠社保的钱、"两房债券"那样的抵押债券、美国各大财团所发行的、说不清是公司债还是政府债务等，总规模达到了 73 万亿美元的规模，而美国 2008 年的 GDP 仅有 14.4 万亿，就算美国人不吃不喝，也要 5 年左右的时间。

其实这篇文章有一些认识上的误区，每个国家都有国债，英国和日本国债总量已经超过了 GDP，而美国仍处在追赶英、日的征程之中。

一个国家有储蓄，必然有相应规模的贷款，美国净储蓄为负，并不说明美国没有储蓄，离开美国的储蓄而单独计算其债务，这样有夸大美国债务水平之嫌。

2009 年第三季度的《中国货币政策执行报告》显示，中国存款余额为 59.8 万亿，而贷款则有 41.4 万亿，贷款余额超过了中国 GDP 总额呢，美国房贷、企业债、地方政府债等只是贷款的一种形式。

由于贫富差距不断拉大、国内经济活力不够、缺乏投资诱导等因素，日本、德国、沙特等国在最近几年一直是资本的输出大国，而美国由于国内储蓄率过低、完善的金融市场，吸引了大部分的国际投资。这里有一部分资金用于购买日本、德国等国剩余的商品及沙特的石油，而有一部分则又转化为美国对国外的投资。

从美国对外投资我们可以深深感受到美国科技实力强悍的一面，从别人手里借来的钱又投到其他国家，仍能获得较高的利润。美国在国外的资产给美国带回的收益超过其他国家在美国投资获得的收益，美国经济分析局（BEA）的数据显示，2005—2009 年美国投资净收益分别是 787.58 亿美元、452.02 亿美元、979.41 亿美元和 1255.5 亿美元。

另外，从美国的国际投资情况来看，截至 2008 年，美国在海外投资共计 19.89 万亿美元，而其他国家在美国的资产是 23.36 万亿美元，两者差额为 3.47 万亿美元，这部分才是美国的净负债。美国在国外的资产以实业居多，是主动的私人资本流出，是收益较高的股权投资，而流入的则主要是国外官方的储备，都投在了收益率较低的国债等金融产品上。

美国历史上第一次月度贸易赤字出现在 1971 年 5 月，到目前为止，美国累计的贸易赤字总额已经达 7 万多亿美元，但这 7 万多亿美元纯粹是美国政府的负债么？显然也不是。

从世界范围来看，除了通过美联储这个系统之外，还有一部分美元是在美国之外的其他国家流通，是一个体外的循环。这又包括两部分，一部分是流通中的美元纸币，如根本没有自己货币的国家或地区，如巴勒斯坦、东帝汶、英属维尔京群岛、厄瓜多尔、巴拿马，还包括散布在其他国家的纸币；另外一部分是存在欧洲银行中的电子符号。这部分并不构成美国的对外债务，而是美国为了推动全球化，维护全世界人民的正常贸易秩序而义务开动印钞机的结果。

为了逃避美联储的监管，出现了欧洲美元市场。在美苏冷战时代，苏联为了怕自己的资产被美国给查抄了，英国自告奋勇承担起了白手套的作用。苏联的钱转给了英国，成为英国银行与美联储之间的关系，而俄罗斯则直接与英国发生关系，英国作为中间人可以收到一定的好处费。

英国的国力已经严重衰落，但世界两大金融中心，伦敦却占据了一席，其中重要的原因就是因为欧洲美元的存在，它是一个巨大的国际资金中转中心，只要美元霸权不衰落，伦敦的金融中心地位仍是无法取代的。世界石油期货交易市场有两个，一个在美国纽约，一个在英国伦敦，但都是用美元来结算的，可见美元在世界经济中的作用和地位。

欧洲美元可以通过 M3 来表示，M3 是反映美国最广义货币的数量，含有很丰富的信息，它不仅反映美国本土的货币数量，还反映欧洲美元市场的美元数量。不过自 2006 年后美国不再对外公布 M3。显然美国并不想把自己对人类的丰功伟绩用来显摆，做事奉行低调。

中国 2 万多亿美元的外汇储备，一部分是买的美国国债，一部分是存在美联储的户头里，而另外有一部分则在欧洲瑞士、英国等国的账户上，还有一部分是在国际货币基金组织中的特别提款权，有部分是用于国际结算的，而有一部分是为了进行市场干预，防止炒家对中国货币进行攻击以维持人民币稳定的，而中国还有 3000 亿多美元的外债，显然这 22000 亿美元外汇储备并不算多，其利用率也不算低。

中国仅有 8000 亿左右的美国国债，已经连续好几个月居世界第一位，但了解了美国的债务结构，就知道这些小钱对美国并不会构成什么冲击，更别想取代美元霸权的地位。

只要留心一些，就会发现 2009 年前 10 个月美国资本净流出 2499 亿美元，在经济危机的当头，这好像是一个晴天霹雳，美国救市还需要钱呢，这叫奥巴马总统情何以堪呢？美国有何通天之术呢？根源也就在美国的印钞机在这个时候立功了。

美国并没有如宋鸿兵所言出现第二波第三波的金融危机，美国小日子过得还不错，经过修正后，2009 年第三季度经济仍增长了 2.2%，这较原先公布的 3.5% 有所下降，但仍是相当漂亮了。

开动印钞机能挽救经济吗？这可是个看似不可能的任务，但它确实发生在我们身边，使我们更深入地认识美国经济的本质特点。

曾经的日本、后来雄心勃勃的欧盟及现在的中国，无不想对美元霸权发起最有力的冲击，但都只是臆想，美国独大的格局在较长时间内都难以撼动。

次贷危机使美国受伤不小，不断失血的贸易已经使美国陷入了进退两难的境地。奥巴马政府提出在未来增加财政赤字，使美国摆脱经济危机，但这项资金从哪里来，除了开动印钞机之外，也只能向其他国家举债度日，关键是现在仍有不少国家和个人愿意借钱给美国。

但美国政府要为其巨额的外债支付大量的利息，形成美国政府及纳税人沉重的负担。

美国经济一直是拖着走的，像一个危重的病人，只有靠营养液维持生命，一旦其外部的维持系统垮了，它将病入膏肓。

可以说，美国的发展模式是难以持续的，如果美国仍大手大脚地花钱，又不愿意放弃霸权主义行径，它将面临更严峻的考验。

前面提到了中国、印度等想在国际金融上获取更多的话语权，但目前中国等国只是一种想法，还难以绕过美国这座大山，美国在自己核心利益面前是不可能妥协的，这也在一定程度上反映了美国的国际地位。

美国建议的 IMF 份额和投票权的调整是让欧洲减少投票权，同意增发特别提款权也是意在抑制其他国际货币挑战美元国际货币的主导地位。

八、欧美已经无路可退

"中国威胁论"如今已经逐渐成为主流，然而，与"中国威胁论"相反，在20世纪最后一段时间里，却是"中国崩溃论"泛滥成灾，到处都在等着看中国的笑话，对中国不断增长的 GDP 不屑一顾。

"中国崩溃论"说来并不新鲜，而是有源远流长的历史，国外一些敌对政治势力长期以来一直鼓吹这种观点，通过不断"唱衰"中国，希望把唯恐中国不乱的愿望变成现实。

2001 年 7 月，美籍华人章家敦的大作《中国即将崩溃》在美国上市，该书把"中国崩溃论"演绎得出神入化，这个吸人眼球的话题迅速在国际上和港澳台炒得沸沸扬扬。

章家敦祖籍中国江苏，1951 年生于美国，毕业于康奈尔大学。正好赶上中国改革开放，他被所服务的跨国法律事务所派往亚洲，先在香港，后转中国内地，他在上海前后待了差不多 20 年。

章家敦对中国不可能不了解，他的观点自然更具权威性，更有说服力，使欧美可以深入到中国内部，审视中国的发展。

这本书出来的时机是耐人寻味的，距离中国正式加入 WTO 还有 4 个月的时间，也是中国谈判最为关键的时候。而章家敦先生未卜先知，早早就给中国人判了死刑，这样似乎是欧美所乐意见到的结果，给中国套上 WTO 的绳索，就等中国崩溃了。

这本书极尽危言耸听之能事，做了很多大胆的预言："中国现行的政治和经济制度最多只能维持 5 年"。"中国经济开始崩溃，时间会在 2008 年举办奥运会之前"。

该本书的核心观点认为，中国以高投入、低产出为特征的经济增长模式和建立在廉价劳动力和巨大的能源消耗基础上的发展模式，正在步入死胡同，中国保持了近 20 年的高速增长将难以为继。中国加入 WTO 后，中国经济将进入一个拐点。

这本书受到无数仇视中国人士的追捧，"台独分子"李登辉特别为《中国即将崩溃》一书的中文版作序，李登辉认为章家敦的观点"深获我心"，还要台湾成立一个组织，把这本书送到内地，"冲击中共政权"云云。

对"中国崩溃论"情有独钟的其实不仅仅是章家敦，西方世界中这样的人并不少。与章家敦的观点不同，日本学者长谷川庆太郎在 2004 年就从另外一个角度对中国的发展模式提出了质疑。

长谷川庆太郎认为，尽管中国经济增长迅速，但这种增长的特点是严重依赖低端产品和外资企业产品出口，同时严重依赖购买外国专利和外国技术，而一旦这些通道出现问题，中国的经济增长就将难以为继。

因此，随着中国越来越依赖外贸和外国技术及机械设备，发达国家也就越来越有能力控制中国。中国要谋求经济长期增长，必须下大力气进行科研和开发，但目前中国既没有这个基础，也缺乏这方面的远见，于是只好购买日本的专利，继续引进日本的技术。

这样一来，中国的经济就会全面受制于日本、美国等发达国家，中国越是高速发展，越给自己戴上了更大的枷锁。因此，中国的未来掌握在日本和美国等发达国家的手中。

在当时的情况下，由于改革开放造成了一系列问题，中国政治经济体系虽然没有到动荡不定的境况，但也算是问题多多，中国实际处于一个十字路口，如何做出正确选择应对这些问题将决定中国未来的长期发展命运。

但中国拖着蹒跚的步履竟一步步地挺过来了，而且小日子越过越好。

北京奥运会的成功召开更向世界展示了一个全新、朝气蓬勃的中国，所取得的伟大成就让世人刮目相看。

中国的高速发展使"中国崩溃论"在现今基本上没有了市场，再鼓吹这个，估计会让人感觉他脑子有毛病。现在欧美对中国的舆论也发生了根本的转向，海外市场上"中国威胁论"甚嚣尘上，让他们对中国这个红色帝国产生了深深的畏惧。

欧美人跳跃性的思维也算是让中国人长了见识，既然"棒杀中国"这一招不管用，那就换一套"捧杀中国"来试试。什么中国应该承担更多的国际责任，中国应该向深陷次贷危机的欧美积极伸出援手，以展示自己的大国风范，只有救了欧美才能救自己，否则中国工人将失去工作的机会。

而拯救欧美的背后实际上是中国 2 万多亿外汇储备让人馋涎欲滴。

欧美人面临的噩梦并不仅来自于中国，以前根本不让欧美人看在眼中的印度、巴西、南非、俄罗斯等这些新兴的国家显出了咄咄逼人的气势，相对于欧美每年 2%～3% 的经济增长来说，这些国家经济大幅度增长可谓异常迅猛，而他们还有巨大的能源胃口。

"金砖四国"在人们的惊叹声中正式出炉，让人感觉到其内在的活力。

"金砖四国"来源于英文 BRICs 一词，巴西（Brazil）、俄罗斯（Russia）、印度（India）和中国（China）四国英文名称首字母组合而成的"BRICs"一词，其发音与英文中的"砖块"（bricks）一词非常相似。

这四个国家都是幅员辽阔、资源丰富、人口众多，这些都具备成为区域性强国的优势，而中、印两国总人口更占到了世界总人口的 40%。

"金砖四国"与传统的 G8，即世界上最发达的几个工业化国家美、日、德、英、法、意、加相比，似乎某几个方面更占优势。G7 中，仅美日两国人口过亿，德国人口 8200 万，英、法、意人口都在 6000 万左右，而加拿大只有 3300 万。

以中国为代表的发展中国家的崛起对于传统的世界秩序是一个非常大的冲击，这意味着一种新的世界格局正在形成。

而这个转变的标志是 G20 正在逐步取代 G8，以前地球村里的 8 位带头大哥说了算的时代似乎正在成为过去。

G20 即二十国集团，最初由美国等七个工业化国家的财政部部长于 1999 年 6 月在德国科隆提出的，目的是防止类似亚洲金融风暴的重演，让有关国家就国际经济、货币政策举行非正式对话，以利于国际金融和货币体系的稳定。

二十国集团会议当时只是由各国财长或各国中央银行行长参加，但以后这个会议级别不断提高，它不仅仅是应对金融危机，更成为解决全球事务的一个议事堂。

G20 较 G8 最大的变化是加入了 11 个新兴工业国代表，即中国、阿根廷、澳大利亚、巴西、印度、印度尼西亚、墨西哥、沙特阿拉伯、南非、韩国和土耳其。

较以前的 G8，现在的 G20 似乎更有代表性，不再是富翁俱乐部，而是让众多发展中国家有登台露脸的机会，穷人可以和富人同坐在一个桌子上，就国际事务发表自己的意见，争取自己的利益，而不是被别人代表，作一个傻傻的看客。

而在哥本哈根大会上，又现出一个"基础四国"。

"基础四国"具体是指：中国、印度、巴西、南非四国，其称呼来源于各国英文的首字母缩写，与"金砖四国"相比，"基础四国"只是把俄罗斯换成了南非。

这也不是为了故意凑成基础这个单词，按人类的聪明智慧，再给它穿个马甲也是再容易不过的事。前面也提到了，对于气候变化非常不热心的就算是俄罗斯了，让他承担国际责任好像有些勉为其难。

而正是"基础四国"团结一心，共同抵制，才没有让代表发达国家利益的"丹麦提案"被强加到发展中国家身上。

世界上人口过亿的国家，除了人们经常提到的中、印、美、日外，其实还有印尼、巴基斯坦、伊朗、孟加拉、尼日利亚、墨西哥等。不过这些国家似乎还主要在为温饱而苦苦挣扎，对于国际事务根本不可能上心，在国际上很少发出自己的声音。

按照西方"人人平等"的民主原则，人口似乎才是最有代表性的，而不仅仅是 GDP，是金钱，说不定我们以后可以看到"亿人俱乐部"。

面对急剧变化的国际大趋势，我们不能说老欧洲及美日等甚是后知后觉，反应迟钝。

或许老欧洲更像一只恐龙，当被中国这个侵入者在它身上扎了一针，疼痛经过了很多年才反映到中枢神经。如果是一只健硕、敏捷的恐龙，可能会一记龙尾，把中国给扫到水坑里，再也爬不起来。

但欧洲这只恐龙太臃肿了，过惯了上百年养尊处优的好生活，胆固醇偏高，伴有脑血栓、冠心病、动脉硬化等等疾病，根本无力对中国奋起一击。

想要降低欧美人的待遇，让他们像中国人一样每天工作 12 个小时，拿 100 欧元的工资，可能会被欧美的工会给打得满地找牙。

对老欧洲来说，再来一次"八国联军"，再演一出火烧圆明园似乎可以考虑，不是不想，老欧洲估计不会介意随时脱下文明的外衣，露出狰狞的牙齿。

前南斯拉夫共和国国土面积达 25.58 万平方公里，人口约 2500 万，如果保持这个规模，将在欧洲成为一个地区性的大国。如果南斯拉夫作为一个整体存在于欧盟之中，对传统四强英、德、法、意则构成巨大的威胁，肢解南斯拉夫便成为欧盟不二的选择。

欧盟通过各种手段把前南斯拉夫先切成斯洛文尼亚、克罗地亚、马其顿、波黑和南斯拉夫联盟共和国五块。还不放心，南联盟也太大了，又请美国帮忙，把黑山从南联盟分割出去而让南斯拉夫永远成为一个记忆，最后还要打算把科索沃从塞尔维亚中分出去。

欧盟还能用对待南斯拉夫的手段来对付中国吗？显然，随着时间的流逝，中国也强壮起来，中国已经有了几个可以互相扶持的帮手，肢解中国的雄心只好暂时收敛一下。

更重要的是，不只中国这只小恐龙向欧美这只老恐龙发起攻势，中国后面还有一批不甘喝汤的兄弟，如印度、巴西、南非等国家，他们也想争取地盘，好让自己不断长大的身子自由活动，他们也向往锦衣玉食的生活。

如果所有国家都有欧美日这样的胃口，人人都能享受到洋房、汽车、汉堡包，那么一个地球显然是不行的。

关键是地球只有一个，上帝在造人的时候，没有考虑到人会繁衍这么迅速，忘记了再给人类备份一个活动场所。

遥望太空，星星何其多，但适合人类居住的，一时半会还真没有找到，就算找到了，驾飞船按光速飞驰，一般也得几十上百年的，人们常道远水解不了近渴，现在却是远水都没有。

老欧洲和美、加、日、澳等对他们目前的处境都心知肚明，他们不愿看到中国、印度、巴西、南非等昔日的穷小子到他们碗里抢食。

欧洲人未来的工作机会在哪里？面对来势汹汹的中国产品，欧美怎样才能走出困境？

　　欧美必须反击，这关系到欧美在国际中的地位，任由现在的状况发展，后果很严重。

　　在核恐怖平衡的情况下，欧美有什么手段呢，他们能达到效果吗？

　　欧洲人可以找到制衡中国等发展中国家的有力武器吗？

第六章　碳绑架，发达国家高举屠刀

　　本章导读：资本是没有国界的，驱使它的唯一动力是利润。由于三次大的产业转移，欧美国家面临着产业空心化的现实，资本家的利润因为将生产线转移到更低劳动力成本的地区而获得了保证，但工人的工作机会也相应转移走了。发展中国家成为一支独立的力量站在了世界舞台中央，使发达国家的生存空间受到严重的挤压。

　　面对潮水般涌入国内的低廉商品就无能为力了吗？欧美国家必须自救，必须奋起反击，而什么是最有效率的破解之道呢？

一、中国风电发展遭遇"生死劫"

2009 年，中国风电市场风云突变。

中国近 90% 的风电 CDM 项目被联合国执行理事会（EB）低调退回重审，原因很简单，EB 怀疑中国的上网电价是经过政府精心设计的，即用 CDM 的收益代替了原本该为政府支出的补贴。

什么是 CDM，为什么 EB 有这么大的态度转变，为什么会说如果这一事件得不到妥善解决，脆弱的中国风电行业将迎来一场前所未有的生存考验，要把这些全部都说清楚，还得细细从头道来。

大家都知道，在现有技术条件下，风电运营成本仍是较高的，如果火电一度电的发电成本是三毛钱，那风电可能是六七毛。发电公司发的电最终要卖给电网，电网不会因为是风电等新兴能源就付高价，市场经济，又不是搞慈善。

对于工厂、企业及老百姓来说，他们关心的只是自己每度电付的价钱是多少，他们并不关心这个电是煤炭发的，还是太阳能、风能或核子能发的，企业是讲成本的，过高的电价必然会吞噬他们的利润，风电等新兴能源的成本显然也不能转移到消费者头上。

为了推动风电、太阳能等清洁能源的发展，政府会采取补贴的方式，这样企业才有钱赚，才有积极性不断大力发展风能。

如果政府手里的钱都不够花，整天为了柴米油盐而吵吵闹闹，各个部门都为了有限的经费争得头破血流，那政府也不可能花钱去补贴太阳能、风能等新兴能源的发展了。

对于大国来说，手里钱多，花些小钱去支持能源环保，是功在当代，利在千秋的大事，把宝贵的资源留给子孙后代。

但对于小国来说，对太阳能、风能等新兴能源可能就不会在意。这种游戏太昂贵了，还是让有钱人去玩吧，等到自己有钱那一天再说，我还是用我便宜的传统能源。

由于控制二氧化碳排放已经忽悠成为全人类崇高的事业，发达国家的一些人就有些看不下去了，说不定被哪个大手大脚的国家额外排放的二氧化碳比自己辛辛苦苦少排的二氧化碳还多，不白用功了。

因此，国际上就多了一个组织，他们代表着全人类的利益，对各国太阳能等新兴能源的发展进行一定规模的资助，以提高所有国家加大新兴能源利用的积极性。

对于中国的风能等新兴能源企业来说，他们将有两条腿可以借助，一是中央政府的补贴，一个是向 EB 申请资助。

当然这并不是谁有项目谁就可以向 EB 要钱，它有一个严格的审批程序。

首先由中国的风电企业先向联合国执行理事会（EB）提出申请，EB 这时有两项工作要做，第一是对项目正式运行后产生的减排量进行确认，它比传统使用煤炭等资源可以减少二氧化碳排放量。

第二是确认后给这家企业发放一个有相关碳排放量的资格证书，有了这个资格证书，便可以在 CDM（清洁能源机制）市场上进行交易。

EB 给企业颁发的资格证书并不是银行的转账支票，它必须通过交易才能变现，这也意味着有人来买你的这个排放权才有可能换到现金。

从目前的设计来看，这些资格证书的买家主要集中在欧洲，如果欧洲有企业因为自己技术不过关，或是已有的二氧化碳排放指标用完了，就必须到市场去购买，这时才是一手交钱，一手交碳减排权，中国的风力等新兴能源企业就能拿到钱了。

对于一个企业而言，把整套程序走下来，估计也累个半死，不仅国家发改委，而且还要经常到联合国跑。因此，这个时候出现了 CDM 咨询机构，他们不嫌麻烦，他们就是挣这个辛苦钱的，一个项目申请下来，可以按标的额提成，各取所需。

这样，风电企业、CDM 咨询机构、气候部门、律师界、EB、购买碳减排量的欧洲企业就构成一个完整的产业链。

可以说，中国最近两年风力发电大跃进也得益于 EB 提供的资金，如果不是 CDM 咨询机构不断穿梭往返在中国、欧洲及美国，中国的风力发电企业也不太可能坐在家里就可以用欧洲企业的钱来发展自己的事业了。

截至 2009 年 10 月，中国政府已批准了 2232 个 CDM 项目，其中 663 个已在联合国清洁发展机制执行理事会成功注册，预计年减排量为 1.9 亿吨，约占全球注册项目减排放量的 58% 以上，注册量和年减排量均居世界第一。

据 CDM 执行理事会数据的估计，在 2006—2009 年的三年里，中国通过核证减排量转让带来的直接收益已经超过 6.5 亿美元。

而现在问题却出现在了 EB 这里。在 2009 年，中国提交的近百个项目中，成功注册的不超过 10 个。而在 2009 年底，EB 几乎停止了对中国风电 CDM 项目的审批。

这也意味着中国的风电企业得不到 EB 的那个资格证书了，没有资格证书，欧洲的企业凭什么给你钱？

别人如果不给钱，那中国的风电企业怎么办呢？这势必影响到中国风力发电企业的收益。

如果某项目的收益率只有 5%，而预测的碳收益可以超过 3%，那么项目整体的收益率就达到 8%，投资者就会发现这笔生意可以做。市场上大把利润率在 8% 以上的项目，又何必赚 5% 的辛苦钱呢？

如果预期的 CDM 的收益被活生生砍掉了，这个项目就根本无法运行了。所以说 CDM 是雪中送炭，而非锦上添花。

因为有这一层关系，有人分析说，如果 EB 一直在资格审查上和中国较劲，中国的风能等新兴能源发电将可能遭到重创。

常言道有理行遍天下，如今 EB 阻挡中国风电企业发财，这又唱的是哪出戏呢？

原来，EB 拒绝中国的理由是中国政府在上网电价上玩了小花招，中国不断降低风力发电等新兴能源的上网电价。

中国政府把原本该有的经济补贴转嫁给了 CDM，中国政府在制定上网电价的同时考虑进去了 CDM 的收益,是利用 CDM 来减少政府的开支,这样使得来自 CDM 的补贴刚好能填补投资空缺。

这意思就是说,本该由中国政府承担鼓励发展新兴能源的义务转嫁到了联合国身上,这回是联合国充当了大力促进中国风能发展的活雷锋。

但问题又来了,这个 CDM 机制本身不就是鼓励世界各国大力发展可替代能源的吗?中国风电建多了,自然为世界减少二氧化碳事业做贡献,中国政府给补贴还是联合国给补贴不是一样吗?

EB 是不是搞了双重标准呢?

在一般人看来,中国的风电企业确实冤枉,以前审批都走得顺顺当当的,现在突然不干了,不是拿中国人开涮吗?

如果把中国的风力发电完全拒绝在 EB 门外,于情于理都说不过去,否则需要修改整个 CDM 的机制。

上面其实还有一个问题没有说清楚,为什么欧洲的企业愿意出钱买中国的碳排放量,你看中国的企业多自由,想排多少就排多少,中国搞风能等新兴能源别人还给钱?

在 CDM 背后隐藏着多少秘密呢?

二、老骥伏枥:"碳减排"与欧盟雄心

欧洲人有一个挥之不去的"拉丁帝国"梦和对"拉丁民族精神"的向往,法国哲学家科耶夫曾对"拉丁民族精神"进行了描述,它包含着"一种深刻的美感"和"非常别致的均衡感。"

随着欧洲一体化进程的不断推进,科耶夫所设想的"拉丁帝国"理念已经发展成为欧盟,其拉丁精神也变成为欧洲的精神。

前面也提到,欧洲是一个资源储量相对较少的一片大陆。煤炭虽然有,但难与中国、俄罗斯、美国等国家相比,石油就更少。

欧洲的资源禀赋使其在第二次工业革命中并不占优势,让美国占得了先

机，在全世界的抢油大战中，欧洲只能跟在美国屁股后面喝汤，看着美国吃肉。

由于欧洲资源禀赋的原因，极力想摆脱对煤炭与石油的依赖，不让自己的经济受到能源的威胁。发展可替代能源，基本上成了欧洲各国领导人的共识。

撒切尔夫人上任后，一直有两个挥之不去的阴影，一是英国煤炭工人的罢工，撒切尔上台前的卡拉汉政府就一直被煤炭工人的罢工所缠绕，成为他下台的导火索；第二个是中东石油危机，对中东原油高度依赖的英国经济受到严重的威胁。

英帝国在辉煌的时候也是其煤炭产量最高的时候，1913 年开采量曾达 2.92 亿吨的历史最高水平，随后英国煤炭开采量大幅下降，英国也从世界霸主的位置上跌落下来。

核能虽然不排放二氧化碳，但它的安全性仍受到质疑。当全球气候变暖理论出现后，终于让撒切尔夫人逮到一个发展核能的机会，为大英帝国找到有保证的能源供应。撒切尔夫人一次到英国皇家学会，拍出一堆钱，对科学家们说："你们用这些钱去证明全球气候变暖理论吧。"

领导一声断喝，英国气象学会就创立了一个气候模型，开始向新成立的一个国际委员会"政府间气候委员会"（IPCC）提供基础资料，英国政府和 IPCC 的姻缘也正式建立。

法国由于没有足够的煤炭及石油资源，而在第一次和第二次工业革命中均没有太大的作为，这直接导致了法国国际地位的下降。同样，德国因为石油而受制于人，也窝了一肚子火。

因此，英、法、德三国都有发展可替代能源的潜在动力和紧迫感，这关乎欧洲的整体利益，关乎欧盟的国际地位。

经过数十年的积累，德国、英国、法国、丹麦、荷兰等国在新兴能源如风能、太阳能、核电、潮汐能等方面走在了世界的前面。由于有丰富石油、煤炭资源，美国则在节能环保方面建树不多，其优势主要在于传统的军工、航天和信息技术领域。

与传统能源的低成本而言，在国际贸易中，欧盟手中的新兴能源技术并没有为欧盟赚取太多的利益，这显然是欧洲人心有不甘的地方。

而在推动人类快速发展的信息技术革命中，欧盟的技术储备仍显不足，仍是美国吃肉，欧盟所占的便宜并没有美国大。信息技术的核心是芯片和软件，从英特尔及微软这两个超级恐龙我们就能感觉到美国在信息技术上的霸气，而这只是一部分。对欧洲来说，除了眼红就只有用垄断这个借口来对 WINTEL 联盟进行限制。

但在国际政治舞台上，与美国、俄罗斯等军事强国相比，欧洲的力量实在有限，为了削弱南斯拉夫在欧盟中的地位，再加上意识形态的原因，必须对南斯拉夫进行肢解。

但这时欧盟才发现自己根本没有那个能力，最后只能请美国出面，对南联盟空袭了一个多月，最后使"南联盟"成为一个历史名词。

欧盟作为一个整体，如何才能在国际事务中掌握更多的话语权呢，靠实力说话这条路明显走不通。欧盟手中的底牌只有新能源技术，这才可能成为欧盟复兴的重要手段，寄托了伟大的梦想。

而要让全世界都使用新能源技术，光靠一张嘴肯定是不行的，欧盟必须有制衡的手段。经过欧盟这只巧手的精心编织，全球变暖、温室效应、末日恐慌、二氧化碳减排等原本风马牛不相及的事物之间也有了内在的联系。

要防止全球变暖，避免人类的灭顶之灾，就只有控制温室气体排放，原本只占温室气体一小部分的二氧化碳便成了全球变暖的罪魁祸首，所以所有国家都要减排二氧化碳。

而二氧化碳主要是由于使用煤炭、石油等高碳产品所产生的，降低煤炭、石油的使用必然提高新能源的使用，而新能源技术主要在哪里呢，答案当然是欧盟。

当所有国家都用上欧盟的核能、太阳能、风能时，欧盟也实现了它崛起的梦想。

这个过程多么完美。

欧盟那么卖力把自己树立成"碳减排"的领导者，没有利益谁干啊？

欧盟光赚到新能源技术转让的钱就满足了吗？如果有人这样想，那就太小看欧盟的智慧了，费了这么大劲搞环保、搞减排就为了赚这些辛苦钱吗？

欧盟还有更大的抱负，那就是欧元霸权。欧盟也要像美国人那样开动印钞机就可以赚钱，欧盟要让欧元成为世界的主要流通货币，让中国把他的外汇储备都换成欧元。

这才是欧盟的终极目标。

说欧盟搞碳减排，仅为了赚钱，太俗。

当然，要实现欧元霸权并不是一件容易的事，明目张胆地搞，那不是拆美国的台吗？美国人花了上百年的工夫才辛辛苦苦建立起来的美元霸权就这么容易让欧盟给搞垮了，那也太小瞧山姆大叔的智慧了吧。

所以，欧盟搞欧元霸权，只能是鬼子进村，悄悄地进行。

欧盟为了建立欧元霸权，给他披了一个"碳金融"的外衣。当然，"碳金融"也是碳减排的延伸，是一个硬币的两面。

"碳金融"这套体系是怎么运转的呢，这就得从《京都议定书》开始，看它是如何为欧盟的减排战略服务的。

《京都议定书》的核心是减排。按欧盟的逻辑，大气中的二氧化碳越少越好，地球就可以避免"温室效应"了，人类就被拯救了。

为了鼓励各国进行减排，《京都议定书》引了市场经济的机制，它的核心就是如果你不减排也可以，那么你拿钱去其他已经减排的国家那里去买指标。就像新中国成立前抓壮丁一样，有钱的地主老财的儿子按义务是要报效党国的，如果你不想让儿子去做炮灰，也可以，就出钱给那些愿意去的人家，让别人帮你去。

这样积极性调动起来了吧，只要你减得多，你还可以赚钱，如果没达到任务，那么你只好出血了。

这下就涉及一个总量的问题了，不然不好计算谁增排了多少，谁减排了多少，接下来这个游戏才可能展开。因此，每个国家按不同的发展水平、历史排放情况，都会规定一个"净排放量"，如果你今年进行了植树造林，那么可以从净排放量中减去。

前面把条条框框都定下了，下面就是交易环节了，因此，《京都议定书》

规定了三种交易机制：

其一，排放贸易机制（ET）。一个发达国家将自己超额完成的减排义务指标以贸易的方式转让给另一个未能完成减排义务指标的发达国家，出让方自然要从其排放额度中扣除卖出去的额度。

其二，联合履行机制（JI）。一个发达国家向另一个发达国家以技术和资金投入的方式实现减排的项目，由此实现的减排额度可以转让给投入技术和资金的缔约方。

其三，清洁发展机制（CDM）。发达国家向发展中国家进行资金和技术投资实现减排目标的项目，由此产生的减排任务算作发达国家的减排额度。

《京都议定书》毕竟是为实现欧盟最大利益而量身打造的，欧盟在新能源技术上的优势便可以大放异彩，转化成现实的生产力了。因此，它可以采用"集团方式"，即欧盟内部的许多国家可视为一个整体，采取有的国家削减、有的国家增加的方法，只要在总体上完成减排任务就可以了。

这下我们可以回到本章中国风电的问题上，为什么欧盟在较长时间内甘当活雷锋，为中国风力发电等新兴能源事业做出卓越的贡献。

既然《京都议定书》是欧盟最先捣鼓出来的，当然自己得起到模范带头的作用。因为欧盟对外进行交易是一个整体，所以在别人没有参与的情况下，可以先给欧盟内部的企业制定减排目标，自己先把这套系统运转起来。

因此，看起来中国的风力发电与欧洲的碳减排八竿子打不着，但因为有了碳减排这个工具，也沾了点亲，一下就成一家人了，你搞风力发电等新兴能源技术，自然有些没有达标的欧洲企业或国家来购买。

不是欧洲人仁慈，也不是为了人类崇高的减排事业而愿意出血，实在是迫不得已，自己搞超了，想要再进行生产，只好乖乖交钱买减排指标。

《京都议定书》看起来像一个慈祥的圣诞老人，通过清洁能源机制（CDM）不断向发展中国家输出技术和资金，但它却暗藏杀机，一旦进入游戏，那就由不得你了。

第一个是各国每年的排放指标怎么定，谁说了算，如果指标定得高一些还好说，一旦指标定得低了，你想要多排时，对不起，就得向排得少的国家购买，那可是真金白银。

第二个是二氧化碳排放量的测量标准及测量的技术，具体排了多少不可能由自己说了算，那得有相关的机构进行认定。

从目前的现状来看，世界上众多国际组织都牢牢掌握在发达国家手中，发展中国家根本没有多少话语权，很多都是由发达国家说了算，从 IPCC 就能看出一些端倪。

不用说，倒霉蛋肯定是发展中国家，欧盟可以不断开发出更先进的新能源技术，它可以不断提高碳减排水平，发展中国家要么跟在欧盟屁股后面穷追猛赶，要么不再用煤炭、石油等高碳产品，如果两者都行不通的话，就乖乖地去买欧洲的节能技术。

《京都议定书》不是规定了发展中国家可以随便排，而发达国家才需要履行减排的责任吗？不是"共同但有区别的责任"吗？

对不起，你签字的时候没有看仔细吗？一切都得按规矩来。《京都议定书》明明有规定：发达国家从 2005 年开始承担减少碳排放量的义务，而发展中国家则从 2012 年开始承担减排义务。

欧盟精心设计的局让你掏几个钱就完事了吗？还没有完呢。

所有与"碳金融"相关的交易都是欧元结算的，欧元是碳交易的基准货币。

如果《京都议定书》所规定的内容得以全面实施，碳排放的全球交易将使欧元被越来越多地参与到碳交易中的国家所接受，并变成仅次于美元的世界货币。

石油不是与美元捆绑，进而形成石油美元，成为维护美国霸权的基石吗？现在欧盟将碳交易与欧元捆绑，那不可以重新铸就欧元的国际地位吗？如果碳交易被世界各国所普遍接受，那个市场的规模将远远超过目前的金融衍生品。

老欧洲将在欧元霸权中获得新生。

这才是法国总统萨科奇、德国总理默克尔不遗余力地推动碳减排背后的雄心，如果能成功推动碳减排及碳交易，那萨科奇和默克尔将名垂欧洲发展青史。

如果说二氧化碳正成为使地球不断变暖，毁灭地球的隐形杀手，那么不进行减排，肆意排放二氧化碳的国家便是毁灭人类的撒旦，而欧洲人就变成我们这个时代拯救地球的"新耶稣"。

欧盟靠着"碳减排"树立起人类新的道德规范，掌握了人类面向未来的话语权，这使欧洲人较美国人及中国人等有一种天然优越感和使命感。

"碳减排"如今已经成为欧洲人的一种新宗教，它有利于形成新的价值准则和道德规范，可以用来增强内部的凝聚力，增加欧盟内的认同感。

一石多鸟，欧盟这个如意算盘可谓打得非常精到。

三、伸向发展中国家的套索

说到这里，其实还没有把本章开始提出的问题说清楚，为什么中国风电 CDM 项目被联合国执行理事会（EB）退回重审，其中缘由又是为何呢？

实际上，CDM 仅仅是欧盟实施其碳减排宏伟计划的一小部分，是一个补充性机制，为了掩盖其强烈的企图心，搞了一些小甜点来引诱发展中国家上钩，没有好处，发展中国家怎么可能跟在欧盟的屁股后面跑。

这里面有一笔经济账。欧洲国家的企业要实施其减排计划，其成本相对来说也是比较高的。按欧盟自己的新技术，要减排一吨二氧化碳，大约需要 100 美元，这样下来，欧洲的企业根本无力与其他使用煤炭及石油的企业相比。

但这些企业又因为身在欧盟身不由己，欧盟为他们规定了较高的减排指标。怎么办呢，该排还是排吧，无非向中国等因为使用新能源的企业购买指标。

由于劳动力便宜，还有政府的补贴，中国减少二氧化碳的成本大约在 20 美元/吨，这种巨大的成本差异足可以让欧洲的企业眉飞色舞了，这等好事怎么不做，让中国人帮我们承担义务吧，无非给点小钱。

而中国等发展中国家加入了《京都议定书》，但不承担减排责任。所以中国既进行了清洁能源，让中国风力发电规模几年内成为全球第一，甚至有人提出雄心勃勃的 2020 年前使中国风力发电装机容量达到三个三峡电站的计划。

这绝对是天作之合，中国这个穷小子一下捡到一个大元宝。

据有关统计，目前中国通过 CDM 实现减排量已经达到了全球 CDM 市场的 1/3 左右。有关专家预计，2012 年，中国通过该机制转让"碳排放"权的收益将达到 10 亿美元。

中国之所以在 CDM 方面斩获颇丰，主要还是由于中国人的精明，中国很快熟悉了这一整套的申请程序规则，而其他很多国家根本没有搞明白这是怎么回事。

另一方面也是由于中国的强大实力使得在谈判中比较容易获得发达国家的 CDM 投资项目，中国人办事效率就是高，也最靠得住。

俗话说，智者千虑，必有一失。中国占如此大的便宜，似乎是设计这个机制的欧洲人根本没有想到的结果。

中国的确从 CDM 中获得了很多好处，但也可能埋下隐患，如果现在把排放潜力消耗完了，以后中国不得不承担排放义务的时候可能就会陷入自身排放指标不足的困境，要倒过来高价去别的国家买。

欧盟推出这样一个机制的目的无非是一个过渡性的。按欧洲人的计划，到了 2012 年后，无论发达国家还是发展中国家都跑不脱，都必须用欧元来进行碳排放的买卖了，那时他收获的才是大头，舍不得孩子套不住狼。

按理说欧洲人不会太在乎这些小钱，便宜让中国等发展中国家赚就赚点吧。

但欧洲人似乎心有不甘，咬牙切齿的，还没有见到收益就让我出血这么多，这个生意如何做啊。

欧洲人不愿意再当活雷锋，所以在 2009 年下半年，联合国执行理事会（EB）终于忍无可忍，不再批中国的项目了，其他的嘛，当然按计划进行。

中国人似乎不解、疑惑，怎么能这样呢？但这里面真实的原因就是规则是欧洲人制定的，话语权在他们那里，别人爱怎么样就怎么样。

最近几年中国国内开始热炒"碳交易"，纷纷要求争夺定价权，在为中国拥有庞大的排放市场，却没有定价权而苦恼，因为国内的碳企业出售的排放权处于低价位。

目前芝加哥气候交易所（CCX）拥有自愿碳排放额（VER）的定价权，欧洲气候交易所（ECX）拥有欧盟碳排放许可（EUA）碳期货的定价权，欧洲能源交易所（EEX）占据 EUA 碳现货的定价权。

所以有人认为中国在碳交易方面是眼看着欧美大块吃肉，而中国只能喝汤，鉴于中国在 CDM 领域绝对领先的市场份额，说不定中国可以获取 CDM 市场甚至一级 CER 的定价权，信心满满又面色凝重地期待着中国在世界碳市场中的地位。

但如果不了解欧盟的真实意图，就盲目地跟风，中国何以能占据主动，何以能掌握什么定价权呢？

如果跟着欧盟的步伐和节奏，那中国将可能被套上一个索套，到时将处于非常尴尬的地位，进退两难。

按碳减排的表面意思，可以通过引入市场机制，为解决碳减排的动力问题，会形成新能源技术你追我赶的局面，最终消灭二氧化碳排放的目的。但从石油期货的交易机制来看，想靠着金融衍生品来降低风险的目的似乎从来没有达到过，而成为一个投机的场所，它并不可能对实际排放有实质性的影响。

或者我们看到的只是中国等发展中国家不断减排，花很大的力气，从欧洲购买很多新能源技术及花费非常多的资金，只能赚一些小钱，而最后赚钱的却是游戏规则的制定者，那时真是发展中国家为欧盟等发达国家下苦力，而让发达国家轻松赚小钱。

在如今石油期货市场上，产油国往往不是获得石油收入最多的一方，那些国际大投行、对冲基金则赚得盆盈钵满。

2002 年，当世行找到中国乃至亚太区的第一个水电 CDM（清洁发展机制）项目——张掖小孤山水电站负责人丁建军要求合作时，CDM 在国内还属于一个陌生的概念。

别人主动送钱上门，丁建军与他的同事都感觉不可思议，怀疑这是一个巨大的陷阱。后多方询问，无论是甘肃财政厅、财政部、国家发改委，都认为中国人完全被骗了，卖空气都能换钱，岂不是天方夜谭。

后来中国风电的成功证实 CDM 百利而无一害，中国众多企业也全面大张旗鼓地成立了 CDM 办公室，中国也成为 CDM 最大的市场之一。

殊不知，螳螂捕蝉，黄雀在后。

从目前来看，中国短期内获得了一定的利益，将来可能加倍地偿还。

天下没有免费的午餐，天上也不可能掉馅饼，老欧洲如果真能一心向善，吃斋念佛，对全世界何尝不是一件好事，但这可能吗，大家不能忘记八国联军的铁蹄是如何踏破北京城，如何洗劫万园之园——圆明园的。

忘记历史，就意味着背叛。

四、处境尴尬的欧盟

欧盟想要让这个计划顺利实施似乎是一件非常艰难的的任务，对欧盟领导人来讲，也是一个重要的考验。

欧盟有两个重量级的对手，一个是美国，一个是以中国为代表的发展中国家。

欧洲精神使欧洲人的生活风格以优雅的艺术家的姿态区别于在他们眼里缺乏历史和文化的粗俗的美国人，以至于美国的战略家卡根敏锐地意识到"美国人来自火星，欧洲人来自金星。"

美国人似乎一开始就不吃欧洲人这一套，在美国人眼里，实力才是第一位的。虽然有欧洲强烈的道德谴责，小布什还是毫无顾忌地退出了《京都议定书》。

美国的工业化是从 19 世纪才开始的，比欧洲工业革命差不多晚了 100 多年，尽管美国在较长时间内都是世界第一的碳排放国，凭什么要让美国人和你欧洲一起减排，美国人就是我行我素，你把我怎么着？

从技术条件上来说，美国的优势在信息技术、航天、军工等"高碳"方面，何必在低碳技术上与欧洲这个龙王爷比宝呢？

自己基本上掌握了石油的霸权，中东基本上在自己的控制之中，伊朗迟早是会被收拾的，再说美国是世界第四大原油生产国，何必花大代价为了欧洲的崇高目标而牺牲自己的利益呢？

美国人的势力也因为苏联的解体而达到了极致，逮谁灭谁，怎么可能在"碳减排"上被欧盟束缚住手脚，那也太让天下人笑话了。

所以，美国人在"碳减排"上一直与欧洲唱反调，你说什么，我就是不理睬，而欧洲人求美国人的地方多着呢。

按理说，这个世界没有美国，很多事还真不一定能办成，更何况美国对碳减排这事儿是比较反对的，不是挖美国的墙角么，美国好不容易才建立起的美元霸权就这么被你欧盟给摧毁了。

出人意料的是，因为欧洲人的执著和辛苦耕耘，碳减排闹到今天，居然还弄得有模有样，全世界各国人民都被忽悠进来和欧盟一起玩这个游戏。

和美国相比，欧盟在舆论造势方面真算是老火煲靓汤，经过他的巧妙包装和不断地渲染，把二氧化碳这个可爱的小朋友给妖魔化得不行，更成为人类的公敌，使碳减排可以乖乖地为欧盟服务，成为欧盟重新崛起的杀手锏。

欧盟对于美国的碳减排一直是紧咬不放，妄图从道义上给美国形成巨大的压力，让美国屈服。

从历次联合国气候谈判大会可以看得出，绿色环保组织、无政府组织（NGO）、岛国集团等都把火力集中在了美国身上，要让美国承担历次气候变化大会谈判破裂的责任，把气都朝美国身上撒。

哥本哈根大会上，小岛国集团最为活跃，极尽渲染之能事，制造世界末日情绪。这其实也是发达国家借小岛国集团、环保人士向发展中国家施压，如果不是主办方在会议议程安排上给岛国集团更大的活动空间，也就不会有那么多夸张的表演。

所以在这场哥本哈根大会上，欧盟除了和美国结成"同盟"外，主要能干的就是两手：一手是特意安插大批 NGO 上台，给 NGO 留座位。另一手是让小岛国悲情牌成为自己的工具，操纵小岛国，形成泰山压顶的道德攻势。

美国还是死猪不怕开水烫，一直奉行其单边主义政策，只要是侵害到美国利益的，都用不着跟他商量，欧盟再怎么骂，都安如泰山。

美国无论是由戈尔象征性地签署《京都议定书》还是后来退出《京都议定书》，都坚持两个原则：只要对美国利益造成伤害的，那就别来，美国通过《伯德·哈格尔决议》构筑了一道坚固的防火墙；另外是把中国拖下水，仅发达国家单独承担减排责任，同样免谈。

任何国际性的组织，没有美国参加不行，而美国也不可能放弃任何施展国际影响的机会，所以美国一直与气候谈判若即若离，但并没有完全抛弃气候谈判，每次都会派代表参加，每次都要发言，绝不能让欧盟及世界其他国家一起将美国孤立起来。

各种迹象表明，美国是令欧盟十分头痛和难缠的对手，是欧盟实现其宏伟蓝图的一道难以逾越的屏障。

那么欧盟有逼发展中国家就范的可能吗？

前面已经说到，欧盟在明知美国可能激烈反对的情况下，只有争取发展中国家的支持。它是出于两个方面的考虑，一方面发展中国家的碳排放量在20世纪90年代初并不显眼，在欧盟眼里可以忽略不计。二是为了拉拢发展中国家，争取舆论支持，也走农村包围城市的路线，等用小恩小惠把众多发展中国家搞定了，再来搞定美国这个庞然大物，最后让全世界所有国家都走上欧盟所主导的碳减排的轨道上来。

只是欧盟未考虑到中国等发展中国家经济发展速度如此之快，中国居然在2009年成为世界第一碳排放大国，中国这条大鱼居然在欧盟眼皮子底下躲过了欧盟举起的屠刀。

按欧盟原来的计划，中国等发展中国家是要在2012年后才放到砧板下剁的，但中国这条大鱼实在让欧盟看得眼馋，现在这样养着，还要花费多少饲料呢，从CDM来看，就让中国钻了空子，白白花了很多银子。

而让欧盟感觉到恐怖的是，中国这条鱼看起来似乎不再像19世纪末那样软弱，可以派几万人就让大清王朝签订城下之盟，而是有翅膀越来越硬的味道，再不下手，可能以后越发难以收拾。

对欧盟来说，时不我待。

欧盟可以因为中国在 CDM 中受益太多而停止对中国项目的审批，对中国的风力发电釜底抽薪，使这成为欧盟的一张牌。

在哥本哈根大会上，欧洲同样因为曾经轻视中国等发展中国家的发展速度，而对发展中国家网开一面而后悔，欲除《京都议定书》及"巴厘岛路线图"所规定的"共同但有区别责任"等原则而后快，欲抛弃双轨制，而搞单轨制，想让发展中国家尽快承担责任，自己不必要再出血了。

所以我们才看到作为哥本哈根的主席国，不顾大会的正式程序，欲把"丹麦提案"塞给大会讨论，在看到丹麦前能源大臣康妮·赫泽高显露出对发展中国家的同情，便马上撤换，由丹麦首相亲自操刀上阵。

而在大会的最后紧要关头，丹麦又故伎重演，又抛出"丹麦提案"，结果被中国强烈驳回。

欧盟在哥本哈根大会上大搞分化瓦解，萨科奇、默克尔等出面，对中小国家随意承诺，希望打破发展中国家形成的同盟，使天平朝着欧盟逆转。

欧盟的终极目标是为了重新夺回世界的领导权，他必须让他精心编织的计划在"环保"、"拯救人类"的幌子下继续实施，哥本哈根对欧盟来说时间已经很紧迫了。

欧盟为了自身的利益，不惜出尔反尔，好像从来没有顾及其他发展中国家的感受。

得道多助，失道寡助。

欧盟在哥本哈根的表演，让广大发展中国家看到了欧洲的无耻与虚伪，而发展中国家的团结一心，特别是 77 国集团与中国坚决站在同一战线上，同时中国、印度、巴西、南非形成的"基础四国"针锋相对地提出了"四国提案"，它照顾到了广大发展中国家的利益，受到广大发展中国家的一致拥护。

中国、印度、巴西、南非等为代表的发展中国家也构成不可逾越的一座大山，它使欧盟的梦想再次严重受阻。

五、欧美合流，绿色生态帝国主义的形成

哥本哈根对欧盟来说，绝对是一次滑铁卢，欧盟精心编织的一个陷阱，最后却让自己陷进了道德的泥潭。

欧盟已经设计好了一个完美的碳减排的庞大体系，包括各种碳金融等工具，可谓万事俱备，只欠东风。

但缺乏美国支持及广大发展中国家支持的减排事业还能如以往伟大光辉吗？它极有可能成为欧盟一台的独角戏。

对欧盟来说，必须有更多方的认可和参与才可能让这个游戏玩起来，如果仅在欧盟内部进行碳交易，无非是左手倒右手，钱在自己家里流动，而不是赚别人的钱，而 CDM 的实施有为其他发展中国家做嫁衣的味道，只有出，没有进，搞成冤大头了。

但从目前的进度来看，与欧盟设想的差距那不是一般的大，减排目标在哥本哈根都没有定下来，更不用说是否有法律的强制力，更重要的是中国等排放大户并没有被纳入体系内，碳排放的测量与监督等根本没有进入议事日程。

这出戏绝对唱砸了，可怜那些小岛国家的眼泪，本想用来为自己伟大的碳减排事业增加筹码，用来给美国及中国等施加压力，但泪还是白流了。随着哥本哈根的曲终人散，人们该干吗还干吗，只可能在脑海中留下些许有关北极熊同类相残的影子。

从英国、德国及法国在哥本哈根的反应就能深刻地说明这一点，他们表示了极度的失望，寄托着欧盟重新崛起梦想的哥本哈根就这样被击碎。

似乎欧盟正在走向失败，如果有一天地球变暖的谎言被气象数据所打破，欧盟的一切表演，只不过是欧洲人的一种不切实际的想法而会引来人们一阵讪笑。任何一个小国都有自己的梦想，更何况一个拥有 20 多个国家，总面积432 万平方公里，人口近 5 亿的一个区域性的组织呢。

更何况欧盟继承了古希腊与古罗马的光荣与伟大，继承了人类文明最辉煌一页。

但天无绝人之路，欧盟似乎正在迎来一场转机。

这主要是美国态度的转变，这对欧盟来说是至关重要的，如果美国态度发生较大的转变，它绝对不是欧盟眼中的一根救命稻草，而可能彻底翻盘，而广大发展中国家将面对非常严峻的考验。

按人们传统的理解，美国右翼的军工联合体是美国共和党的后台，所以在小布什执政时期，美国对气候变化根本不放在心上，如果开展新能源战略，可能会损害美国的石油集团的利益。

而现在已经是民主党执政，美国右翼的军工联合体的影响力必然有所削弱，而民主党背后的力量显然对环保问题更为关心，这将导致美国在环保立场上发生根本的转向。

美国参议员外事委员会主席克里在2009年6月的国会演说中，甚至把气候问题与反恐问题一并提升到国家安全的战略高度。

民主党和共和党在环保问题上的立场有着较大的差别。前民主党的卡特总统为推动环保甚至将太阳能设施安装到白宫屋顶。不过，正如共和党的里根总统拆除了卡特安装在白宫屋顶的太阳能设施一样，布什总统也宣布退出《京都议定书》。

仅从党派的利益上似乎还不能完全说明美国国家政策的转向，他会有一定的主观随意性。美国的国家策略必须是与美国国家利益挂钩的，民主党纵然有再多的环保理想，在参众两院面前，他们不可能为了理想去触动美国的根本利益。

正如虽然美国副总统戈尔已经签署了《京都议定书》，但克林顿根本没有想要把《京都议定书》拿到国会去讨论。

而真正促进美国态度转变的则是次贷危机，在严峻的经济形势面前，"碳减排"等议题在维护美国利益，维护美国霸权方面的作用正在体现出来。

本书第一章就讲到了美国众议院批了《美国清洁能源安全法案》将"碳关税"作为一个可选项，这表明美国也在"碳减排"等方面希望有所作为。

人们可能会质疑，一个连《京都议定书》都没有签署的国家有什么资格征收碳关税呢？

但这就是美国，为了自己的利益，不会被任何道德所束缚，自己掌自己嘴巴也在所不惜。

美国不接受《京都议定书》，最核心的原因是不愿意落入欧盟的圈套。这自然是出于国家利益的考虑，但我们也可以从另外一个层面来看，美国不能接受的是欧盟所主导的"碳减排"，如果由美国来主导就另当别论了。

以美国的实力，它是有能力自己单独搞一套"碳排放"机制来的，甩开欧盟自己做盟主，唯其这样才能为美国争取更大的利益。

如果美国以 G8 为基础，邀请包括中国、印度、巴西等碳排放量比较多的发展中国家，在联合国的框架下另起炉灶讨论碳排放的问题，绝对没有不可能。

所以，我们才有机会看到了哥本哈根大会上美国的政客们尽情卖力的表演。

哥本哈根气候变化大会前，外界纷纷猜测美国总统会为了领取诺贝尔和平奖而错过哥本哈根，美国总统自小布什起，就很少派高级别的代表参加。

但出人意料的是，美国总统奥巴马高调出席本次哥本哈根大会，并带上一个强大的谈判团队，酝酿着如何按着自己的节奏对碳减排进行调节。

在哥本哈根大会最后关头，当欧盟与发展中国家基本上快谈崩的时候，奥巴马通过美国的影响力，进行积极的协调，可谓力挽狂澜，推动哥本哈根最后达成一个框架性的协议，而不至于大家把桌子掀翻了，各干各的，让碳减排计划落空。

或者可以说美国在紧要关头充当了一回和事老的角色，这也足见美国在国际事务中的分量。

美国人如果没有充分的准备，如果不是有较大的决心，很可能使这次哥本哈根大会变成一场无休止的争吵。

美国对欧盟有较大的牵制力，美国对印度、巴西两国的影响也比较深远，因此，美国仍像黏合剂，暂时把各方的分歧给搁置下来，在大家认可的范围内先草拟一个协议，等待来年继续谈。

如果美国没有明确的目的，奥巴马政府何必费这么大的劲呢？

美国重返气候变化谈判显然是有备而来，需要表现出一些诚意。

当胡汉三喊"我又回来了"的时候，他背后有国民党的军事存在，八路军已经不能给老百姓撑腰了。而现在美国回来的时候，也带了一个千亿美元的资金计划。

美国国务卿希拉里刚到哥本哈根就宣布，美国将和其他国家一起到2020年为发展中国家应对气候变化每年提供1000亿美元，以帮助穷国抗击全球变暖。

这显然是美国在为奥巴马总统抵达哥本哈根铺路。

这个计划果然迅速吸引了大家的眼球，认为是美国向气候谈判伸出了橄榄枝，美国正以一种积极的姿态准备为气候谈判做贡献了。

但这仅是画的一个饼，美国的钱不是白给的，美国在提供资金上设定了很多条件，即在所有主要经济体采取有意义的减排行动并保证执行透明的前提下。

当现场有记者追问美国究竟每年能向这1000亿美元资金贡献多少钱时，希拉里也并未给出具体数字，在不到关键时候，美国人不可能轻易露出自己的底牌。

狡猾的美国人一手递给发展中国家糖果的时候，一手还提着大棒，这似乎符合美国人一贯的作风。

77国集团及中国、巴西、南非、印度组成的"基础四国"，对美国口惠而实不至的做法纷纷表示了质疑，美国只是故作高姿态罢了。

因此，当美国雄心勃勃准备利用自己的影响力进行外交斡旋时，好像并没有如美国意。这也出现了温家宝总理两次拒绝会见奥巴马总统，只派了较低级别的谈判代表参加由奥巴马发起的内部磋商。

美国的强势作风并没有让中国屈服，这无疑给美国一个下马威。

最后，奥巴马总统不得不硬闯由中国、印度、巴西、南非四国进行谈判的主会场，最后双方达成共识。也有了最后的《哥本哈根协议》，这基本上是中国、印度、巴西、南非四国与美国妥协的产物，这时又把欧盟晾在了一边。

哥本哈根大会中最失意的无疑是欧盟，而比较失意则属于美国。这给意气风发，重返联合国气候谈判的美国当头一棒，心里拔凉拔凉的。

欧盟把自己精心策划的一出戏给演砸了，可能会促使欧盟对自身实力进行反省，想靠"碳减排"揩世界首强美国油的想法估计要打消一阵子，这个世界最后还是要凭实力说话的。

两个失意的人面对的是一个团结而强大的发展中国家群体，中国等国家已经开始改变世界的政治格局，通过哥本哈根大会，这已经由传说变成为真实的故事。

从文化、地缘、经济、政治等方面来说，欧美仍是天然一体的。

哥本哈根大会可能导致一个发展中国家不希望看到的结局，那就是欧盟重新做回自己，暂时放弃自身的利益，把牙咬碎了吞到肚子里再说，还是跟着美国这个带头大哥混吧。

美国想挟其政治、经济、军事影响力啃下中国等发展中国家这根骨头，结果却少了一颗门牙，这可能促使他反省自己的气候谈判策略，还是欧盟这个兄弟靠得住。

发展中国家在未来可能将面临一道高不可攀的生态帝国主义树立的屏障。

当欧美按各自的思路推动所谓的"碳减排"都遇到挫折时，欧美的合谋是维护自身利益的现实需要，他们代表的是发达国家阵营，他们需要带头维持现有的世界格局。

哥本哈根大会可能是一个催化剂，使他们再次看清了以中国为首的发展中国家正在形成一股强大的势力，对欧美共管的世界秩序提出有力的挑战。

而在哥本哈根大会之前，欧美已经找到利益的结合点，那就是推翻以前气候谈判大会取得的成果，避免发达国家承担更多的责任，要把发展中国家架在火上烤。

欧美各国都心知肚明，目前地球上有限的资源是不足以让每个人都过上美国人那种汽车、洋房、汉堡包的生活的，当发展中国家张开血盆大口希望瓜分资源时，欧美各国都感受到了严峻的压力。

石油在 2007 年冲破了 147 美元时，虽然有欧美对冲基金投机因素的推动，但更主要的是人们对石油按目前速度可能枯竭产生的担忧。

不断高涨的资源价格对欧美国家也是一种巨大的伤害，这将增加国内企业的生产成本，加大通货膨胀的预期，造成经济的动荡，而收益最多的只是一少部分资源储藏丰富的国家。

必须让发展中国家的工业化脚步停滞下来，而这个重要的手段就是二氧化碳的减排，给你划定一个框框，石油、煤炭等高碳的东西都不能用了，看你还怎么蹦跶。

而美国的纽约金融业在次贷危机中损失惨重，其公信力受到强有力的质疑，如果能为美国华尔街嫁接上碳金融，将使美国衍生品市场迎来第二春。

碳减排、碳关税及碳金融等组合起来是如此美妙，基本上可以一揽子解决欧美所面临的所有问题，这对欧美绝对是一个巨大的诱惑。

六、两大阵营的生死对决

哥本哈根大会可以说是一次总摊牌，发达国家内部，主要是欧盟与美国的利益冲突相对变小，其内部的沟通和协调机制可以起到弥合双方分歧的作用，而发展中国家与发达国家之间的矛盾与分歧公开化和扩大化。

仅通过一次哥本哈根大会是难以分出胜负的，发达国家与发展中国家之间的斗争将是长期而艰巨的，未来的走向很难说清楚。

这是一场谁都输不起的战争。

在哥本哈根大会上，发展中国家与发达国家斗争的焦点之一是"共同但有区别责任"，发展中国家极力维护，而发达国家却想尽力废除。

在发展中国家看来，它可以为自己构建一道防火墙，在减排中赢得时间，争取主动；对发达国家来说，它是一套枷锁，完全束缚住自己的手脚。

"共同但有区别责任"从目前的实施情况来看，发达国家只有单纯的区别责任，而发展中国家无实质的共同责任。

可能我们很多人会感觉奇怪，为什么发达国家会给自己整个这样的绳索，发达国家能不能解套呢？说到这里，则需要对"共同但有区别责任"的背景说一下。

前面已说过，欧盟捣鼓气候议题始于20世纪80年代末，为了挖美国墙角，只有依靠第三世界，一定要在人数上占优势，把场子扯起来。所以欧盟弄个"共同但有区别责任"来吸引第三世界国家，如果没有发展中国家给他帮衬，欧盟这个独角戏唱得也没有意思。

当然我们也可以从历史数据中为这个原则找到理由，自工业化以来，《公约》附件一国家占全球大气中二氧化碳浓度的78%，而非附件一国家只占22%，而排放温室气体所引发的温室效应，前者却差不多是后者的8倍（贡献率分别是89%和11%）。

所以，欧盟铁肩担道义，我先减排，也算对以前不负责任的行为赎罪。

在谈到这个原则时，很多人可能会认为欧盟秉承了公平正义的原则，率先承担了国际责任，起到了很好的表率作用，而其实那是为欧盟脸上贴金，欧盟根本没有料到中国发展这么猛，当时根本不可能把中国放在眼里。

当欧盟发现发展中国家排的二氧化碳越来越多，其中中国排放量已经超过美国成为世界第一时，便感觉到问题的严重性了。

所以，现在发达国家一直辩解区别责任只是道德原则或国际政策，而非法律原则。

这就可能让人感觉奇怪了，当初大清帝国签订的很多不平等条约中国人都遵守了，为什么白纸黑字，欧洲人就开始死活不认账了呢？

对区别责任最先发表看法的是美国，凭什么你欧盟只为争取发展中国家而签署的条约我也必须承认，让俺们发达国家起表率作用也可以，但不能把所有的责任和义务都承担下来，而发展中国家就可以用这个来推脱。

美国的聪明就在于他知道，一旦签字画押，那可脱不了爪爪，会留一个小辫子，哪天发展中国家不高兴了，就会抓一下，搞得难受。

美国也因为这条而退出了《京都议定书》，退出的理由也冠冕堂皇，只要没有这一条，我们就可以再谈，这也算给自己留了一条后路。

对于当初签下这个条件的欧盟就算肠子悔青了也没有办法，但欧盟不可能就此善罢甘休，必须将这一条从谈判中抹去。

所以我们才有幸看到在哥本哈根大会上的各种表演，死皮赖脸要重起炉灶，以前说的话不算了，一定要改过来，发展中国家每年排放的碳都这么多了，只靠我们发达国家减排，那不起作用啊，地球受不了啊。

中国等发展中国家对欧洲及美国的反击，始终是牢牢抓住这条底线的，怎么可能不算数呢，要让发展中国家减排，坚决不行。欧洲与发展中国家的提案可谓针尖对麦芒，都不可能做出让步。

"共同但有区别责任"虽然为发展中国家构建了一道防火墙，但也不能做到百战百胜，随着时间的流逝，发展中国家的退路越来越小。

这也缘于发展中国家曾在巴厘岛气候大会上做出了较大的让步。

由于美国一直拒绝签署《京都议定书》，在历次气候大会上美国大多以搅局者的角色出现，美国在巴厘岛发出了强烈的声明，美国有全面退出气候谈判的可能，这确实给与会各国一个下马威，如果没有美国参加的国际性大会实在难以服众。

欧盟开始强烈挽留，作为交易，"巴厘岛路线图"为发展中国家规定了实质的义务，2012年后发展中国家就必须开始减排了，所以"共同但有区别责任"是有保质期的。

美国凭借自己强大的国际影响力，搭乘了气候变化的列车，而发展中国家却不得不为美国买票。

中国等发展中国家有那么傻么？明显是自废武功，自断后路。

实际上，中国、印度等国家是强烈反对的，而当时"巴厘岛路线图"能通过，主要是改变了表决规则。

按正常的程序，在协调一致的情况下通过的文本才是合法的，但"巴厘岛路线图"却是以出席并参加表决的2/3多数的方式通过的，或者说是强行通过的，所以才有中国代表在巴厘岛抗议，大会主席含泪道歉的一幕。

"巴厘岛路线图"的合法性也一直受到怀疑，但这也成为一个事实，如果过多地纠缠于其合法性，也难以争取多少主动。

对于中国来说，实质是部分地放弃了"共同但有区别责任"原则。

由于美国实在太牛，如果严格按照"共同但有区别责任"的原则，气候谈判根本不可能开展起来，他将受到发达国家强烈的抵制，而当减排被忽悠成人类的崇高事业的情况下，中国等发展中国家已经成为碳排放的大户，再说自己的无辜，就有些欺骗善良的世界人民了。

因此，中国一直强调"两轨"，"双轨制"和"单轨制"同时并行，一起提方案，然后大家一起来讨论。

所谓的"单轨制"即是强调发达国家的责任和义务，发展中国家啥事没有。而"双轨制"则是所有国家分别根据《公约》和《京都议定书》承担相应的责任。

在《京都议定书》正式生效后的2007年的蒙特利尔气候变化大会上，大会决定成立"《京都议定书》之《公约》附件一缔约方进一步承诺特设工作组"（AWG—KP），专门给发达国家制定指标，即所谓的"单轨"。

而在"巴厘岛路线图"通过后，成立了"《公约》之下长期合作行动问题特设工作组"（AWG—LCA），即所谓的"双轨"，这也要求发展中国家承担相应的义务。

按气候谈判大会的组织程序，任何讨论都必须是在这两个特设工作组提案的基础上进行讨论，所以说"丹麦提案"的提出是违反大会组织程序的，是欧洲几个发达国家闭门造车弄出来的东西。

欧盟为了达到自己的目的而不择手段地抛出所谓的"丹麦提案"，完全不合法，受到所有发展中国家的强烈抗议。

可以想象的是，由于众口难调，两个工作组根本不可能取得实质性的进展，各大国都在相互探底，考虑应对之策。

随着时间的推移，对发展中国家来说，将可能越来越不利。

如果欧盟和美国实现合流，将给发展中国家施加更大的压力，所以，除了"共同但有区别"原则外，发展中国家还将寻找其他反击的手段。

发展中国家也面临着一场生死之战，这场战争最终只有一个赢家。

如果广大发展中国家在碳减排的谈判上被分化和瓦解，今后的发展将受到严重的制约，石油和煤炭等资源将不能大规模地开采，只有购买欧盟的新能源技术，其结果是相当可怕的。

七、发展中国家能否构建坚固防线？

由于中国、印度等发展中国家二氧化碳排放量越来越大，中国主动实施减排，"共同但有区别责任"这一原则正在被侵蚀，不可能成为发展中国家的金钟罩铁布衫，那以中国、印度等为主体的发展中国家能否再构筑坚固的防线呢？

谈判将是异常漫长的，利益冲突将更加激烈，很多困难都摆在发展中国家面前。这时"资金及技术履约程度"、"转移排放"、"人均排放强度"、"国家主权"等仍可以作为发展中国家与发达国家进行斗争的利器。

首先，我们来看资金和技术的履约程度这一道防火墙。

现行所有气候谈判公约都规定发达国家履行资金和技术义务的程度决定发展中国家采取缓解和适应行动的程度。这基本上是一手交钱，一手交货的买卖，发达国家给钱在前，发展中国家减排在后。

哥本哈根大会上，欧盟、美国等勉强答应每年给 100 亿美元，总额为 300 亿美元。最后在资金支付上，又延续了美欧请客日本付账的模式，欧盟出资 106 亿美元，日本出资 110 亿美元，美国仅出 36 亿美元。

在经济危机的关头，拿 300 亿美元都是东拼西凑。假设在 2012 年后，要让欧美每年拿出 1000 亿美元来，那肯定是割肉，欧美嘴上的功夫练得老到，真要实打实给钱，绝对没门。

以往欧盟美国等经常向发展中国家开空头支票，而不用背负失信的风险，毕竟世界舆论都操控在发达国家手中，可以把黑的说成白的，方的说成圆的。

有中国等发展中国家的监督，欧美想再玩抵赖这招，估计将不能全部管用，欧美如果再不出血，那将使它的发言软弱无力，包括环保主义者在内的多少双眼睛在盯着呢。

如果发展中国家强烈坚持，凡事也有可能，经过中国等发展中国家的不懈努力，目前在气候变化资金使用透明度上，还算取得一些成绩。

如果温室气体减排成为一个固定的机制，将有一大笔钱，发达国家提供资金，最后分配给发展中国家。如果在资金分配上不透明，不接受主要发展中国家的监督，很容易成为欧美国家用来分化打压发展中国家的工具。

发达国家的意思是将这笔规模庞大的钱交给已经成立的全球环境基金（GEF），但发展中国家倾向于成立一个专门的基金，发展中国家则认为 GEF 的决策程序缺乏透明性，项目资助程序复杂缓慢。

最后斗争的结果则是，发达国家同意对 GEF 进行改组，发展中国家在 GEF 理事会中获得了与发达国家相同的表决权。在 GEF 之外，还成立了气候变化特别基金（SCCF）、最不发达国家基金（LDCF）和适应基金（AF），形成四只基金共同决定气候变化资金分配的问题。

这也说明只要发展中国家始终坚持，仍可能争取自己的最大利益。

第二道防火墙则属于转移排放。

由于世界范围内的三次产业转移，发展中国家主要生产和出口低附加值的高碳产品，而进口发达国家的高附加值低碳产品。

这里就有一个碳排放转移的问题，发展中国家消耗的碳并不全是为自己的需要，而义务地多帮发达国家排放了。

这本账可能难以算清楚，但如果想靠这个来征收发展中国家的"碳关税"，其扼制发展中国家发展的野心便体现出来了，这也将长期成为讨论的焦点。

第三道防火墙则是单位排放和排放强度，即将碳排放总量与人均或 GDP 等指标挂钩。

人权、普世价值是欧美叫嚣得最为厉害的，人人平等是他们所追求的基本准则。但在碳排放权上，理应遵循人人平等的原则，但欧美能做到这一点吗？

在哥本哈根大会上，"丹麦提案"也规定，到 2050 年发达国家可人均累积排放 2.67 吨温室气体，而发展中国家人均只可累积排放 1.44 吨，所谓的人人平等在碳排放上则完全不平等了。

在人类现有技术条件下，排放多少与经济发展程度和人民生活水平密切相关，因此排放权也如生存权和发展权一样，是一项重要的基本人权，理应得到全世界的认可和尊重。目前，发达国家人均排放量远大于发展中国家，广大发展中国家在节能减排议题上要求和发达国家区别承担责任，就是在捍卫发展经济的权利、捍卫人权，完全合情合理。

2006 年全球总排放量：	2843174 万吨
人均排放量：	4.18 吨
澳大利亚人	18.74 吨
美国人	18.67 吨
加拿大	16.08 吨
俄罗斯人	11.03 吨
日本人	10.14 吨
德国人	9.82 吨
韩国人	9.59 吨
英国人	9.26 吨
意大利人	7.50 吨
中国人	4.57 吨
印度人	1.29 吨

以世界上最大的发达国家美国和世界上最大的发展中国家中国为例，根据世界银行的数据，2006 年美国人均二氧化碳排放量为 18.678 吨，而中国人均排放量只有 4.57 吨，还不及美国的 1/4。在这种情况下，要求中国等发展中国家像美国等发达国家一样明确减排总量，就是要把发展中国家人均排放水平远低于发达国家的现实固化下来，使发达的永远发达，发展的别想发展，人为造成人与人之间的不平等，这显然是不公平的。

从总量上控制二氧化碳排放，就会将现有经济格局固定下来，发达国家将一直是发达国家，而发展中国家将永远难以翻身。如果从人均 GDP 角度来看，发展中国家仍有较大的空间。

从短期来看，发展中国家和发达国家在二氧化碳排放上仍有较大的差距，但随着发展中国家经济的发展，人均排放量将大幅上升，而欧美国家是大幅下降的，如果将发展中国家与发达国家进行捆绑，从长远来看，仍是不利的。

欧洲因为有技术的优势，碳排放上可以越来越低，而发展中国家则缺乏技术，实行同样的标准，可能束缚住发展中国家的手脚，在技术上受制于人。

现阶段，人均排放量对于揭露欧美虚伪本质仍有积极的作用，但不宜将重点放在这上面。

第四道防火墙则是国家主权的坚持。

温总理在哥本哈根表示，中国政府确定减缓温室气体排放的目标是中国根据国情采取的自主行动，不容别国干涉。

欧美发达国家在二氧化碳减排上提出了"三可原则"（可测量、可报告、可核查），如果严格实施，这可能又形成世界范围内的大争吵。

巴西总统卢拉在哥本哈根大会发言中曾提到，"三可"不能威胁国家主权，每个国家都有权进行自我监督。"透明度是应该的，但也要小心，因为我们过去的经验是，这会带来干涉。国际货币基金组织、世界银行都是这种经验的例子。"

吃一堑，长一智，在领教了发达国家的横加干涉后，发展中国家不太可能有所松动。而南非总统祖马强调，只有在接受资金、技术与能力建设的支持下进行的减排，才能接受"三可"，发达国家还没有表示就给自己设定一个罗网，这生意谁都不可能做。

主权原则、不干涉内政原则正受到全球化以及单边主义、先发制人策略的侵蚀。在全球化条件下，国际社会正在形成一些超越国界的共识。

在欧洲，欧盟成员国之间取消了国界，人员、物资自由流动。主权概念不断受到责难，穷国、小国的内部事务不可避免地被干预。而单边主义、先发制人的策略不仅违反了和平共处五项原则的不干涉主义，还超越了国际法的基本原则。

这也涉及一个重要的原则，国际法是否高于主权，打着人权的幌子干涉别国内政的事，欧美并没有少做。

一如以色列建国，这等于是强加在巴勒斯坦地区人民头上的，就像一个人在一个地方已经住了好几十年，突然有一个人跑过来说，他的祖先曾经在这里住过，而要把现在的住户赶走，这样还有道理吗？

其二是美国借口大规模杀伤性武器，抛开联合国直接攻击伊拉克，借口反恐而进军阿富汗。国家主权遭到践踏的例子在国际上仍然很多，强权政治下，借口干涉别国内政。

在哥本哈根，奥巴马也宣称，评估监督主要经济体减排行动的机制，"不必是侵犯性的，或者干涉一个国家主权。"这也显示出欧美并不愿意碰国家主权这个话题。

但在接受还是拒绝国际社会对排放"透明度"要求的选择、是否接受全球气候政治呼之欲出的世界政府对民族国家主权的削弱，将是未来一年内、墨西哥会议之前中国政府与社会面临的最为严峻的挑战。

碳减排涉及太多的利益，它不仅仅是发达国家与发展中国家的生死之战，而在发展中国家内部及发达国家内部也有很多利益的纠缠。在较长时间内都不可能取得实质性的进展。

发展中国家只要坚守住自己的底线，跳出发达国家设定的线路，你说你的，我做我的，这样才能甩开欧美给发展中国家设下的圈套，才可能保持独立自主的发展道路。

要想摆脱欧美在二氧化碳减排上的纠缠，最根本的还是要跳出全球变暖的固有思维，揭露全球气候变暖这一惊世骗局，用科学的数据、模型来说明地球温度变化的趋势。

掌握国际社会的话语权这一道路仍然漫长，但这条路仍必须坚定地走下去。只有掌握国际社会的话语权，才可能使发展中国家的利益得以伸张。欧盟版的碳减排，即以碳议题来作为政治势压其他国家的现象，才可能真正化解。

八、人类社会面临的挑战

随着工业化进程的不断推进，人类似乎进入一个怪圈，任何河流都在经历着先污染后治理的老路。

莱茵河发源于瑞士境内的阿尔卑斯山，流经法国、德国等9个国家，最后由荷兰汇入北海。莱茵河两岸生活的人口约5000万，其中2000万人的饮用水取自莱茵河。在德国，莱茵河不仅是饮用水源，还作为航运、发电、灌溉和工业用水，被誉为欧洲的母亲河。

自20世纪五六十年代起莱茵河的水质遭受污染。莱茵河下游恰好从鲁尔区中心通过，鲁尔曾经是西德钢铁、煤炭、机械、军事等重要工业最集中的地区，工厂林立、城市拥塞，大量工业废水、污物倾入河内。莱茵河上的货运量很大，早在20世纪中期河上行驶的轮船即达16000艘。船舶引擎的废油，加剧了污染。

到了20世纪80年代中，美丽的莱茵河竟变成了"欧洲最大的下水道"。部分河道鱼虾绝迹，一片死水。

因为莱茵河的污染，欧洲人为此付出了沉重的代价，经过漫长的讨价还价及沿河各国协同作战，沿河各国耗费了近千亿欧元，终于使莱茵河生态功能得到恢复，水体微生物种群上升到正常水平。

同样的事也发生在英国的母亲河泰晤士河身上，被英国政治家约翰·伯恩斯喻为"一部流动历史"的泰晤士河在19世纪中期，就已经"臭名昭著"。

1878年，一艘名为"爱丽丝公子"号的游轮在泰晤士河上不幸沉没，结果造成640人死亡，按理说并不宽阔的泰晤士河不足以造成这样大的惨剧，事后调查结果显示，大部分遇难者并不是死于溺水，而是死于有毒的河水。

而早在1858年，当时英国国王维多丽亚夫妇准备到泰晤士河上浪漫一番，他们却只坚持了几分钟，便被河中散发的惊人恶臭给熏走了。

美丽的泰晤士河在大量污染物堆积下变成一条死河，肮脏的河水还成为沿岸疾病流行的祸首。1849年到1854年，濒河地区约25000人死于霍乱。

从20世纪60年代开始，英国人深深地意识到保护英国母亲河的重要性，经过20多年艰苦的整治，如今泰晤士河已经由一条臭河、死河变成世界上最洁净的城市水道之一，已有115种鱼和350种无脊椎动物重返这里进行繁衍，泰晤士河又重新焕发了生机。

印度的恒河、中国的众多河流同样都面临着严重的污染。

在煤炭、石油仍占据人类能源主要途径的情况下，我们最大的任务仍是减少煤炭、石油带给环境的污染。

煤炭的燃烧、石油化工都可能产生废气、废渣，酸雨、煤炭开采后形成的塌陷区等，都对人类的生存构成了严重的威胁。

发达国家在城市污染治理方面积累了宝贵的经验，有雄厚的技术积累。治理河流的污染，海洋的污染，是人类更为现实和急迫的，他们现在却在忽悠碳减排，只为自己的私利，不讲任何的国际道义。

发展中国家环境非常脆弱，为了发展经济只能以牺牲环境为代价。当一个地区守着一座丰饶的矿山，如果严格按照环保的要求，可能这座矿产就没有任何开采价值了，而为了使该地区摆脱贫困，解决最基本的温饱问题，我们用道德去要求他们，显然有些勉为其难。

也不是发展中国家没有环保意识，而是环保将有更多的投入，如欧洲莱茵河的治理花了上千亿欧元，发展中国家资金及技术都较为缺乏，面临更大的困难。

除了污染之外，人类最大的敌人仍是贫困，世界的赤贫人口主要集中在发展中国家，他们甚至一日三餐都难以保证。

发展中国家最主要的仍是发展经济，解决温饱问题，如果这个时候将碳减排作为重点，将扼杀他们难得的发展机会。

哥本哈根大会欧盟信誓旦旦要进行强制性的减排，这好像是欧美发达国家要画一根线，20 年或 30 年内不能完成全面工业化的，还是早点洗洗睡了吧，这也就是地球上工业化的末班车了。

美国为什么富得流油，而很多穷国在温饱线上苦苦挣扎呢？是贫困地区或国家的人们不够勤劳吗？如果有这样的疑问可能会被唾沫星子给淹没了。

人类的经济活动，表面上看是货币的流动，如果去掉货币这件外衣，我们就会发现经济最本质的特征是商品的生产与交换，单位时间生产出更多的产品，人们才可能享受到更富足的物质生活，才有机会和时间进行文化、教育等活动。

如果生产一台电视机要一个工人工作两年时间，那么这个工人只有两年时间不吃不喝才能购买到一台电视机，在正常条件下，他可能要积攒较久的时间才能拥有一台电视机，这对于 20 世纪 80 年代的中国人而言是较为深刻的。

假设一年一个工人可以生产四台电视机，则他除了消费掉一台电视机之外，还可以用生产另外的三台电视机交换到他所需要的产品。

而提高生产效率最核心的一条则是工业化，建更多的工厂，只有工厂才可能提高人们的劳动生产率。农民起早贪黑，一年辛苦下来，也仅有一两千斤粮食，仅能解决温饱问题，如果借助机器，大量的工业品将从流水线下来，这样才可能使发展中国家摆脱贫困。

欧美已经武装到牙齿，进入后工业化时代，连粗活累活都不想干了，而碳减排却是要让广大发展中国家连粗活也不干了。

大量的工厂建立、人口聚集，便是城市化的进程，也是广大发展中国脱离贫困必须经历的道路。

而这里面对能源的消耗也应运而生，电力、石油、煤炭、通讯等将逐渐成为经济的支柱。

人类更重要的是工业化，更有效率地利用能源，一吨煤可以生产更多的电力，可以制造更多的煤化工产品，带来更少的污染。

九、不确定的未来

哥本哈根大会已经谢幕，但围绕碳的战争正在全面展开。

在哥本哈根大会碰了一鼻子灰的欧盟是非常郁闷的，随即欧盟明显发出对不接受碳减排的国家征收"碳关税"的信号。我们可以将这理解为欧盟欲用"碳关税"作为条件，把中国、印度等发展中国家拉回谈判桌，但这也不排除欧美在谈崩的情况下，贸然实施"碳关税"的可能。

2010 年 1 月 1 日，法国的"宪法法院"拒绝了法国政府的二氧化碳税提案。拒绝的原因是因为这项法案违反了"纳税平等"的原则。这项对每吨二氧化碳征收 24 美元的税法案，对 93% 的法国工业产出都不适用，该法案最终缴税的主要是零售业还有开车的家庭。

这个法案是法国的国内税，目前只适用于法国内，但它可以逐步过渡到欧盟的普遍税，过渡到对外来产品的"碳关税"。

法国在欧盟先行一步，充分体现了法国想通过"碳关税"扳回一局。虽然此次萨科奇的法案被宪法法院驳回，但它却像打开了潘多拉的魔盒。

在金融危机的背景下，发达国家很可能设置关税或非关税壁垒，将发展中国家的温室气体排放强度同国际贸易关联。

城门失火，殃及池鱼。

欧盟的小算盘是"不合理"的，对欧盟利益造成巨大伤害的气候谈判体制进行重新修正也将提上议事日程，彻底改革 CDM 机制，将一部分发展中国家也纳入到减排义务中成为 CDM 买家，让更多的国家为二氧化碳买单，甚至让新近有了减排任务的美国加入 CDM 机制，壮大买家队伍。

在欧盟受挫的情况下，中国风电 CDM 申请受阻将是长期性的，免费的午餐将不再有了。

2010 年 1 月 1 日，中国—东盟自由贸易区正式启动，由中国和东盟 10 国共同组成，共拥有 19 亿消费者、近 6 万亿美元国内生产总值和 4.5 万亿美元贸易总额。这是世界上人口最多的自由贸易区，是继欧洲贸易区、北美自由贸易区之后的全球第三大自由贸易区。

中国—东盟自由贸易区最大的亮点还在于它全是由发展中国家组成的最大自由贸易区，它为发展中国家之间的贸易发展找到了一条可能的路径。

自由贸易区机制是在 WTO 承诺的基础上，相互逐步取消绝大多数产品的关税和非关税措施，开放货物贸易、服务贸易市场和投资市场，实现贸易、投资的自由化。自由贸易区域内的国家通过相互开放市场，建立密切关系，扩大相互之间的贸易和投资合作。

与 WTO 的多边机制不同，自由贸易区是双边的，只要双方谈妥了就好办，很多事情可以在内部解决。就一个协议而言，如果有几方甚至几十方，那最终达成一个大家都接受的协议难度肯定是非常大的。

乌拉圭多哈回合谈判正在进入死胡同，欧盟内部的农业补贴，美国巨额的补贴都是国际贸易体制的毒瘤，不切除便不可能有顺畅的发展。

发达国家强行启动贸易战的可能性已经大增，"碳关税"将是一个可能的选项，这将对现行世界贸易体系产生重要的冲击。

就目前"碳关税"而言，可能有两个结果，一是发展中国家妥协，全面实施碳减排，二是欧美妥协，放弃"碳关税"，任世界格局像一只小船在湍急的河流中自由漂荡。显然这两种可能性都不大。

如果 2010 年的墨西哥城还谈不拢，全球贸易战便可能出现，人类又将回到双边贸易格局中。未来贸易极有可能再次走向严重的衰退，人类仍要与贸易保护主义进行坚决的斗争。

对于发展中国家来说，既缺乏资金，又缺乏技术，他们在国际贸易中处于较不利的地位。如果众多发达国家实施贸易保护主义，将对发展中国家的经济产生严重的影响。

第七章　低碳，人类最艰难的选择

　　人类只有一个地球，如果发展中国家都达到发达国家的生活水平，还得麻烦上帝再多造几个。

　　2007 年，我们见识了石油一飞冲天站上 147 美元的历史高点又大幅下落的大起大落，这背后是人类对资源的极度恐慌，不变革目前人类的能源消耗模式，人类的未来似乎是无解的，人类的能源战争将更加激烈。

一、不算遥远的记忆：2007 年广东油荒

到处都是焦急的眼神，眼巴巴看着自己的爱车夹在一条长龙之中，这些车都是去体彩中心领百万大奖吗？其实不然，所有这些车主都在焦急地排队等着加油。

加油站周边交通拥堵不堪，大车、小车，公车、私车，豪车、微车，大奔驰、大宝马、小奥拓、小 QQ，油荒面前车车平等。

加油站"汽油未到"的告示提醒着等待的人群最好把心情平静下来，再着急也不可能在地下插根油管就能冒出油来。加油站的人也在开着他们的油罐车在更大的加油站排着长长的队伍。

在队伍里"加塞"，找关系等现象时有发生，为了不使场面失控，公安局向辖区范围内的所有加油站派出警力以维持现场秩序。

在缺油的情况下，无车族的优势似乎体现出来，哪怕在吃不饱饭的情况下，两条脚还可以走二万五千里长征，如果没有汽车，估计连 250 米也走不了。出租车，公共汽车等在加油上受到一些格外的关照。

由于加油难，政府许多单位公务车和私家车停驶，虽然不是无车日，但公路上和停车场却出现少见的清静，很多车因为加不到油而只能让自己的爱车躺在车库里睡大觉。

各级政府在市民的不断追问下，也坐不住了，汽油问题成为政府工作的头等大事。

这不是凭空的假设，它曾真实地发生在我们的身边，在最近的几年里，油荒在中国大地上轮番上演。对习惯了汽车的人来说，没车寸步难行，像被束缚住了手脚。

2005 年 7 月下旬起到 8 月份，台风海棠、麦莎和珊瑚接连而来，成品油紧缺现象一发不可收拾，广东全省范围均出现了汽油供应紧张的现象，广州、

深圳、佛山、东莞等珠三角城市最为严重。

2005 年的油荒就像一个传染病，华南告急，西南告急，华东告急，东北告急，众多省份纷纷卷入成品油紧缺的怪圈。

2007 年第四季度，油荒再次爆发，并持续了一个多月的时间。

2008 年春节，由于暴雪的影响，电力供应紧张，再加上春耕生产开始繁忙，发电用油和农用柴油需求急剧增加，各地加油站都排起了长龙。

根本没有任何的战争或动乱发生，也没有听说哪里受到了恐怖袭击，油库被炸等方面的消息，人们根本不知道是什么原因，但只有一个明确结果，就是没有油了，再怎么也没辙。

媒体纷纷把矛头直接指向石油巨头，人们纷纷猜测这种紧张状况是因为国内石油巨头们提价要求没有被发改委批准，以油荒作为价码，正在闹脾气。只可惜神仙打架，百姓遭殃。

人们有理由把气都撒到石油公司身上，人们掌握有确凿的证据，油荒就是石油巨头们演的一出双簧。在油荒的重灾区——广东，石油巨头们的小辫子被媒体记者抓在了手里。

据广州海关统计，2007 年广东成品油进口为 820 多万吨，同比下降一成八，而出口为 210 万吨，同比增长四成七。石油巨头们见利忘义，胳膊肘往外拐，就跟国内用户过不去。

经过几年的油荒教育，对老奸巨猾的石油巨头，老百姓能没有意见吗？有车族最大的仇家就是两大石油巨头了。最近几年由于高油价，让中石油和中石化两家都赚得盆盈钵满。而油价一上涨就叫苦连天，把老百姓的油管子都掐断了，这像话吗？是国有企业还是万恶的资本家呢？

仅从上面的一些现象就批评中国两大石油巨头贪婪成性，马上为石油巨头定罪似乎有些冤枉。

问题是石油巨头的超额利润都进入了他们自个的腰包吗？是不是最终都把靠垄断赚来钱和股民一起分了呢？中石油和中石化的股东中，有数量不菲的外国资本，这些钱最后都通过分工的方式为西方的投资者做贡献了吗？

其实并不然，中国两大石油巨头中石油、中石化在 2006—2009 年的三年里共上缴了大约 2100 亿暴利税，其中中石油贡献 1600 亿，中石化贡献 530

亿，其实在中国还没有"暴利税"这个税种，它的马甲叫"特别收益金"。

这些"暴利税"用到了什么地方，有官员解释说暴利税用于补贴石油下游企业的亏损，以及油价上涨为弱势群体和公益性行业带来的损失，但再具体一些，普通人就很难知道了。

从目前国家的收支体系来看，我们还是相信暴利税都进入了国库，成为中央财政收入的一部分，有一部分是用于进行国家基础设施的建设，对中西部进行扶贫开发、发展教育、医疗、卫生等事业，给低保户发放住房补贴。

可见中石油、中石化等获得的暴利并没有完全落入自己的腰包，有些是用在了民生等项目上。

但政府一边收暴利税，一边又给补贴，这样的做法还是让小老百姓实在有些看不明白，政府累不累啊？实际上，我们仅将视线定格在石油巨头上，似乎很难看出油荒的真正原因，因此，我们应该回到中国成品油价格生成机制上去。

在 2009 年 1 月 1 日开征燃油税以前，中国实行的是固定油价，统一由国家发改委说了算，而作为生产方的中石油、中石化及中海油三家巨头及广大消费者只是被动的接受者。

按发改委的本意，是通过固定油价，让国内的汽车族不要天天加油像炒股一样，盯着不停变动的油价牌，而石油巨头们可以用油价低时赚的钱去填油价高时的窟窿，平衡收益，最终达到稳定市场的目的。

但发改委好心也办坏事，如果国际原油价格较低时，三大石油巨头刨除各种成本，可能会有很大的利润空间，他们这个时候生产的积极性是异常高涨的，根本不可能出现油荒，巴不得多卖呢。

而一旦国际原油价格上涨，这样会不断压缩利润空间，石油巨头的生产热情便慢慢冷了下来。如果成本超过销售价格，石油巨头们生产得越多，则亏得越多，这时不是积极性的问题，倒成了百般推诿，能少生产则少生产。

有人算过一笔账，在开征燃油税以前，按发改委划定的油价，当原油价格在 110 美元每桶时，生产一吨成品油要亏损 2000 元，100 美元每桶的原油价也倒贴 1700 元到 1800 元。

因此，当国外油价高于国内时，石油巨头们便难掩私心，偷偷把油运到海外卖，何乐而不为呢，至于国内的舆论压力，管他呢。

国内的油荒更多的是石油巨头们出于自身利益的考虑，赚钱的时候嘴捂着，怕笑出声来，只是在背地里偷偷地数钱，而一有亏损，则呼天抢地，哭爹喊娘，在发改委面前哭穷。

而石油巨头们都已经是海外上市公司了，股价变动会形成不良的社会影响，发改委在他们的利益诉求面前也搞得身心疲惫，对石油巨头的怠工也只能睁只眼闭只眼。

造成中国油荒的原因还因为当初中国石油工业为了市场化，促进竞争能力，在分家时没有把高油价考虑进去，中石油、中石化两块蛋糕分得不均匀。

当初中石化分到的多是石化工业的下游企业，虽然资产是最多，但大多是炼油、石油化工等石油产业链的下游，这样使其在原油价格上涨时，最为吃亏，2008 年也饱受巨额亏损之痛，据发布的公报，全年炼油业务亏损了1020 亿。

而在中石油分得的却是石化工业的上游，全都是一些大油田。开始中石油还真让人不太看好，风餐露宿，和中石化坐在办公室里操作鼠标，按动按钮，监视屏幕的生产可有天壤之别。但到了高油价时代，中石油摇身一变，每年利润上千亿，成为亚洲最赚钱的公司，风头盖住了日本汽车巨头丰田。

中国的成品油价格生成机制一直受人诟病，主要是大家不清楚石油巨头们有没有用低油价的巨额利润来补贴亏空，这个账谁也说不清。

老百姓在国内油价较低时一般不会太注意，这是国有企业的义务，一旦国内油价高过国际油价心里就会堵得慌，这时就开始眼馋发达国家按市场定价的方式，随行就市多好。

其实政府在这样的情况下，显得相当被动，毕竟由发改委画一条红线，石油巨头消费者都很难受，像老鼠钻风箱——两头受气，政府也想进行成品油价格改革。

油价改革的方法大家都知道，就是取消公路养护费等，开征燃油附加税，采取多烧油多交税的原则，这样可以极大地为石油巨头们松绑，也不再让他们因为成本急剧上升而甩手不干，把汽车都晾在大路上嗷嗷待哺，普通的消费者也可以免除心理上的纠结。

　　政府也想把手中烫手的山芋甩掉，只是时机不成熟，早在 1994 年，有关部门就正式提出开征燃油税。1997 年全国人大通过的《公路法》，首次提出以"燃油附加费"替代养路费等，拟于 1998 年 1 月 1 日起实施。

　　但燃油税改革几次在热议中擦肩而过，其主要原因都是油价的上涨。我国最初设计燃油税时的国际油价是 15 美元/桶，但其后国际油价一路攀升，在 2008 年 7 月 11 日，国际原油达到 147.25 美元/桶的历史最高价格。

　　在油价已经很高的情况下再加征燃油税，那可能真要了汽车族的命，中国正在大力发展汽车产业，贸然开征可能会伤及无辜，所以发改委一直认为时机不成熟。

　　当国际油价在达到顶峰后，并没有如很多人预料的那样又上一个台阶，而是随着美国次贷危机的深入发展而大幅下降，到 2008 年底下降到 30 多美元。这给中国原油改革提供了一个千载难逢的机会。

　　普通老百姓都还以为会有一番折腾，又是人大立法、又是发改委，又是石油巨头的，但燃油税比想象的都快，人们还没有来得及做好充分的思想准备，中国和国际接轨了。对于国家发改委而言生怕过了这村就没有这个店。前面早把功课做足，已经万事俱备，只等国际油价下降到较低的区间。

　　从结果来看，最终的受益者并不是广大的老百姓，改革后的油价并没有降多少，反而要忍受油价大幅波动之苦。反倒是让石油巨头们彻底摆脱了身上沉重的道德枷锁，发改委也不用夹在中间受气。

　　成品油价格没有改革以前，老百姓一般都把气往发改委或石油巨头身上撒，可以随便找到一个出气筒，但成品油价格改革后，国内油价就跟着纽约布伦特及英国伦敦一起升升落落，跟国际接轨了，消费者那张嘴也只能被堵上。

　　自石油价格改革以来，我们似乎很少见到油荒的现象，原油价格上涨再高，对石油巨头来说，反正会转嫁到消费者头上，自己有利润保证，也实在是一件难得的事。

　　在众多油荒的案例中，似乎 2007 年广东那场油荒来得更耐人寻味，里面有诸多的疑点，众多的喧嚣好像只为掩盖一个真相。

　　首先，2007 年底的汽柴油荒单单出现在广东，邻近的省份如广西、福建、江西等并没有广东那样的严重，中石油、中石化等巨头基本上都是全国一盘棋，石油巨头们应该可以从邻近省份调油，偏偏他们无动于衷。

其次，中国由于石油资源分布不均衡，北部石油多，而南部石油少。由于中国石油自给率基本上保持在50%左右，中国北方基本上用自己的油，而南方则主要是用从国外进口的原油。

在汽柴油荒的这一段时间里，并没有多少台风给运油船挡道，在中国传统原油运输航道上，如马六甲海峡，并没有什么异样，查查国际航运表，中东的运油轮也没有停过，仍源源不断地运往广东的多个原油码头。

同时，我们并没有看到广东的炼油厂在进行大规模检修的报道，石油都运进来了，理所当然是拿去炼油了，为什么最后却是大范围的油荒呢？

还有，2007年广东油荒持续了近两个月的时间，这期间各家媒体进行了广泛的报道，地方政府多次表态，每次都信誓旦旦说油马上来了。中石油、中石化也多次站出来说话，就是不解决问题。

而在油荒发生两个月后，广东地区又奇迹般地恢复了供油，仿佛什么事也没有发生一样，油一下从地底下冒出来了吗？

因此，最后大家也在猜测一种可能，政府有意进行一种测试，看广大老百姓在汽柴油紧张的时候的反应，哪些行业受到的影响最大，从而作出相应的预案。

从中国目前对外原油依存度已经超过了50%大关，谁能保证数万公里的原油运输线路不出问题呢。一旦油路受阻，势必引起社会巨大的混乱，通过断油测试可能让人们有一个慢慢适应的过程，到时不至于乱了阵脚。

随着时间的流逝，2007年中油荒的真相也逐渐被掩盖起来，事后人们似乎懒得花心思去追究。实际上，任何结论都没有什么实质的意义，我们必须面对一个严峻的现实：中国对海外石油的依赖已经到了非常严重的程度。

虽然科学技术在不断地发展，但人们对石油的依赖却没有丝毫降低，反而增加了，石油成为现代文明最重要的一部分。

发生在中国的油荒影响的只是普通老百姓，或者更多的是有车族，而大的油荒影响的则是整个国家了。如果中国发生的几次油荒只是一场暴雨，虽然激烈，但也只持续了一会儿的时间，而人类历史上发生的石油危机则是一场可以影响全球的超级飓风。

二、不堪回首的三次石油危机

人类的油罐在中东，中东占据了世界储量的 2/3，产量占到 1/3 左右，在人类高度依赖石油的情况下，中东任何的风吹草动都足以引发世界性的经济动荡。

欧美为了控制中东，在阿拉伯世界中安插了一颗钢钉——以色列，伴随着以色列的正式建国，中东也基本上没有一日安宁，围绕着以色列与阿拉伯人的争斗，三次石油危机也伴随而生。

第一次石油危机发生在第四次中东战争。为打击以色列及其支持者，石油输出国组织的阿拉伯成员国 1973 年 12 月宣布收回石油标价权，并将其出口的原油价格从每桶 3.011 美元提高到 10.651 美元，油价猛然上涨了两倍多，看似简单的提价，一下触发了第二次世界大战之后最严重的全球性经济危机。

这场持续三年的石油危机对发达国家的经济造成了严重的冲击，欧美也为他们一边倒的中东政策付出了惨痛的代价。

在这场危机中，美国、日本、欧洲的工业生产及 GDP 均出现大幅的下滑，几乎所有工业化国家的经济增长都明显放慢。

中国 GDP 每年都在千方百计保八，这样才能解决就业等问题。欧美也不是铁打的，经济危机直接导致大批工厂倒闭，我们肯定可以想象西方资本主义政府如坐针毡。

在这场危机中，"滞胀"这个幽灵从经济学家口袋中翻落出来，正式降临人间，从此成为资本主义世界挥之不去的梦魇。

按以前西方经济学的理论，经济就像一个跷跷板，各国政府只需要做一道选择题，要么坐在高通胀一边，要么坐在高失业一边，二者可选其一。但在滞胀面前，政府连坐的位置都没有了，跷跷板的两端都跷到了天上，失业率居高不下，通货膨胀成为习惯。

以前一直被奉为"教条"的凯恩斯主义经济学终于走下神坛。

"滞胀"面前，各主要资本主义国家一律平等。美、英、日、联邦德国、法、意六国在 1970—1974 年过得还不赖，失业率、经济增长速度及通货膨胀等数字还能见得人，但到 1975—1979 年，政府根本不敢睁开自己的眼睛。

第二次石油危机因为伊朗的伊斯兰革命，亲美的巴列维政府被以霍梅尼为领袖的宗教势力所推翻，世俗政权被政教合一的体制所取代，而随后开打的两伊战争，使石油危机不断深化，一场持续了两年多的危机相伴而生。

危机爆发时，国际石油市场每天减少约 300 万桶石油供应，相当于市场交易量的 5%。这个缺口本不足以导致一次石油危机，但是由于有第一次石油危机在发达国家脆弱的心灵投下了阴影，石油公司和消费国不顾一切寻求石油供应，拼命囤积。

1980 年 1 月西方国家的石油总储备达到 53 亿桶，相当于石油输出国组织 1979 年全年石油产量的几乎一半，而其中的 10 亿多桶储备是在 1979 年一年内增加的，超过了小型石油生产国卡塔尔可开采的石油总储量。[1]

一朝被蛇咬，十年怕井绳。

有这么多豪爽的买家，中东石油国对价格也不含糊。石油危机使油价在短时间内大幅蹿升，石油官价从每桶 13.335 美元上涨到 41 美元，现货市场价格甚至涨到每桶 45 美元。

市场进一步紧张和产油国多次提价，反过来加剧了市场对石油短缺的担心，两者相互作用，终于酿成一次波及世界的真正危机。

当时美国"滞胀"这身病还没有好，再加上油价活蹦乱跳，刚上台的里根总统的日子绝对不轻松，高油价使已经严重的通胀更趋恶化。

石油危机也使美国经济大出血，由于美国石油大部分是从国外进口的，要支付真金白银，1970 年美国石油进口费用为 30 亿美元，到 1980 年增加到 800 亿美元，美国出现巨额的贸易逆差。

同样的情况也发生在其他资本主义国家，第一次石油危机后，经过政府静心安神汤的精心调理，欧美经济已经有复苏的征兆，但又经过一番折腾，工业国家经济再次陷入萧条。

第三次危机发生在 1990 年，当年 8 月初伊拉克攻占科威特以后，伊

① Wilfrid L. Kohl. After the Second Oil Crisis: Energy Policies inEurope, America, and Japan ［M］. Lexington. assachusettsToronto: D. C. Heath and Company, 1982.

拉克遭受国际经济制裁，使得伊拉克的原油供应中断，国际油价因而急升至 42 美元。美国、英国经济加速陷入衰退，全球 GDP 增长率在 1991 年跌破 2%。

国际能源机构启动了紧急计划，每天将 250 万桶的储备原油投放市场，以沙特阿拉伯为首的欧佩克也迅速增加产量，很快稳定了世界石油价格。

相对于前两次石油危机，第三次危机影响相对较小，不过由于当时正值互联网泡沫破裂，世界经济正在转型阶段，也不能把经济下滑的账全部算在第三次石油危机的头上。

三次石油危机对资本主义国家的教训是异常深刻的，无论哪个资本主义国家想起来，都难免倒吸一口凉气。残酷的现实迫使各国进行经济转型，在这场全球经济大转型中，英国和日本表现得比较不错。

据统计，到 1974 年时，日本的一次性能源消费中，石油占 74.14%，而在 1963—1972 年间，日本进口中东石油占其全部进口额的年均 86.8%。表面无限风光的日本背后插了一根粗大的油管，要是谁在这根油管上动一下手脚，保证日本经济马上歇菜。

为了应对第一次石油危机，日本政府先后答应向中东有关国家提供 30 亿美元的贷款，那个年代的 30 亿美元可不是一个小数目。鉴于日本政府交了巨额的保护费后，阿拉伯石油输出国组织恢复了对日本石油的正常供应，使日本逐渐摆脱了第一次石油危机的打击。

日本为稳住石油供应，在外交政策上不得不进行转型，放弃以前阿拉伯与以色列打架时当和事老，两头讨好的政策，开始采取"亲阿拉伯"政策，加强同中东产油国的关系。以色列嘛，先一边凉快去。

有了那段不堪回首的记忆，日本人也意识到再不能把鸡蛋放在一个篮子里，从 1975—1987 年间，日本对中东石油进口，无论是进口数额，还是所占日本全年进口石油总额的比率，都明显呈现下降趋势，中国、东南亚国家也成为其石油供应地之一。

第一次石油危机使日本痛定思痛，坚决放弃了自 20 世纪 50 年代中期以来以重工业、化学工业为龙头带动整个经济发展的战略，代之以低能耗、高效益的技术尖端行业为核心，推动了整个日本经济的持续发展。

到了第二次石油危机时，日本所受影响相对就小多了，日本经济渐渐进入中速增长阶段，开始进入最为辉煌的 80 年代。

第一次石油危机也把英国折腾得够呛。

1973 年 11 月 3 日，英国政府石油供应短缺，宣布全国进入紧急状态，许多工厂缩短工时，工人的工资减少 1/3 以上。电力供应时断时续，工厂实行三日制工作周，甚至家庭热水需用的热源也供应不足。

二战后，英国经历了一次石油替代煤炭的计划，煤炭的比重由 1960 年的差不多 3/4 降到了 1974 年的不到 1/3，相应地石油在英国的比重从 1960 年的仅仅 1/4 升至 1974 年的超过一半，当石油这个奶瓶没有奶时，可以想象英国的难受。

英国首相爱德华·希思寻求英国石油公司和英荷壳牌石油公司的帮助，希望它们能为英国提供优惠政策，优先保证英国的石油供应，而当时英国政府是拥有英国石油公司 51% 股份的股东，并且首相亲自出面。人们都普遍对谈判结果表示期待，谁知两家公司都不买账，人家只是生意人，政治和生意一码归一码，大股东有什么了不起。

情急之下，英国只有在外交上寻找与中东国家的妥协，拒绝允许美国利用在英国本土塞浦路斯的军事基地，尽量不和以色列有染，以期与美国亲以色列政策划清界限。英国宣布对交战双方实行武器禁运。当时美国可是英国的铁杆盟友，但为了经济及政权的稳定，哥们义气就先放一放了。

在吸取了第一次石油危机的惨痛教训后，英国建立一个巨大的国营石油公司——英国国家石油公司，其股权全部为国家所有。到 1979 年，英国国家石油公司成为英国北海油田中最大的公司之一。英国国家石油公司成为英国政府推行石油安全政策的工具。

与国内一些经济学家叫嚣什么都要私有化相比，英国人还是比较务实的，私有制固然可以加强竞争，在关键时候资本家可是认钱不认人。在欧洲，国有企业仍占一定的比重，但中国的众多经济学家眼里只有一个美国样板，什么都要和美国一模一样，而没有考虑到美国与欧洲特殊的国情，把老祖宗"因地制宜"的训导都丢弃到一边。

在 1974 年的大选中，工党在其竞选纲领中就提出要使北海和克尔特海石油和天然气资源处于完全控制之下，这成为工党取得胜利的一个重要筹码。

英国工党政府加强对英国北海石油的开发和控制，使得英国在 20 世纪 80 年代基本实现了能源自给，这在石油资源紧缺的欧洲，实在很少见，让法国和德国大大地眼馋了一把。

石油危机也使各国政府纷纷抛弃以前过度依赖石油的经济政策，将石油不再当成一种便宜的能源，而是一种重要的战略资源。

我们似乎可以用周星驰的台词来表示人类的烦恼：曾经有一堆香甜的糖果摆在人们的面前，人们开始并不知道珍惜，随便挥霍，吃一个扔一个玩一个，而当知道糖果越来越少时，已经后悔莫及，只能把石油当成宝捧在手心。

石油危机前，美国人挥霍糖果的方式就是用石油来发电，为什么不用煤呢，因为石油更便宜，资本家可以有更高的利润。电力部门的石油消费从 20 世纪 60 年代初的 1200 万吨迅速增长到 1973 年的 7700 万吨，几乎占到了当年美国石油消费总量的 10%。

1978 年 11 月，美国国会通过了《发电厂和工业燃料使用法案》，限制以石油（包括油品）和天然气为燃料的发电厂的建设，鼓励发电厂使用煤炭和替代燃料。法案实施后，新建发电厂大都以煤炭和核为燃料，原有的以石油和天然气为燃料的发电厂保留为调峰发电厂，发电厂石油消费从 1978 年高峰时的 8 700 万吨下降到 1985 年的 2 390 万吨。

石油危机催生了石油储备制度，先把原油囤积一起，要是遇到打仗什么的，还可以用这些石油顶一阵子，不然到时只能抓瞎。

美国制定了《能源政策与保护法》，日本有《石油储备法》、德国有《石油及石油制品储备法》、法国有《关于工业石油储备库存结构的 58－1106 号法》，都明确规定了储备目标和规模。

按照国际惯例，国家战略石油储备的远期目标是 90 天的进口量，有些国家要求更长。对于其他石油需求也有要求，如英国要求拥有炼油设备的炼油商保持 76.5 天的储备，而非炼油商则为 66 天。

各国所采取的储备方式各不相同，美国主要是政府战略储备，对民间储备没有具体的要求，有些国家则是政府储备与民间储备相结合。国家储备如此重要，甚至成为影响国际原油价格的重要因素，通过电视，我们经常听到美国公布的原油储备数据上涨或下滑，引来原油期货价格相应的下降或上浮。

在中国的经济发展中，石油也一直扮演着重要的角色，三次石油危机与中国也擦肩而过。

新中国经济的前30年基本上都是关起门来搞建设，当时国际环境不允许像印度那样四处讨好，左右逢源，自力更生成为中国唯一的选择。

在中国的起步阶段，第二次科技革命正在走向深入，中国急切需要补课。中国一直是煤炭资源的大国，煤炭的开发利用较早，新中国成立后，顺利接管了民国政府看起来还有些像样的煤炭工业，为新中国注入了原始的动力。

但在解放之初，中国却不折不扣戴上了贫油国的帽子，在外汇极端缺乏的情况下，国家只有动用宝贵黄金储备到国外购买石油。石油资源的贫乏使中国起步异常艰难，仅靠克拉玛依几个油田，很难喂饱中国工业化起步阶段张开的血盆大口。

但1959年9月26日16时许，在松嫩平原上一个叫大同的小镇附近，从一座名为"松基三井"的油井里喷射出的黑色油流改写了中国石油工业的历史：松辽盆地发现了世界级的特大砂岩油田！

数十万大军在极端严寒的条件下在松辽平原上展开大会战，一个年产千万吨级的大油田——大庆油田终于诞生，在"文化大革命"结束的1976年大庆油田原油产量跃上5000万吨的台阶，并连续27年在5000万吨以上的稳产高产，在世界油田开发史上创造了新纪录。

在满足中国经济增长需要之外，还有一部分用来换取外汇，此期间发生的两次石油危机压根和中国就没扯上关系。

而在《日本现代史》里，我们却经常能看到"如果当初找到大庆油田将如何如何"的遗憾、感叹和无奈，上天和日本开了一个最大的玩笑，历史没有假设，也只能说中华民族的幸运。

但中国高速增长的后30多年却是逐步建立在石油上的，中国这列经济高速列车在石油的滋润下，跑出一轮世界波，长达30年的持续增长也是世界经济发展史上少见的。

1993年，邓小平南行后的第二年，中国化工进出口总公司签了进口沙特石油的协议，此举标志着中国从一个石油净出口国成为净进口国。当年，中国进口原油和成品油的量与出口的量两相一抵，结果是净进口石油998万吨，净支出22.7亿美元。也是在那一年，中国石油天然气总公司在秘鲁油田拉开了进军海外市场的帷幕。

2000年的第三次石油危机时，中国对海外的石油依赖还较小，中国基本上完成内部的整合，中国的仁督二脉刚刚打通，石油在中国食谱中还仅是开胃小菜。

虽然中东一直不太平，美国纠集北约一帮小兄弟把萨达姆给彻底收拾了，美国为消灭眼中钉——伊朗，小动作不断，但中东原油供应并未受到根本的影响。最后原油期货价格飙升至147.25美元/桶的天价主要是国际投资资本的炒作。

中国经济在后30年中一直没有因为原油供应中断而受到太大的影响，一直搞得顺风顺水的，但石油也由开胃小菜变成了主食，中国的屁股后面也拖了一根巨型的油管。

但有谁又能保证明天不发生什么事呢，在中国经济高速增长的背后，仍然存在着较大的隐忧，一旦石油出现大幅的波动，将不仅仅是有车族再次面对油荒，中国经济将遭受巨大的打击。

经历了两次石油危机的打击，英国、日本、美国等都积极调整产业结构，反观中国，由于经济增长太快，中国张开了血盆大口，如饥似渴地吞噬着世界的石油。经济的过快增长，也没有受到过石油危机的打击，中国进行大刀阔斧的改革似乎还缺乏足够的动力。

中国目前石油对外依存度已经超过50%，这也意味着有一多半的石油是从海外进口的，海外稍有风吹草动，就可能对中国经济产生较大的冲击。

据国际能源署（IEA）报告称，2008年中国为补贴油价内外倒挂，付出的成本将高达450亿美元。这相当于中国政府财政收入的5.2%。由于石油是重要的工业原料，油价的高涨势必传达到油产品。为了防止通货膨胀，中国政府只有自掏腰包了，没有中国强大的国力，2008年中国经济绝对不太平，但也因为高油价，让中国政府筋疲力尽。

中国人的经济之路似乎太顺了，石油危机根本没有留给我们太深刻的记忆，人们似乎连开车缺油都不能忍受，要是真正出现原油的短缺，那又将是一番什么样的景象呢？

任何大国的崛起都与汽车工业紧密相关，中国汽车工业较长时间内都是中国的支柱产业，但汽车却又要耗费约 1/3 的石油，这就形成一个悖论，既要马儿跑得快，又不给马儿吃草。

三、不断增加的汽车与公路赛跑

2009 年，在中国汽车工业的发展历史中，有两组数据格外引起人们的关注。

一个是 2009 年中国汽车产销量突破 1300 万辆大关，中国成为全球最大的汽车市场；二是 2009 年末，北京机动车保有量确定突破 400 万辆，占全国汽车保有总量 7000 万辆的 5.71%，这意味着在不到一年的时间里，京城的机动车新增了 50 万辆。

北京机动车保有量突破 100 万辆用时 48 年，100 万～200 万辆用时 6 年半，200 万～300 万辆用时 3 年 9 个月，300 万～400 万辆仅用时两年 7 个月，而北京汽车上牌量以每天 1000 多辆的水平在上升。

与汽车保有量猛然增加相伴的是塞车问题，虽然北京道路不断增加，历时 11 年的建设，总长达 187.6 公里，六环已经于 2009 年 9 月全线贯通，但北京道路的建设仍然没有赶上汽车增长的速度，首都仍是名符其实"首堵"。

不只北京，上海、广州、深圳，世界所有大城市都面临着同样的难题，基本上谁都无法避免。在不断增加的汽车和新修公路的赛跑中，获胜方往往是前者。

城市交通的肠梗阻主要源于私家车的猛增，比较极端的例子是阿根廷的首都布宜诺斯艾利斯，其道路网络的 88% 为小汽车所占用，公共交通只占有了 6%，布宜诺斯艾利斯的交通拥堵也全球闻名。

汽车给人们生活带来极大的便利，扩大了人们的活动空间，但交通拥堵犹如人身上的毒瘤，消耗了宝贵的石油资源，导致交通延误、车速降低、时间损失、同时也排出大量的废气，城市环境恶化，影响人们的工作效率和身体健康。

人们也在想尽各种办法努力解决城市交通的拥堵问题，经过多年的摸爬滚打，在吸取众多教训的情况下，从目前世界各大城市所产生的效果来看，似乎有一些成功的案例。

首先是大力发展公共交通。这里的模范是巴西的库里蒂巴市，库里蒂巴市的公交系统是世界上高效、方便、舒适、先进的公交系统，被誉为"路面地铁"（SurfaCeSubway）。

由于完善的交通系统，尽管库里蒂巴市有50万辆私人小汽车，但有28%的人不用自己的私人小汽车而选择公共交通。

在东方明珠——香港，铁路（含地下铁路）、有轨电车、巴士（公共汽车）、小巴（小公共汽车）、的士（出租汽车）和渡轮等公共交通工具井然有序地来往于香港的各个角落，载客量超过1000万人次，有效地解决了堵车的问题。

解决交通拥堵的另外一个办法则是收取交通拥堵费，这方面成功的实践者则是英国伦敦。2003年2月，伦敦开始征收交通拥堵费。在拥堵收费一年后，伦敦拥挤收费区内的交通状况改善明显，进入收费区和收费区内交通流量分别下降了18%和15%，收费区内通行时间减少了三成。

同时，伦敦交通公司共有6800万英镑的进账，这些钱将用来改善市政交通设施，增加市政项目投入。

在治理城市拥堵问题上，新加坡也做得不错。除了地铁每日的载客量100万人次外，出租车每日的载客量也将近100万人次，而新加坡的出租车仅有1.8万辆，可以说，出租车在新加坡扮演着几乎和地铁同样重要的角色。

从其他城市汽车发展经验来看，为了应对北京日益增长的汽车，似乎必须祭出一招杀手锏，限制每年的汽车上牌量，而有消息称北京市正在对限制汽车总量进行讨论，拟每年发放10万辆汽车牌照，但在中国将汽车业作为支柱产业时，似乎还不愿意痛下这一杀手。

治理交通拥堵似乎需要多头并进，很难做到一招吃遍天下。有的城市采取了牌照尾号限行的方式，在没有其他措施配合的情况下，可能情况会更糟。如墨西哥城及圣保罗市，小车数反而增加了，许多人购买了牌照尾号不同的第二辆甚至第三辆小汽车，进一步增加了拥堵。

预计到 2020 年，中国汽车保有量将达到 1.5 亿辆，除了巨大的石油消耗外，将给各大城市的交通系统带来严峻的考验。

一方面是大力发展汽车工业，经济增长最终只有从人们所享受的物质生产体现出来，一方面又是石油资源的紧缺，交通堵塞，这个结很难解开。

在拥堵的交通面前，道德的力量似乎是微不足道的。

每年的 9 月 22 日是世界无车日。但在实践的过程中，"无车日"更像一场秀，路上车辆并不见减少。2009 年深圳"无车日"，市民纷纷抱怨华强北 6 条道路禁行致使道路拥挤加剧，"无车日"当天全市共发生 1500 宗交通事故，与往日持平。

"无车日"最后变成一些空洞的口号，很难落到实处，只是给政府官员多一次"秀"的机会。

与倡导"无车日"相比，中国的限塑令似乎更彻底、更成功一些。

为节约资源，保护生态环境，商务部制定了《商品零售场所塑料购物袋有偿使用管理办法》，并于 2008 年 6 月 1 日实施。

当人们在 2009 年 6 月 1 日"限塑令"实施一周年之际进行盘点时，人们对自己的环保意识感觉到惊讶，仅在"限塑令"实施的一年里，全国超市零售行业塑料袋使用率平均下降近七成，塑料袋消耗减少近 400 亿个，这项措施每年可节约石油 240 万~300 万吨。

从总量上来看，300 万吨的上限与中国每年将近 4 亿多吨的石油消费量相比，并不算太多，但只要多推行几个类似的政策，所节约的总量是相当可观的。一条 30 万吨的巨型油轮，仅因为"限塑令"就可以少往来中东十趟。

在超市中，我们发现很多消费者并不是为了节约小小的一两毛钱，而主要大家已经将节约资源视为一种习惯，每个人都为少购买一个塑料袋而节约一滴石油而自豪。

从"限塑令"的成功实施来看，并不是人们有意与节俭作对，经过数十年的宣传，很多环保意识已经植入了我们的内心，政府要做的除了口头上的宣传，更重要的是尊重人们的生活习惯，给更多人带来方便。

以上面的汽车为例，交通整治的好的，都是公共交通比较发达的地方，人们在这样的情况下可以摆脱汽车的束缚，出门就是地铁、轻轨等，谁还愿意和钱过不去，为了摆谱而花上数倍的时间开车去目的地呢？

最近几年，自来水调价也是一个深受关注的问题。按政府的本意，是希望通过上涨以达到人们节约用水的目的。中国本来就是一个水资源非常缺乏的国家，众多城市面临着缺水的窘境，合理利用水资源才可能使城市有持续的发展。

如果水价上调，这样将逼迫我们养成更为良好的生活习惯，从实践来看，只有增加人们的使用成本，才更能促进水资源的节约，真正做到一水多用。

但在最后的水价听证会上，却只听到政府发出的一个生硬的声音——涨价，背后没有太多的铺垫和解释，人们难以有真切的紧迫感，而有些政府却包藏有私心，想将自来水开辟为一个新的财源，这样也实在难以推动水价的改革。

显然，不仅仅是交通，还包括能源、水资源等政府都有许多的工作要做，在应对资源及环境问题时，政府仍将发挥主导的作用。

四、人类还有其他选择吗

哥本哈根大会后，加拿大《金融邮报》发表文章说，哥本哈根气候峰会"不便说出的真相"不是气候变热变冷的问题，而是地球人满为患。

该文章称，目前全球每 4 天便新生 100 万人，导致资源枯竭，大气层受到破坏，中国的独生子女政策是遏制人口激增、扭转这种灾难性现象的唯一出路。

根据维也纳人口统计学院的研究，如果从现在起，每名女性只生育 1 个孩子，世界人口到 2050 年将由目前的 68 亿下降到 55 亿。到 2075 年，世界人口将下降到 34 亿，世界森林覆盖面积、大气质量和生活标准都将因此而提升。

但维也纳人口统计学院的研究只是一个美丽的传说，现实的世界是地球人口越来越多，但这个增长又很不平衡。

根据联合国最新的预测，截至 2009 年，世界人口已经达到 68 亿，2025 年将突破 80 亿，2050 年突破 90 亿。

发达国家将先呈一个缓慢增长然后下落的情况，从 2009 年到 2025 年，发达国家和地区将增加 4383 万人，而到 2050 年，发达国家和地区将比 2025 年减少 187 万人。

而在发展中国家和地区将呈现一直增长之势，到 2050 年，发展中国家和地区的人口要比现在增加将近 23 亿。

恐怖的地方也在这里，到 2025 年，世界新增加人口的 96.3% 来自发展中国家和地区，而到 2050 年，所有新增加的人口均来自发展中国家和地区。富人们养育小孩的愿望越来越低，而穷人却处于正常增长水平。

加拿大人口仅 3300 余万，但它却有 997 万平方公里的广袤国土，仅次于俄罗斯，高于美国及中国。加拿大石油、煤炭等资源非常丰富，更重要的是加拿大是一个工业化国家，社会福利在全世界都是数一数二的。

从加拿大自身的资源条件来看，我们自然可以理解它的超然，和俄罗斯一样，在全球气候谈判中一直是一个看客，而不像中、美、欧等为了碳减排大打出手，它的媒体便不具备太强的倾向性，而一下说出了问题的实质。

加拿大可以不着急，但对于其他资源紧缺的国家，对于整个人类来说，却是一个异常严峻的问题，人类在紧缺的资源面前是没有任何选择余地的。

图表：世界人口及其分布（截至 2009 年）

地区	人口（千人）	占世界人口比例（%）	人口密度（人/km²）	城市化水平（%）
亚洲	4 121 097	60.34	129	42
非洲	1 009 893	14.79	33	40
欧洲	732 206	10.72	32	72
拉丁美洲	582 418	8.53	28	79
北美洲	348 360	5.10	16	82
大洋洲	35 387	0.52	4	71
世界总计	6 829 360	100	50	50
发达国家和地区	1 223 282	18.06	23	75
发展中国家和地区	5 596 079	81.94	67	45

　　人类为了摆脱资源与环境问题的困扰，控制人口应该是最简单有效的，但这不在参加哥本哈根气候峰会的世界领导人的议程之内。发达国家为了避免自己被边缘化，避免被过多地从他碗里夺食，整出了一个二氧化碳减排，并想把这个强加在其他国家身上。

　　中国的实践已经证明，计划生育是一项明智之举，不但人民生活水平和教育水平得以提高，也减轻了地球的重负。不幸的是，在这个世界上，很多发达国家因为自身人口的减少，鼓励生育成为一项国策，绝口不提人口控制。

　　发达国家不控制人口就算了，却又把计划生育、避孕等抹黑成违反人权，对中国人口政策指手画脚。20世纪90年代以来美国政府每年发布的人权报告中，都把中国的计划生育作为侵犯人权的内容来进行批评。

　　国际人权组织的理念依据包括德黑兰宣言第16段："父母享有自由负责地决定子女人数及其出生时距的基本人权"。然而1994年在开罗召开的国际人口与发展大会再次重申了根据本国国情制定人口政策，是一个国家的主权，每个国家都必须根据自己的国情制定相应的人口政策。

　　如果中国不对人口进行控制，其后果是异常可怕的，大量的贫民窟，这些人基本的生存权都将可能得不到保证，只有一张选票就叫自由吗？

　　发达国家在发展中国家人口问题上执行了双重标准，只是将人口作为攻击其他国家的一个靶子，结果只有自己掌自己的嘴，最后只有面对资源日益紧张的尴尬局面。

　　在奴隶社会，最重要的生产资料是人口，各部落之间的斗争基本上都是对人口的争夺，谁拥有更多的奴隶，谁将有更多的食物、住房需求，对地盘的概念并不太强，两个部落的分界一般都是大片的森林、山脉或河流。

　　而当人类进入农耕文明，最重要的生产资料则是土地，面朝黄土背朝天，才能满足基本的生存需要，对土地到了锱铢必较的程度，谁拥有更多的土地，谁将拥有更多的财富，当地主便成为大多数人一生的追求，中国的改朝换代基本上都是围绕着土地的重新分配而展开。

　　但到了当代社会，则变成为对资源的争夺和控制，在资本主义早期，主要是通过殖民的方式，一个宗主国后面跟着一大批仆从国，后来由于民族意识越来越强，直接奴役已经不可能，便通过跨国公司、租借等方式达到控制别国资源的目的。人们的理想也转化为当一个资本家。

经济发展的最终目的无非是不断满足人们的需求，创造出更多更优质的商品和服务。首先表现为量的增加，拥有一套房、一辆车肯定比无房无车更有幸福感受。

人类生产的过程也是消耗自然资源的过程，更多更优势的商品表面看起来是需要更多的资源，而实质上，从数量上考虑，还有一个办法，就是用相等的资源创造出更多的商品，更耐用的商品，从而提高资源的利用效率。

1斤面粉，无论玩什么花样，无论你怎么聪明，都不可能多做几个馍出来。但对于石油、煤炭而言，通过技术的不断革新，则可以玩出很多新花样。

中国目前已经投产的最大发电机组是100万千瓦级的，使用的能源是煤炭，经实际运行，效率得到大幅度的提高，每发一度电消耗煤炭283.2克，而2006年全国平均供电煤耗为366克/千瓦时，降低了82.8克/千瓦时。这也意味着一吨煤较原来将发更多的电。

如中国目前已经投产的超临界发电机组，如果中国目前普遍使用的亚临界机组全部由超临界机组取代，全年可少烧煤炭2亿吨以上。预计到2010年，中国投产的百万千瓦超临界机组将占全世界的一半以上。

它的环境效应也是非常高的，装备了中国超临界发电机组的样板工程——浙江华能玉环电厂每年可少排放二氧化碳50多万吨、二氧化硫2800多吨、氮氧化物约2000吨。

节能才是人类新能源的最终目的，它自然会相应带来二氧化硫等有害气体的排放，而仅仅通过压缩生产，降低人们的生活水平以达到降低二氧化碳排放的目的，显然是别有用心和本末倒置了。

同样，一件耐用消费品，可以使人们使用更长的时间，而不需要再耗费资源，降低一次性用品也是人类必然的选择。

节约出来的人工，则可以用来发展服务业，满足人们更多的需求，这对经济仍将有极大的促进作用，而盲目地、简单地扩大生产规模，只可能造成更严重的环境及资源问题。

五、低碳生活

当我们回顾一个地区的经济发展时，往往叹惜很多地区为了发展而牺牲了环境，最后付出了更惨痛的代价，随着资源的枯竭，该城市也可能最终走向没落，有如人的生老病死。

2008年、2009年国务院连续公布了两批共44个国家资源枯竭型城市（区），这些资源除森林资源外，几乎都是不可再生资源。资源枯竭，说明这些资源所剩无几。小统计了一下，其中21个都是煤枯竭，近50%。

这些城市的基本特点都是产业结构单一，资源产业萎缩，替代产业尚未形成，而地方政府在城市的高速发展期并未积攒下厚实的家底，很难全面转型，但这些城市无一例外都有繁盛时期所形成的庞大人口，这成为城市转型最大的瓶颈。

为了不重蹈覆辙，人们的观念似乎正在积极地转变，脚下有大量的煤炭，山里埋藏有为数丰富的黄金，但人们并不急于开采，而在等待时机。

这里面有两个原因，一是开采价值还没有体现出来，人类总是开采更丰富的资源，如含铁量更高的铁矿石而将含铁量低一些的铁矿石暂时放到一边，就像小孩子身边已经有一个大奶瓶，你说他还会愿意跑很远去拿一个小奶瓶吗？

在高油价时代，以前比较娇贵的玉米用来炼油都可以获得更高的利润，那么众多可替代能源的市场前景便显现出来。对于黄金也一样，我们经常可以听到哪里发现有储藏丰富的黄金矿，但在低金价时代，收入估计很难抵消成本，但当金价突破1000美元/盎司时，其开采价值便体现出来。

但这也只是一个方面，更重要的是，如果采用目前的采掘技术，可能造成巨大的环境污染，如煤矿开采一般都伴随有煤矸石，这个家伙处理起来比较麻烦。

据初步估计，中国每年生产1亿吨煤炭，排放矸石1400万吨左右，如果不能提高煤矸石的利用效率，不仅压占土地，影响生态环境，甚至可能发生自燃。

如果事前不进行充分的规划，到头来只能得不偿失，这方面的教训也太多了。人们也逐渐认识到，人类必须积极探索可持续的发展方式，而不能为了眼前利益而牺牲长远利益。

人类从煤炭时代进入石油时代，最主要的原因则在于石油的开采成本更低，在单位时间内，开采同样数量的石油所需要的时间比煤炭少很多，通过成本传导，石油产品将比煤炭产品价格更便宜。

在低碳时代，人们似乎将因为环境可能付出更高的代价，因为低成本、重污染、高能耗的商品将逐渐远离我们的生活。

从目前的技术水平来看，风能、太阳能等成本仍然较高，就单机装机容量，水力发电一般都达到了80万千瓦的水平，火电达到了100万千瓦，而风电装机容量一般仅在兆瓦级别，而中国最大的在建光伏发电站是华电在嘉峪关的10兆瓦发电基地。

有时感觉使用兆瓦是为了不直接与火电、水电等形成视觉对比，1兆瓦折算为1000千瓦，与火电、水电等百万级相比，将是一只蚂蚁与一头大象的巨大视觉差。

由于风电极不稳定，故其输出的是13～25V变化的交流电，须经充电器整流，再对蓄电瓶充电，使风力发电机产生的电能变成化学能。然后用有保护电路的逆变电源，把电瓶里的化学能转变成交流220V市电，才能保证稳定使用。

在目前条件下，风电、太阳能虽然都不太具备经济性，如果没有政府的补贴，大多会亏本。但政府又不得不进行投入，只有不断的技术积累才有可能使瓶颈突破，才有可能使人类彻底摆脱煤炭、石油等资源的束缚。

从国家层面上来看，只有技术走在前面，在国际市场上才有可能有更大的竞争力，争取更多的话语权，新兴能源是世界技术发展的最重要方面。

说到二氧化碳减排可能显得矫情，但从节约资源、保护环境来说，却又是人类不能不面对的选择，目前煤炭、石油等的使用仍是地球最重要的污染源。

低碳并不能仅局限于减排二氧化碳，我们应该跳出欧洲人设计的圈圈，实践真正的低碳生活，即通过减少消费、改变生产习惯等间接方式少使用石油、煤炭等，使我们的资源得以维持，使环境少受污染减轻一次性能源的过度依赖。

而真正做到低碳生活只需要人们在日常生活中改变一些简单的生活习惯，它不仅仅是一种宣传出来的美德，还能尽到我们每一个地球村民的责任。

低碳生活不应该只是一个时髦的标签被到处乱贴，关键在于我们能不能养成良好的生活习惯，如避免冷车启动，减少怠速时间，避免突然变速，选择合适挡位避免低档跑高速，定期更换机油，高速莫开窗，轮胎气压要适当。

有人算过一笔账，每台彩电待机状态耗电量约 1.2 瓦/小时。如果全国 3.9 亿家庭在用完电后就拔下电器插头，每年插头可以节电约 20.3 亿度。

空调启动瞬间电流较大，频繁开关相当费电，且易损坏压缩机。任何电器一旦不用立即拔掉插头。这些都是举手之劳，但我们不能因为图省事而忽视环境、资源等问题。

午休或下班后随手关掉显示器和电脑等等，还有其他很多生活的小细节。

低碳生活就是返璞归真地去进行人与自然的活动，人最终要达到与自然和谐共生，而不是无休止的掠夺。

小举动带来大变化，每个人都可以为地球做出自己应有的贡献。

六、低碳与城市竞争力

赚钱方式一般有两种，一种是靠劳动来获得，一是钱生钱，显然后者来得更快，更乐于被人们所接受。楼市、股市、期货、基金、名目繁多的金融衍生品、彩票等吸引了无数聪明的头脑，人们在各个资本市场进行贴身肉搏。

如果农民不种地，工人不上班，全民炒股，人类也马上完蛋了，实体经济是让人吃饱穿暖，住得舒服，行得方便。但人们却喜欢走捷径，更希望不劳而获。

低碳时代，赚钱可以分成两种方式，一曰高碳经济，一曰低碳经济。高碳经济则是整天穿着黑黝黝的工作服，蓬头垢面，工作环境恶劣，而低碳经济则是人们坐在办公室里高谈阔论，前面摆着一台电脑，闲来可以聊一下 QQ，给

MM 或 GG 打一下招呼。

对于一个城市而言，领导当然喜欢来钱快的项目和产业，比如钱生钱的金融，来钱快的高科技，而对劳动密集型的产业则比较不感冒。

就目前的发展水平而言，完全避免高碳经济仍是不可能的，总得维持日常生活的吃穿住行吧。在社会化的大分工中，也自然出现各种较大的差异，某些城市的重点是发展工业，而某些城市则靠金融等行业赚钱。

这也带来城市之间激烈的竞争，各城市一方面想方设法吸引外来投资，一方面推动进行产业升级，在一场长跑比赛中，无论是哪个城市的市长、市委书记都想抢占一个好的赛道，有好的位置。

从中国改革开放来看，1994 年中国实行的分税制对中国经济的发展功莫大焉。

经过几百年的发展和完善，美国建立了联邦、州、地方三级税收管理体系，联邦、州、地方三者在总体税收中的比重分别为 60%、25% 和 15%，把中央政府和地方政府的责任权利等分的清清楚楚。

由于美国等西方社会是强调大市场小政府的运行机制，分税制对美国倒没有什么明显的经济促进作用，只是划清了楚河汉界。但对中国政府而言，却一下把地方政府的积极性空前地调动起来，就像儿子娶了媳妇跟父母分了家，虽然养老的责任跑不掉，但不再是以前的大锅饭，干多干少、干好干坏都一个样，而可以用心思好好经营自己的一亩三分田。

中国有为数众多的国有企业，经过分税制后，央企归中央管，可以甩开膀子搞自己的省企、市企、乡企、集体企业等，自己搞好了就可以有更多的税收，小日子想多舒服就多舒服。

因此，在改革开放的大潮中，我们难得看到一番热火朝天的场面，各级政府都自己办有卷烟厂、酒厂、发电站、汽车、电子等，恨不得把能赚钱的都给占全了。

最让人记忆深刻的例子似乎是中国在改革开放初期一窝蜂从日本引进数十条彩电生产线，中国基本上每个省都有自己的彩电品牌，当时社会舆论都集中在国有资产浪费、产能过剩，不正当竞争。

殊不知，正是因为激烈的市场竞争，各彩电企业在中国这片神奇的土地上各施神通，培养了长虹、康佳、TCL、创维等彩电巨头，在 CRT 时代扬眉吐气了一把，日本的彩电被搞得没有一点脾气。

国有企业被人诟病的地方最主要是缺乏竞争，没有活力，这在欧洲等国家确实较为普遍，国有企业数量少，在法律的保护下，旱涝保收，但在中国却较好地解决了积极性和效率，央企、省企、市企分属不同利益主体的企业在市场中捉对厮杀，保持了经济的活力，避免了苏联国有企业的死气沉沉。

"好风凭借力，送我上青云"。在改革开放的习习春风中，中国国有企业找到了最好的舞台，一方面保证了国家经济命脉不被外资控制，这使中国经济避免了"拉美化"，一方面也保持了经济的勃勃生机。

虽然我们对国有企业的效率等仍有较多微词，但不可否认的是除少数天然垄断企业之外，多数企业已经适应了市场经济的激烈竞争。

每个国有企业背后我们似乎都可以找到地方政府的影子，作为城市经济的主体，国有企业在地方经济中扮演了重要的角色。

在中国，城市之间的竞争永远是讨论的热点，各个城市在未来的发展中，一般都有诸多的假想敌和赶超的目标。

在中国城市的发展中，我们很容易找出一对对欢喜冤家，比如香港与上海、济南和青岛、深圳和苏州、深圳和广州、广州和天津、南京和苏州等等，这些城市都在暗中较劲。城市之间的对比是全方位的，比GDP，比税收，而比到最后还是落到了产业结构上。在城市的发展目标中，纷纷将"低碳"看成一个重要的指标，低碳更是城市竞争力最好的反映。

随着城市劳动力价格的提高、污染、噪声，大城市中的工业大量地外迁，第三产业的发展成为必然的选择，低碳成为必然的选择。

在第三产业中，金融、创意设计、航运、商业等成为各大城市发展的首选，又不污染环境，又不需要太多的地方，凭几台电脑就可以创造出产值，投入产出比例那是相当的高，这比干工农业可轻松多了。

而在第三产业中，最为人们所重视的则非金融莫属。打造中国的金融中心，可是中国各大城市的梦想。不过到目前为止，有机会做这个梦的还仅限于北京、上海和香港，勉强再把范围扩得宽一些，可以再加上广州和深圳。

北京由于是中国的行政、文化中心，人行及中农工建四大行的总部都在那里，搞金融的优势得天独厚。香港历来就是亚洲金融中心，积累了上百年的家底，还是可以在内地一些小城市面前摆摆谱。

而上海在国务院批出国际航运和国际金融"双中心"以后，正向国务院提交争取"第三中心"的文件，就是要争国际贸易中心的建设。这也说明上海进取态度远超香港的想象，上海锐意打造的，正是香港日渐舍弃或者无法保住的经济支柱性产业。

上海和香港谁最终将胜出，仍是一个难以预料的事，但这也说明金融、贸易等来钱比较快，可以让 GDP 的数字蹭蹭蹭往上涨。目前世界的金融中心纽约和伦敦，每天都有巨量的资金中转。金融业也可以看成是雁过拔毛，无论如何都得多少让庄家分一杯羹吧，也难怪有人将金融称为炼金术，不仅可以提供就业机会，赚钱更是没得说。

金融业主要为企业及个人提供金融服务，是整个社会的"货币管家"。一个地方的金融中心地位是各种方面综合因素的结果，包括历史、地缘、文化、行政、经济实力等因素。一旦其金融中心的地位确立，便可以获取巨大的优势。相对于靠干工业卖苦力、牺牲环境不同，金融业等第三产业可以创造巨量的 GDP。

台湾宏基集团创办人施振荣先生，在 1992 年为了"再造宏基"提出了有名的"微笑曲线"（Smiling Curve）理论，作为宏基的策略方向。微笑嘴型的一条曲线，两端朝上，在产业链中，附加值更多体现在两端，设计和销售，处于中间环节的制造附加值最低。这也形象生动地说明了各产业在整个社会利益链条上的地位。

在整个社会生产的利益物链上，个人如果有高学历、良好技术及某方面的特长，便可以获得高收入。如果一个城市或地区因金融、贸易、技术等方面的优势，同样可以在社会新创造财富的分配中占据优势的地位。对于国家与国家之间而言，资源、技术等优势可以保证国人利用较少的劳动换取更多的劳动成果，可以保证高质量的生活水平。人与人之间有非常激烈的竞争，而地区与地区，国家与国家之间也有非常激烈的竞争，这也成为市场经济的必然结果。

低碳实质上是对经济制高点的争夺，对中国的各大城市而言，低碳的竞争似乎刚刚开始，我们仍将看到各城市首长为了经济奔波忙碌的身影，他们的绩效将直接决定各城市在产业链中的位置。

七、低碳经济，你可以把握的机会

2009 年 10 月 13 日，43 岁的王传福毫无意外地以 350 亿元身家（较 2008 年激增 290 亿元）登顶胡润的中国百富榜，城头变幻首富旗，而今轮到王传福。以往的首富都是靠房地产、金融或零售等行业打天下，现在却被做汽车的给夺走了，仍有些让人意外。

在世界投资大师巴菲特的催化下，王传福登顶其实也是顺理成章的事。

2008 年 9 月 27 日巴菲特投资伯克希尔－哈撒韦公司旗下附属公司中美能源控股公司，宣布斥资 2.3 亿美元入股比亚迪 10% 股权。

巴菲特投资比亚迪一时成为世人津津乐道的话题。

现年 78 岁、被誉为"奥马哈先知"的巴菲特投资比亚迪超出了众多人的设想，巴菲特的投资秘笈中有一道"第三条投资准则"，即对高技术产业退避三舍，但是是什么让巴菲特动了心呢？

20 世纪 90 年代，因为"看不懂"，股神巴菲特拒绝投资美国高科技公司，甚至没有出手购买微软的股票。但 2008 年 9 月，巴菲特却入股了这个中国企业比亚迪。

巴菲特看中比亚迪的则是它在新能源领域的执著与坚持，现在很多股票只要一沾上"低碳"就一飞冲天，而比亚迪的新能源汽车基本是"无碳"，也难怪巴菲特难以经受住诱惑。

在人们的印象中，汽车都是燃烧汽油的，但比亚迪却推出了全球第一辆双模电动车，将纯电动、油电混合等完美整合在了一起，当今世界掌握双模技术的只有通用、丰田和比亚迪三家企业。

比亚迪 DM 电动汽车一次充电能行驶 100 公里，电池充电循环次数可达 2000 次以上，电池的持续里程寿命大于 60 万公里，同时比亚迪 DM 汽车还突破了反复充电、家用插座充电两大技术难关。

传统锂离子电池充电时间至少要 4 到 5 个小时，而双模电动汽车在专业的充电站上快充 15 分钟可充满 80%，即使是在家用电源上慢充，也只需要 9 个小时就可以充满。

从比亚迪的宣传中，我们似乎看到了一场新兴能源革命正在到来，汽车将可以完全抛弃汽车动力。

由于有巴菲特的光环，比亚迪股票由最初的 6~7 港元，后来涨了十余倍，比亚迪市值在 2009 年 10 月冲上 1945 亿港元的巅峰，巴菲特的点石成金术让人们叹为观止。

但聚光灯下的比亚迪并不如人们想象的那样完美，虽然我们看到比亚迪的汽车 F3 月销量突破 3 万大关，但其最耀眼的双模电动车销售并不尽如人意。

F3DM 自 2008 年底上市后的一年中，仅向政府及企业团体销售了 100 辆左右。与此相对应的是，2009 年前 7 个月，全球最成熟的新能源车丰田普锐斯在美国销量已逼近 7.5 万辆。

尽管 F3DM 及纯电动车 E6 在 2010 年 1 月亮相底特律国际汽车展的主展厅，让中国汽车从地下走到地上，并吸引了巴菲特的到场助阵，但王传福随后即更改了其出口美国的计划：出口时间由 2010 年改为 2011 年，车型则由 F3DM 调整为 F6DM。

比亚迪电动车在中国不被接受主要原因还在于价格，F3DM 尽管其 14.98 万元的价格仅相当于丰田普锐斯的一半，但却又高出同类传统燃油汽车约一倍，中国的消费者好像还没有为了环保而多掏腰包的习惯。

比亚迪的电动汽车之路就此夭折了吗，其电动车仅仅是一个噱头吗？如果比亚迪的招牌菜——电动汽车没有了，还叫原来的比亚迪吗？仅靠传统汽车就能打天下吗？

而在 2009 年底，比亚迪的股票遭受了大幅下跌之苦，市值在短时间内以数十亿港元不断下跌，巴菲特的光环效应似乎在消退。

而引发比亚迪股票大跌的则是比亚迪对宁波中纬的收购。

2008 年 7 月，宁波中纬因资金压力，濒临破产，并停止运营，开始着手挂牌转让。但出乎意料的是，最后买主并不是一直被大家看好的上海贝岭，方正电子也中途退出，背后的原因似乎都是"摊子太烂"。而逐渐低调介入半导体领域的比亚迪最终以近 2 亿元将宁波中纬收入囊中。

在其后的新闻报道中，我们频频看到宁波中纬巨亏拖累比亚迪的新闻。宁波中纬像一个吸血鬼，每个月都可以让比亚迪失血 5000 万人民币，而更新宁波中纬老旧的生产线，至少需要 8 亿美元，这可是一个无底洞。

面对外界的普遍质疑，比亚迪在这个时候似乎有意与外界隔绝，在 2009 年 11 月 20 日比亚迪的公报中，承认宁波中纬仍然亏损，但在接盘宁波中纬的 9 个月时间里，亏损额"远远低于 5000 万元"，但未进一步透露情况。

宁波中纬的芯片生产线是 6 英寸的，而现今国外 6 英寸与 8 英寸芯片已属于淘汰产品。而宁波中纬当初使用的设备是台湾芯片代工企业台积电那里的二手设备，到 2009 年，该设备已经使用 21 年，按业内一般常规，已超期服役 6 年。

这些都让人一头雾水，做汽车的王传福为什么要去碰宁波中纬这个烂摊子呢？别人都对宁波中纬无可奈何，就你比亚迪有回天的本事？

而实际上，比亚迪接手宁波中纬，其用意仍在电动车，王传福不惜一切代价，就为了打通电动车的产业链，走出一条非同寻常之路。

比亚迪双模电动车的核心是电池，它决定着比亚迪的生死。

比较而言，汽车用电池技术要求远远高于手机电池，更接近于传统笔记本电池，只不过笔记本电池通常只有六个组成串联电池组，而汽车电池则需要 100 多个电池组。

F3DM 电池模块就由 100 块电池串联而成，这就像 100 个水管联在一起，假如有一个水管堵住了，另外 99 个可能也无法工作，这就是所谓的一致性问题，不能有丝毫的闪失。

2005 年，比亚迪进入笔记本电池市场，希望成为戴尔笔记本电池的供应商，但因一致性问题无法解决不得不铩羽而归，以比亚迪的技术还不能让 6 个串联起来的小家伙按同一节奏心跳、呼吸，而现在则是 100 多个小家伙，其难度可想而知。

汽车电池通常需要在长期震动高温强电流的环境下作业，在车厢内每个电池的温度、通风条件、自放电程度、电解液的密度会有差别，也会极大增加电池电压、内阻和容量的不一致性。如果不能对电池单体进行及时维护，电池组的寿命将缩短为单体电池的几分之一甚至几十分之一。

电池汽车是先将电能转化为化学能，再将化学能转换成电能，它更像一个半生命体，非常娇贵，必须细心呵护，否则比亚迪所宣传的连续行驶 60 万公里就化为泡影。

从比亚迪 F3DM 的进展迟缓来看，比亚迪并没有很好地解决技术上的瓶颈，大规模的商用还难以实现。

对比亚迪的挑战和技术瓶颈则在于电池的管理控制，保证电池的工作温度在 30 度上下。目前电池管理系统基本上都采用电流积分的方式，但这种方式会带来累计误差，而一个小小的芯片则可以使很多问题迎刃而解。

如果比亚迪解决这一世界级的难题，汽车霸主的地位便不再是一个梦想。

所以，比亚迪进军半导体产业，收购宁波中纬便是一个不得已的选择，也是道必须迈过的坎。比亚迪看中宁波中纬的正是它的芯片设计及制造能力。

收购宁波中纬可能是比亚迪的又一场豪赌。按传统的思维及做法，比亚迪都应该将这些工作外包，聘请专门的设计公司，将风险分散，而不是任何事情都亲力亲为。

但传统的做法有非常大的弊病，它很难保证技术的独创性，研究及制造的周期更长，耗费更多的资金，整个过程更难控制，或者让自己的命运掌握在别人手里。这对于野心勃勃，急于在世界汽车业中大展身手的王传福来说是难以容忍的。

比亚迪的电动汽车梦可能仍然遥远，我们不能不佩服王传福是一个非常成功的商人，利用"铁电池"这一概念赚足了大家的眼球，也吸引了巴菲特这样的世界投资大师，让全世界都认识了比亚迪。

但比亚迪的做法并不是靠某种概念赚快钱，上演空手道，它的梦想是在 2025 年成为世界第一，所有的一切都是围绕着世界第一的梦想，而巴菲特投资比亚迪更看重的是王传福这个人本身。也难怪王传福被巴菲特的老搭档查理·芒格形容为"发明家爱迪生和经营鬼才杰克·韦尔奇的混合体"。

但比亚迪世界第一的梦想只可能建立在电动汽车的身上，想按世界汽车巨头的路一步步地走，按常理也要上百年的时间。但在比亚迪眼中时间比什么都宝贵，比亚迪只有不断地颠覆传统，走别人没有走过的路，才可能取得成功，而比亚迪也正是这样一步步走过来的。其自进入手机电池行业以来，在短短几年时间内做到与三洋、索尼并肩，成为世界电池三强。

而比亚迪不按常规出牌，迅速进入陌生的手机代工行业，直接从富士康口中夺食，而后来进军汽车业也让人大吃一惊，当比亚迪收购秦川汽车时，股价大幅下跌，给王传福迎头一棒，但后来比亚迪用业绩说服了投资者，更引来巴菲特这一条巨鳄。

做电动汽车需要的不仅仅是勇气与信心，更需要海量的投入，这仅凭银行输血是办不到的。比亚迪只有自力更生，在传统汽车而非电动汽车上的成功让比亚迪在电动汽车上有了不断烧钱的资本。

比亚迪在传统能源汽车上基本成功了，但这难掩比亚迪在新能源上的雄心壮志，或许中国汽车业要成为世界汽车的翘楚，只有靠这些不走寻常路的企业家。

比亚迪不是一个特例，在新兴能源领域仍有无数的企业在为实现一飞冲天而努力奋斗着，替代能源将是一个永远的话题，也将制造更多的财富神话。

在高油价时代，人们对新兴能源的渴望似乎是无止境的，很多细小的技术可能彻底改变人类的进程，颠覆人类的生产生活方式。

从目前的发展来看，似乎在新能源领域更容易诞生像比尔·盖茨那样的天才人物。在股市投资中，我们必须像巴菲特一样，寻找心目中的潜力股，才能获得最大的收益。

第八章 碳国策，从低碳走向未来

本章导读：中国目前二氧化碳排放总量已经超过美国居世界第一位，随着中国经济的日益发展，对能源的依赖越来越大，中国面临着严峻的能源安全问题，低碳也成为中国发展的必然要求，但在能源革命未到来之前，中国该做哪些准备呢？

面对欧美咄咄逼人的攻势，留给中国的时间好像并不多，中国有什么制胜的绝招吗？在低碳经济时代，中国做了哪些技术储备呢？

一、中国成功应对"十面围攻"

2009 年 12 月 19 日，在中国澳门及丹麦哥本哈根上演着双城记。

一是胡锦涛总书记搭乘专机到澳门参加澳门回归十周年庆典，澳门沉浸在一片喜庆之中，共同见证澳门回归后的繁荣。

一个是温家宝总理远在丹麦哥本哈根参加全球气候变暖大会，并发表了重要讲话。表明中国在二氧化碳减排上的基本政策。

中国通过香港、澳门的回归实现了国家的统一，洗刷了百年耻辱，这是值得中国人民自豪的事，它将让更多的中国人振奋。

但在哥本哈根的联合国气候大会上，中国并不轻松，受到来自欧盟及美国的全面围攻，各方剑拔弩张，这显然与国内和谐融洽、斗志昂扬的氛围迥异。

本次哥本哈根大会，欧盟是铆足了劲，开足火力想让中国承担更多的国际责任，也加入减排行列，和欧美国家一起扮演地球的"拯救者"。

从人均 GDP 上来看，中国虽然背了一个发展中国家的帽子，但中国已经成为世界碳排放第一大国，而且中国的碳排放总量仍然在不断增长，这是最好的靶子。

如果成功地将碳排放同中国经济进行捆绑，这将给欧洲更多的主动权，如同在中国脖子上套一个绳索，将作为欧洲重新成为世界一极的垫脚石。

发达国家为达到自己设定的会议目标曾做了许多所谓的外交努力，不仅早早密谋好了谈判策略和协议草案，而且分头到主要的发展中国家去游说。他们还私下许诺资金援助，利用媒体宣传气候恐怖，借助他国上演悲情剧，试图挑拨和分化发展中国家。

作为此次会议的东道主，在议程上，他们给环保组织、NGO 等提供了大把的活动空间，使各路记者不可能无视他们的存在。

而这一切的目的都是为了让全世界把聚光灯都汇集到中国身上，将中国丑化成一个对人类生存环境极不负责任的角色。

中国任何不妥的举措都可能成为攻击的靶子，把会议失败的责任推到中国头上。

万事俱备，只等中国人瓮。

此行对中国来说，绝对是凶多吉少，稍有不慎，将可能使中国在国际事务中处于严重孤立的地位。哥本哈根对中国来说绝对是一道鸿门宴。

应该说，中国在会前对联合国气候大会的形势作了充分的预估，中国不能打无准备之战，只有未雨绸缪才能决胜千里。

经过反复推算后，在出席大会前对外公布了在2020年前单位GDP二氧化碳排放量较2005年减少40%～45%的超额目标，这和发达国家所要求的总量控制仍有显著的区别，但中国作为一个发展中国家，必须以发展为要求，这显然是合情合理的。

中国是一个能源消费大国，中国必须不断提高能源使用效率，降低对资源的依赖，这是中国经济发展的必然要求，中国也需要给自己一些压力。

发展中国家要求发达国家减排幅度超过40%，但是发达国家目前做出的承诺大都在25%以下。在已经公布了中期减排目标的发达国家中，只有挪威、瑞士等国达到了25%～40%的范围，欧盟的30%算是比较高的，但也是条件承诺，澳大利亚提出的只有5%，日本的25%同样是条件承诺。综合目前已经提出确切数据的发达国家，平均水平大概为16%。

相对于美国提出的承诺2020年温室气体排放量在2005年的基础上减少17%的指标，中国的决心似乎更大，目标更高。

迫于压力，事先坚决不承认减排的印度也只好公布到2020年单位国内生产总值二氧化碳排放比2005年下降24%的目标。

中国先声夺人，使欧盟失去了一个攻击中国的点，全球主要媒体都对中国的减排目标表示赞赏，而把问题的焦点转向美国这个超级大国。

中国走稳了第一步。

考虑到气候谈判的不确定性，在哥本哈根大会召开之前，中国、印度、巴西和南非"基础四国"与77国集团主席国苏丹代表在北京举行磋商。温总理会见了与会的各国环境部部长或代表。

在同各国政府气候变化代表团进行艰苦谈判的同时，从 12 月 8 日起，温总理分别与联合国秘书长和英国、德国、印度、巴西、南非、丹麦、埃塞俄比亚等国领导人通电话，就会议涉及的一些重大问题坦诚、深入地交换意见。

中国必须寻找自己的盟友，在欧美的猛烈攻击前构筑一条坚固的防线，显然中国做到了。

中国走稳了第二步。

欧盟并非真心提供给发展中国家资金，出尔反尔是欧美的家常便饭，只要翻翻 G8 的历史，就能看到每次发达国家都提出减免发展中国家债务的计划，但最后真正落实的少得可怜。反而中国却一直走在前面，为非洲发展中国家提供了较多的资金援助。

中国正确地认识到了这一点，因此，在发达国家的资金使用上，提出优先让中小国家使用，中国也视自身情况对发展中国家提供力所能及的援助。

欧盟欲把中国塑造成一个贪婪的国家，其减排只是为了骗取发达国家资金的目的又落空了。

中国走稳了第三步。

欧盟的减排都是有条件的，必须与中国等发展中国家的碳减排挂钩，希望与中国进行捆绑，束缚住中国等发展中国家的手脚。

而中国的减排并不带任何的政治条件，无论其他国家是否认真实施减排，中国都将一如既往地进行减排。

中国与欧盟在"维护人类利益"，降低碳排放方面高低立见。

世界上只要稍稍客观的媒体都可以看到中国在碳减排方面的诚意，而欧盟等国家只是将碳减排当成是一个谋取自身利益的工具。

中国走稳了第四步。

分化瓦解一直被视为欧盟对付中国的法宝，希望从外围给中国施加更大的压力。

在世界各国领导人纷纷赶到哥本哈根开会之际，法国总统萨科奇也没有闲着，他把中非 10 国领导人接到巴黎，希望他们能在哥本哈根大会上支持欧盟的提案。

可惜萨科奇打错了算盘，中非领导人明确表示"中国是非洲的友国，我们非洲国家将和我们的朋友中国开诚布公进行讨论，以便我们一起共同朝着正确的方向前进。"这让萨科奇碰了一鼻子灰。

中国的真诚待人与欧盟的两面三刀形成巨大的反差，中国占据了道义的制高点。

然而，欧盟并没有死心。

12月17日晚8时，温家宝总理出席了丹麦女王玛格丽特举行的晚宴。

但是，在这个宴会上，发生了一件意想不到的事情。一位外国领导人无意中向温总理提起，某国将在宴会后召开小范围领导人会议，商议新的案文。这位领导人手中的与会国家名单上，赫然写着中国。

这引起了温总理的警觉，既然中国也在其列，为何没有接到通知。他从一些相关国家领导人那里得到进一步证实，确有这个会议，但召集方一直未通知中国。

欧洲希望在中国没有准备的情况下在世界众多领导人面前再次抛出他们的"丹麦提案"，逼中国就范。

温总理感到问题的严重性，立即离席赶回饭店，召开会议研究对策。奉温总理指示，何亚非副部长立即赶到"会场"，对召集方这种别有用心的做法提出强烈不满，表示一定要公开透明，不能搞小圈子，不能强加于人，否则很有可能导致会议无果而终。

欧盟此招被中国识破。

欧洲人贼心不死，仍在作最后一搏。

12月18日，上午9时45分，温总理提前抵达拉贝会议中心，举世瞩目的领导人会议定于10时开幕。然而，时辰已到，东道主和联合国秘书长却踪影全无，主席台上空空如也。人们纷纷猜测到底发生了什么事情，但始终没有任何人出来说明。

欧洲显然已经完全失去了诚意，只等把气候谈判失败的责任推到中国身上，好向中国施加压力。少数国家领导人甚至发表了不负责任的言论，指责中国。

见此情形，温总理当机立断，提议"基础四国"领导人再次碰头。这时，工作人员已经来不及安排会议室了，四国领导人就在会场外的大厅里，围坐在一张茶几旁交换看法。

到了 11 时 30 分，谈判大会奇迹般复活。

欧洲人只等把中国架在火上烤。按照原定计划，温家宝总理是在东道国丹麦首相拉斯穆森、联合国秘书长潘基文、美国总统奥巴马之后第 4 个发言。但奥巴马的"迟到"，温总理成为与会各国代表中第一位发言的人。

中国显然有备而来，温总理在会上发表了题为《凝聚共识加强合作推进应对气候变化历史进程》的演讲，释放了最大的诚意。

欧洲人显然又碰了一鼻子灰。

但欧洲人似乎铁了心，不作任何让步，直等大会失败。

中国在哥本哈根还面临着美国的巨大压力。

美国总统奥巴马到达哥本哈根后，就火药味十足，经过美国国务卿希拉里的铺垫后，奥巴马总统在他的发言中，向中国发出最后的通牒，中国承诺的碳减排必须接受国际监督，宣称如无国际监督，"任何协议将只是纸上空谈"。

因此，温总理到达哥本哈根后的第二天，并没有安排与奥巴马的任何会晤。而在 18 日领导人大会后，温总理安排了与奥巴马的沟通，双方不欢而散。

奥巴马 18 日召开一场 20 多个国家举行的紧急会议，面对美国咄咄逼人的攻势，中国并没有理会，中国方面仅派副外长何亚非参加，温家宝没有出席。

奥巴马发现他的谈判对手是谁时，几乎难以相信。他显然觉得温总理故意缺席是很大的外交侮辱，并当场发火说："如果能与能够做政治决定的人协商就好。"

在不久之后举行的大范围会议上，中方派了一名更低级别的官员代表温总理与会，对此，奥巴马相当上火，直言："我想和温总理会谈。"没有中国领导人的参与，美国的经也念不起来。

美国人显然低估了中国的决心和勇气。

离预定会期已经过去了较长的时间，仍然未有丝毫的进展。

在最后关头，温家宝总理再次发挥了关键作用。18 日晚，温总理约卢拉、辛格、祖马再次会晤，作最后的努力。

面对可能出现的会议失败危险，如果四国在关键问题上达成共识，再同美欧去谈，要尽一切努力争取会议有所成果，可以避免欧美把火力集中在发展中国家的头上。

连续两次被拒后，奥巴马也感觉特别郁闷，对于一心想从欧洲手中接过环保大旗的美国无疑是迎头一棒。见对中国采取高压的态势并不能使中国让步，美国作为碳减排的领导者地位将难以确立，哥本哈根将可能使奥巴马颗粒无收。

奥巴马见势不妙，在他的助手告诉他说温家宝正在与印度、南非、巴西三国领导人开会协调立场。于是，奥巴马不请自来，直接闯进了会场，他边走边说："总理先生，你准备好了和我见面吗？准备好了吗？"

四国会议变成了五国商讨，并最终达成《哥本哈根协议》。

图：哥本哈根会议

这是一场没有欧盟参加讨论并定下来的协议，按理不可能被欧盟接受。

这时美国这个带头大哥的本色便体现出来了，美方表示愿意出面征求欧盟方面的意见，在欧盟面前，美国还是能说得上话的。

温总理、奥巴马等领导人相继离开哥本哈根。

随后，美国和欧盟国家进行了磋商，而"基础四国"也跟有关国家进行了沟通。然后，这个草案又在部分国家中进行了小范围磋商。

最后，气候谈判有关各方就"基础四国"与美国达成的《哥本哈根协议》达成一致，被载入历史。

当哥本哈根气候谈判大会正式宣布结束时，离原定大会闭幕时间过去了9个小时。

二、和平共处五项原则：中国必须做好的准备

中国在哥本哈根的表现是比较完美的，进退自如，经受住了发达国家集中火力的"十面围攻"，发达国家的如意算盘落空。和欧洲的失意与苦恼相比，中国还是笑到了最后，中国的国际地位经受住了一次严峻的考验。

哥本哈根的胜利也是发展中国家的胜利。在这次哥本哈根气候变化大会的谈判过程中，发展中国家团结一致，维护《京都议定书》和《联合国气候变化框架公约》原则的坚决态度大大出乎西方国家意料之外。

德国媒体对此结果都深表不满，在批评各方尤其是美国没有尽到义务的同时，也感叹发展中国家在国际事务中的声音越来越强大。德国《明镜》网称，发展中国家和新兴国家在与发达国家的较量中获胜。

在美苏争霸时期，全球事务基本上是苏联和美国两家说了算。在单极世界里，则是美国说了算。在众多场合，各国尤其是大国以一己利益为先之外，众多小国只能品味到在国际事务中总是由大国主导的无奈滋味，中小国家只能作为一个旁听生。

在发达国家的潜意识中，全球性事务的掌控和规则的制定一向都是他们的事，发展中国家的参与充其量也就是凑个数，没有多少影响力，这无形中形成发达国家与发展中国家巨大的隔阂。

现在世界的政治格局正在走向多极世界，多极化趋势日益明显，在这个时代最重要的特征莫过于新兴大国的崛起，并逐渐在世界舞台上抢夺各种话语权。

尤其是77国集团和中国为维护发展中国家利益，与发达国家展开的一次又一次政治交锋使其感到非常被动和不适应。

但这次大会中国应该说是险胜，有较多偶然的成分，如果不是欧美存在一定的利益冲突，欧盟太过自信，美国这个大块头仍然志大才疏，以为盟友众多，别人都得听他的，到最后欧美两家弄巧成拙，否则发展中国家为大会失败

背黑锅的可能性非常大。

由于 77 国集团成员众多，利益诉求各不相同，这也导致集团内部矛盾重重，此次虽然是以一个声音说话，但我们还是听到内部有很多的不协调。

一个和尚挑水吃，两个和尚抬水吃，三个和尚没水吃，更何况目前有 100 多个和尚，并且没有一个公认的领袖出来主持，谁又服谁呢？

其中小岛国联盟对于"气候变暖"反应最为强烈，一直坚持最激进的减排措施，他们与欧盟很容易走得很近，他们因为自身碳排放量小，对碳减排意愿强烈，成为宣传"减排"的马前卒。

最不发达国家的基础设施很不完善，适应气候变化的能力最弱，北京奥运会基本上让北京晴空万里，具备在小范围内改变天气的能力，你说这些最不发达国家能花钱应对突然而来的自然灾害吗？由于气候变暖派长期洗脑式的宣传，这一批国家对中国、印度两大碳排放国抱有一定的戒心，更愿意和发达国家合全力压中、印两国减排。

2009 年 10 月，印度洋小岛国马尔代夫的全体内阁部长们穿上了潜水服，背上了氧气筒，戴上了潜水镜，在 4 米深的海底召开了一次前所未见的海底内阁会议。

2009 年 12 月初，中国近邻尼泊尔的 20 名内阁部长也背着氧气筒，登上喜马拉雅山一处海拔 2800 米的地方，举行了一场号称"全球最高"的内阁会议。

两个小国的"异常"举动，都是希望在哥本哈根联合国气候大会前夕露露身段，力争让世界听到他们的声音，以争取更多的利益。

发达国家对发展中国家采取的策略仍是有拉有打，力图从内部分化发展中国家联盟，使之不能形成合力。

据菲律宾《商业世界报》2009 年 12 月 21 日报道，菲律宾政府对哥本哈根大会没有达成有约束力的条约深表遗憾，但菲律宾代表团则从哥本哈根获得了 3.1 亿美元的环境资金援助。

菲律宾能得到这个援助，与该国在站队时站到了欧美这一边是分不开的。77 国集团代表里面有一个来自菲律宾的代表，是一位非常资深的从 20 世纪 90 年代就从事国际谈判工作的女士，她在 77 国谈判里也非常非常重要，结果在希拉里2009年11月访问菲律宾之后，希拉里一走，菲律宾总统就宣布把这位资深女士从菲律宾的谈判代表团里除名。

只要发展中国家有几个国家唱反调，就将削弱发展中国家作为一个整体在气候谈判中的分量。

由于发展中国家数量众多，经济发展水平仍存在着非常大的差距，欧美通过为发展中国家制定不同的减排目标，从而达到分化发展中国家的目的，没有减排义务的国家对气候谈判难免不会太上心。

发展中国家中，中国、印度、巴西、南非等大国排的二氧化碳最多，按欧洲及美国的要求，是要减排的，而其他国家还不必承担减排责任，欧美就要让"发展中国家"这个帽子戴在中国、印度等身上看起来不合身。

就"基础四国"内部也非铁板一块，也存在着一定的差异。

印度与中国是世界上两个最大的发展中国家，但发展水平相差较大。印度就认为，它有4亿贫困人口，而中国则没有这样规模庞大的赤贫人口，中国应该减排，印度则不需要。

在哥本哈根大会召开前，对于中国此前宣布减排目标，印度环境部部长拉梅什说："和中国不同的是，印度没有宣布任何减排目标。"但他表示，印度也有一份气候变化问题方面的行动计划，不过这一计划并没有具有法律约束力的减排承诺。印度一直表示，强制减排目标将损害印度的经济发展。

中国率先公布减排目标，给印度造成巨大的压力，按印度的发展水平，不进行减排并无不妥，中国的单位GDP二氧化碳排放量是2.8吨，印度只有1吨。但在巨大的国际压力下，印度还是公布了减排目标。在国际事务中，印度也摆脱不了随时与中国进行对比的处境，不得不跟着中国的步伐。

卢拉在哥本哈根大会上个人承诺给其他国家资助，这等于将了中国一军。印度总理面对欧美的联合攻势，差点做了较大的让步。

削弱"基础四国"的影响力，拆散"基础四国"是欧美共同的目标。在哥本哈根大会上，欧美并没有得逞，如果欧美形成合力，由于印度、南非及巴西三国与西方势力有千丝万缕的联系，它们仍有可能在减排上做出某些让步。

中国此次哥本哈根的小胜，除了上述原因之外，最根本的还是坚定地奉行了和平共处五项原则，真正地做到了不偏不倚。

"和平共处五项原则"是在 1954 年 4 月 29 日签署的《中印关于中国西藏地方和印度之间的通商和交通协定》中首先正式提出的。

1953 年 12 月 31 日，中国和印度两国政府代表团就历史遗留下来的中国西藏地方和印度的关系问题开始在北京举行会谈。当天，周恩来总理在接见印度政府代表团时说："新中国成立后就确定了处理中印两国关系的准则，那就是，互相尊重领土主权，互不侵犯，互不干涉内政，平等互利和和平共处的原则"。

印度方面对周恩来的主张表示赞同。在 1954 年 4 月 29 日签署的《中印关于中国西藏地方和印度之间的通商和交通协定》的序言中就列入了这五项原则。

50 年来，中国根据和平共处五项原则的精神与缅甸、尼泊尔、巴基斯坦、阿富汗、蒙古等国解决了历史遗留的边界问题，同印尼解决了关于华侨双重国籍问题，在亚洲树立了和平的形象，成为巩固地区和平、加强亚洲各国团结的典范。

据统计，到 1976 年周总理去世时，已有 90 多个国家在同我国共同发表的文件中确认了和平共处五项原则，在此基础上同我国建交的国家达 100 多个。而印度也根据五项原则成功解决了与缅甸和尼泊尔的边界问题。

五项原则为建立和发展崭新的国际关系，为建立和平、稳定、公正合理的国家政治新秩序和相互尊重主权、平等互利、发展民族经济的国际经济新秩序奠定了基础。

五项原则还跨越了意识形态的鸿沟，冲破了东西方文化的隔阂，赢得了西方国家的认可。1956 年，芬兰、丹麦、瑞典、法国、比利时都在有关文件中引入了五项原则。20 世纪 70 年代后，日本、英国、荷兰、联邦德国、澳大利亚、美国先后接受了这个原则，并写入与中国签订的友好条约或联合声明中。

和平共处五项原则彰显了华夏文明五千年的智慧，已经成为中国宝贵的精神财富，中国靠着这一原则赢得了亚非拉的多数朋友。

按目前中国的经济发展水平，再过 20 年左右，将基本上完成工业化进程，预计中国到 2030 年前后可能达到二氧化碳排放的峰值，中国正好赶上工业化高速列车的最后一班。

如果中国怀有私心，在这趟工业化的末班车上手拉着栏杆脚跨进门里，就屁股撅着，不再让任何国家有机会抓栏杆，和欧美一道把车开成 S 形往外甩人。而这时印度估计是一只手拉着栏杆，一只脚已经踩在车内，但大半个身体却还在外面晃着，车子后面追着一溜亚非拉的兄弟在吃灰。

在处理国际事务中，各国平等仍是最根本的法则。反观欧美大搞利益至上，对发展中国家进行威胁利诱，不尊重其他国家的基本利益诉求，必然受到广大发展中国家的唾弃。

1945 年以来，美国基本上是世界无可争议的霸主，美国一直以"自由世界"的领袖自居，众多国家只能唯美国马首是瞻。但美国却将"民主"、"自由"等变成打压其他国家的一项手段，为美国的国家利益服务，而非真正为了推动民主及自由。

在上次总统竞争期间，共和党候选人麦凯恩甚至呼吁组建全球民主国家联盟以抑制他们心目中的权威国家，奥巴马的一些高级顾问也颇为热心，纷纷撰文讨论组建世界民主国家联盟。其目的是想将中国、伊朗、朝鲜、委内瑞拉等难啃的骨头用一个独裁的铁栅栏围起来，使之成为挽救欧洲衰落的一根救命稻草。

然而在美国眼里四个最大、最具战略重要性的民主国家——印度、巴西、南非和土耳其并没有接受美国的感化，成为美国组织的唱诗班里的一员小天使，反而在哥本哈根气候大会上与中国结成了联盟。

欧美奉行的外交政策也有其深刻的历史背景。欧洲历史上虽然有几次短暂的统一，比如罗马帝国、法兰克王国，但欧洲大部分时间处于分裂的状态，由于宗教势力庞杂、没有处于绝对优势的民族，很难出现统一的中央王朝。

欧洲历史是一部相互征伐的历史，大小的战争一直伴随着欧洲人民。这也使得各国在采取外交政策时，基本上以国家利益为基础，不可能有一以贯之的外交政策。

在百年战争后，英国退出欧洲大陆，孤守英伦诸岛，英国至此丧失独霸欧洲的机会。为了维持自身的利益，英国只有采取扶弱打强的政策，保持欧洲力量的均势。

比如，英国与荷兰在三次英荷大战中为海洋霸权和商业利益杀得你死我活，但是一旦看出外交力量对比发生了根本的变化，英国统治者倒也能够不计前嫌，与昨日的对手握手言欢，对昨日的盟友翻脸无情。

历史上的分分合合，使欧美各国制定外交政策的基本准则只是冷静评估外交利害关系和国际权力结构，一切以国家利益为中心，从来就不把信誉和意识形态认真看待，对感情和友谊更是逢场作戏。

反观中国，由于汉民族占据了主导地位，再加上喜马拉雅山、青藏高原、帕米尔高原、蒙古高原、太平洋、南亚热带丛林将中国与其他文明区天然分割开，在数千年中没有发生直接的利益冲突，因此，中国基本上是以一个整体的形象出现在人们面前，虽然经历了几次少数民族入主中原，但汉文化强烈的同化特征，使中华文化得以保存。

北方游猎民族对中原地区形成强大的威胁，但中原农耕文明相对发达，这使中原地区与周边形成强弱分明的力量对比，中央王朝在处理外部矛盾时，更多采取怀柔与安抚等政策，其数千年的政策也很好地延续下来。

美国被经济问题所束缚，独霸局面很难长久维持下去，在错综复杂的国际形势面前，中国所提倡的和平共处五项原则在处理国家关系面前将使中国留有更多的余地。

全球气候谈判是一场没有硝烟的战争，由于掺杂了政治、道德、科技、经济等多方面的因素，它比以往的任何国际争端更加激烈和复杂，将如此多的国家牵扯其中。

中国政府对气候谈判采取了极其谨慎的态度，中国成立了应对气候变化问题小组，温家宝总理亲自挂帅，常务副总理李克强任副组长，在应对国际问题中，这样超规格的组织机构是非常少见的。

随着中国经济的不断发展，中国将不断承担更多的国际责任，这将是对中国政治智慧的考验，如何在国际间争取自己更大的利益，如何充分顾及各方的利益。

但在气候谈判中，中国的退路并不大，中国必须进行团队作战，这样才有获胜的可能，而所能倚重的只有亚非拉的兄弟。

中国必须为发展中国家争取更多的利益，这也是为自己争取利益，和发达国家没有任何讨价还价的余地。如何照顾中小发展中国家的利益将是中国、印度、南非、巴西为首的"基础四国"与西方发达国家争夺的焦点，它是未来气候谈判的关键和胜负手。

应对气候谈判，除了找到坚定的盟友外，中国在技术上也必须做好充分的应对。

首先是如何对各国碳排放进行有效的计量，如何测量和计算"碳排放"，根据怎样的公式来计算每个国家的排放量，碳排放量与经济发展相匹配的计算公式等等无疑是技术关键。为此，我们需要提出一套关于统计和计算的方法学，既要有理论，又要有公式，还要有数据。只有这样才能将一套政治话语转化为技术语言，在国际谈判中提出有利于自己的标准。

政府间气候变化专门委员会（IPCC）的运作机制必须更透明，它提供的是气候变化的基础数据，从"气候门"事件来看，IPCC 仍牢牢控制在英国手中，中国必须寻找制衡的手段。

气候谈判就像一场足球赛，IPCC 作为唯一的裁判，你说发展中国家还有机会向发达国家叫板吗？黑哨折腾死你，毕竟规则都是别人在制定和修改。

中国虽然坚持"三可"原则不能触及国家主权的红线，但国际事务最终会走向透明是一个大方向，中国必须在数据监测上走在前面。

中国人凭借自己在卫星技术、遥感技术、大气监测方面的技术优势，是可以逐步达到二氧化碳监测的最前沿，只有这样才能做到心中有数，掌握更多的主动权。

三、发展是中国最重大的主题

自 1840 年鸦片战争至 1949 年新中国成立，中国历经了百年屈辱，无数的先辈为了祖国的富强奉献出了自己宝贵的生命，他们所做的一切都是为了一个共同的目的——建设一个繁荣富强的新中国。

一万年太久，只争朝夕。

中国对未来的期望是炽热的，希望尽快摆脱贫困，但由于目标过于急切，使中国走了一些弯路，付出了惨痛代价，这里面最具代表性的则属于"超英赶美"了。

1957年，毛泽东在回应赫鲁晓夫的"苏联要15年赶超美国"说法时，谈到要让中国在15年内赶超英国，在1958年，毛泽东提出了较为著名的"十五年超英，二十年赶美"的宏伟计划。在这场全民跃进的运动中，中国将钢铁产量视为超英赶美的唯一指标，"以钢为纲"，大炼钢铁、大修铁路。

虽然这场经济建设以失败告终，但这却是中国人第一次给中国制定了明确的经济发展目标。在"文化大革命"结束后，1987年10月党的十三大根据中国具体的国情，提出了中国经济建设三步走的战略部署。

第一步目标：1981年到1990年实现国民生产总值比1980年翻一番，解决人民的温饱问题；第二步目标：1991年到20世纪末国民生产总值再增长一倍，人民生活达到小康水平；第三步目标，到21世纪中叶人民生活比较富裕，基本实现现代化，人均国民生产总值达到中等发达国家水平，人民过上比较富裕的生活。

这一次目标具体而实在，第一步和第二步目标对中国来说似乎显得有些幸运，中国牢牢地抓住了二战后世界范围内第三次产业转移的机会，靠中国人民的勤劳完成了原始的积累。

从建国初期的人均GDP不足100美元，到改革开放初期的200美元，再到2003年的1000美元，中国的经济也在这一次次的突破中实现着质的飞跃。2008年中国人均GDP首次突破3000美元。

人均GDP3000美元在经济学上是一个重要的发展临界点，意味着经济发展具备了相当的基础和一定的实力，经济发展开始进入加速成长阶段，人民生活水平将快速提高。

比如日本和韩国在达到人均GDP3000美元前后，均维持了长达10余年的高增长，仅花了2年时间，人均GDP就突破了4000美元。而从3000美元到10000美元，各主要资本主义国家用了10至12年不等。

当然，人均GDP3000美元后的经济加速发展期并不会自行到来，比如阿根廷和巴西等拉美国家，1990年时，人均GDP就已经接近3000美元，由于实施耐用消费品的进口替代战略，本国企业缺乏技术创新动力，产业升级缓慢，增长方式粗放，导致农业凋敝，工业疲软，失业人口激增，社会矛盾加剧。

到 2009 年，近 20 年过去了，人均 GDP 还在 3000 多美元徘徊，陷入社会动荡，发展停滞的"拉美陷阱"。

从经济发展阶段看，中国经济已进入工业化的中后期，它对中国实现第三步战略目标尤为重要，容不得半点闪失。

要实现经济发展的新突破，迈向更高的发展阶段，就必须转换发展思路、转变发展方式，决不能沿袭以往的发展老路，中国不能简单再追求量的增加，而要寻找质的突破，为下一轮的大发展注入新的动力。

从国际经验来看，经济体在实现人均 GDP3000 美元后进入发展的"分水岭"，而科技创新能力将在很大程度上决定经济体今后的发展走向。

以前所宣扬的大干苦干都不灵验了，必须整点技术含量才行。简单进行量的增加，中国土地、水、矿产资源等根本受不了。

摆在中国面前的问题仍然非常多，次贷危机使中国外部经济环境恶劣，贫富差距拉大、中西部差异、环境污染、资源紧张、贸易依存度过高等，但中国也有很多的机遇，中国正处在快速城市化的过程之中，中国的工业化也在向纵深发展，通过高铁使中西部经济联系更加紧密。

只有在发展中才能解决问题，停下脚步在那里争论并没有实质的意义。从中国的经济发展来看，很多棘手的问题，都是随着经济的高速发展而不断得到解决。

最明显的就是河流的治理，比如成都的府南河、济南市玉绣河、天津纪庄子河等，这些城市的母亲河都曾经遭受严重的污染，多数为劣五类水质，但经过修建污水处理厂，河道疏浚等工作，杨柳依依又重现大城市，使市民有一个良好的生活环境。

如果没有经济发展所取得的巨额资金，城市河流的整治将是一句空话。

因此，发展是中国最重大的主题，是中国今后数十年社会经济发展坚定不移的目标，我们并不能因为任何理由打断中国经济高速增长的步伐。

在气候变化谈判中，中国绝不能被欧美所谓的"碳减排"束缚住了手脚，从目前中国的处境来看，虽然仍然险恶，但仍掌握有一定的主动权。

由于资本主义长期在经济处于优势，世界的话语权基本上掌握在欧美国家手中，他们试图在中国外围建立一堵密不透风的墙，扼杀中国的发展，使中国没有和平的国际环境。

但随着中国经济的不断发展，资本主义各种神话正被打破，这给中国难得的机会，我们需要世界都能倾听到中国的声音，世界除了西方文明，还有一个辉煌灿烂的东方文明。

中国应当以大国领袖的姿态同时作为一个批判者和建设者，并借助西方人熟悉的"话语"，主张建设一个更为公平合理的、有助于解决人类共同问题的国际秩序。在这个过程中，中国的国家利益和国家发展战略必须能够被涵盖在这些话语之下，并对这些话语形成重构。

四、中国能源安全

哥本哈根大会基本上是以失败而告终的，失意的欧盟很想把责任都推到中国身上，只可惜群众的眼睛是雪亮的，欧盟的悲情牌并没有打好，最后只好把牙咬碎了吞到肚子里，收拾心情准备来年再战。

欧盟在事后把自己扮演成一个无辜的小白兔，而中国就成了一只大灰狼，其中原由则是在内部恳谈会上。欧盟的默克尔、萨科奇坚持要把2050年全球碳排放较2005年降低50%，甚至提出80%的宏大目标，结果中国坚决反对，而中国的铁杆盟友苏丹也在旁边给中国帮腔，把伟大的碳减排事业给搅黄了。

这也让很多环保主义者，无政府组织（NGO）看在眼里，恨在心里，中国不减排就算了，还不让欧盟自己提高标准，中国就是哥本哈根大会失败的主谋。

说起来，中国也有自己的考虑，中国已经开始承担减排的义务，要是欧盟把目标定得老高，中国在欧盟的高标准面前就会很被动。而更深层的考虑则是，中国是一个煤炭消费大国，这些煤炭燃烧了排出来的就是大量的二氧化碳，在没有替代能源的情况下，那不是自己把自己的命革掉了？

图表：中国一次能源消费结构

年份	占能源消费总量的比重/%			
	煤炭	石油	天然气	水电、核电、风电
1980	72.2	20.7	3.1	4.0
1985	75.8	17.1	2.2	4.9
1990	76.2	16.6	2.1	5.1
1995	74.6	17.5	1.8	6.1
2000	67.8	23.2	2.4	6.7
2001	66.7	22.9	2.6	7.9
2002	66.3	23.4	2.6	7.7
2003	68.4	22.2	2.6	6.8
2004	68.0	22.3	2.6	7.1
2005	69.1	21.0	2.8	7.1
2006	69.4	20.4	3.0	7.2

数据来源：中国统计年鉴，2007

第二次工业革命，基本上就是成本更低的石油取代了煤炭的霸主地位，但煤炭在社会生活中仍占有重要的地位，在目前世界能源消费中，煤炭的比例大约占20%左右。

而从上表中，我们就能看出煤炭在中国经济发展中的绝对分量，虽然清洁干净的水电、核能及风电等比重一直在上升，但中国煤炭在中国一次性能源消费结构中仍一直维持在70%左右的水平，巨量的煤炭一直在为中国经济保驾护航，满足着中国经济贪婪的胃口。

上天对中国或许是较为恩惠的，石油虽然不是很多，煤炭却异常丰富。据中国煤炭地质总局2008年底发布的数据显示，中国煤炭储量达1.3万亿吨，预测煤炭总资源量为5.57万亿吨。按中国目前每年30亿吨左右的开采水平，管个三四百年还是不成问题。

但煤炭毕竟不能完全代替石油，汽车就不能装着一筐煤在大街上到处跑，因为快速的经济发展，使中国患上了严重的石油饥渴症。

前面有日本、英国等在石油危机中的深刻教育，中国显然也不愿意把所有鸡蛋放在中东这个易摔的篮子里，凡事都异常小心。

在最近几年中，全世界都可以看到中国找油的身影。从战乱的南部非洲，到美国的后院——委内瑞拉，南极几公里冰层下面的石油，中国也要惦记一番。而自家南海院里，等中国海上石油钻探平台弄好了，也将大干一番。

而中国与俄罗斯之间石油管线的故事完全可以拍成一部上百集的泡沫剧，两者的分分合合只有用心才能数清楚，其间还穿插了日本这个第三者，故事高潮迭起，两个主人公似已经穷途末路，但又峰回路转，在历经十多年后，好似将在 2011 年修成正果。

与中国与俄罗斯之间的石油管线签了合同又撕毁，撕毁后又签订不同，中国与哈萨克斯坦的石油管线在 2005 年底正式竣工投产后，2009 年底天然气管道又通气了，使中国又增加了一条重要的能源通道。

据相关资料显示，中国自前苏联地区进口的原油所占比例，已由 2000 年的 3.1% 上升到目前的 10.0%，贸易金额有数十亿美元，而当中俄石油管线建好后，中俄间石油贸易量还将大幅上升。

对于两个大国来说，过分亲近对双方都是一种威胁，深度的利益捆绑可能会对双方外交政策产生牵制。对俄罗斯来说，大量向中国输送石油，将会对中国经济产生较强的依赖，而中国过多使用俄罗斯的石油，不安全感将增加，以俄罗斯人的脾气，经常搞一些在寒冷冬天对俄罗斯通向欧洲的天然气进行维护，全然不顾别人在冰窖里冻得发傻。

中国到现在似乎还不具备让北极熊感情专一的魅力。

从中俄间的贸易来看，虽然中国已经是世界上众多国家的第一大贸易国，中俄贸易也一直在增长，但中国在俄罗斯的贸易地位并不高，显然两个巨大身躯的邻居还是保持了高度的谨慎，不想有太深的利益纠葛。

在动荡不定的国际石油市场上，人们很难摸准它的脾气，后面国际投行的身影似乎总不可少，为石油这个绯闻缠身的明星不时增添着花边消息，就为了让它不停地蹦蹦跳跳，也只有在国际油价的波动中，才能有赚钱的机会。

被国际投行经济炒作的除了美国石油战略储备外，还包括各种飓风，石油生产国的生产设备是否老化，而用得最多的道具则是石油资源的紧张。

2008 年《BP 世界能源统计 2008》在北京发布。数据显示，全球石油以目前的开采速度足够开采 41 年左右。这条消息发布仅三天，国际石油期货价格便应升到了 147 美元的峰值。

欧美似乎习惯开新闻发布会宣布世界石油业的末日，如在美国磨刀霍霍想参加二次世界大战的 1941 年，美国国内专家预测，如果没有新的勘探，按照目前石油消费量国内石油储量在 14 年内枯竭。

石油的储藏水平还能开采多少年，似乎很难从公开媒体中找到答案。德国《经济周刊》2008 年 6 月一期刊发一篇题为《石油还够开采 150 年》的文章，这应该是比较乐观的估计了。

该文章数据显示，沙特阿拉伯已探明石油储量为 2600 亿桶，占全球常规石油储量的 1/4。尽管如此，沙特阿拉伯仍有较大的潜力可以挖掘。同样的情况还出现在中东另外两个大油罐——伊拉克和伊朗身上，前者由于战乱，人们还难得静下心来好好去探测，而伊朗还没有完全融入国际社会，未来的事谁能说得清。

在这样的情况下，中国也就没有理由把自己的命运都赌在海外石油上，自力更生才是王道。中国最大的优势是有丰富的煤炭资源，中国只有在煤炭上做足文章，才可能保证中国的经济安全，这也是中国必然的选择。

五、经济增长的"三驾马车"能否丢掉出口这条腿？

我们也经常将出口、消费及投资视为拉动经济增长的"三驾马车"。出口在中国经济发展中起到了举足轻重的作用，解决了中国农村的富余人口就业问题，大量的外汇换回了中国必需的技术，是中国经济二次启动的催化剂。

但巨额的贸易逆差无疑是引发国际贸易纠纷的重要原因，最近几年，中国每年两千多亿的贸易顺差是建立在其他国家相应逆差的基础之上的，也使中国出口面临越来越严峻的形势，穷于应付各种国际贸易争端。

中国快速经济增长的背后似乎一直背着个大烟囱，滚滚浓烟把蔚蓝的天空染成了黑色，中国的 GDP 是增长了，但中国却是以环境污染、资源浪费为代价换回的，随着矿难频发，人们也将之视为带血的 GDP，过分依靠出口的经济增长并不被人们所看好。

显然，中国未来的经济增长已经不能完全将宝押在出口上，如果国际贸易形势风吹草动，就可能使经济受到很大的影响。

在 2008 年中国出口十分严峻的形势下，中国果断推出了 4 万亿投资，避免了中国经济的直线下滑，在消费这条脚还不太灵便的时候，中国想要使经济快速增长似乎只有让投资担当主角。

然而在西方经济学的传统理论中，投资拉动经济往往被看成是极端邪恶的，它极可能形成产能过剩，造成巨大的浪费，经济结构性失衡，而只有消费驱动才是人见人爱的小天使，才是最健康的经济增长方式。

要促进中国经济增长，似乎只剩下消费这一条道，但靠消费拉动经济增长典范的美国却让人们失望了。

美国人民超前消费，制造了大量的垃圾资产，最后捅出了次贷危机这样一个大娄子，世界人民不得不为美国买单，让人们不由对消费拉动经济产生较大的怀疑。

拉动经济增长的三驾马车似乎都受到了质疑，那么人类在经济增长面前就一点主动权都没有了吗？

随着世界贸易不平衡的加剧，各种贸易壁垒也将层出不穷，低碳或者无碳正在成为科技发展的主要方向，在变幻莫测的世界政治经济形势下，中国这艘经济战舰又该填装什么样的弹药，如何找到新的航向呢？

人类社会似乎一直在不停地探索，不断想找到经济学发展的客观规律，开始一轮一轮的宏观经济实验。与人们听起来咋舌的航天、航空实验相比，银行、企业、政府及国际机构投入到宏观经济理论试验的花销可能更加庞大，也没有哪种实验像经济实验这样在事后留下如此多的残骸、不快、夸大的希望和疑惑。

本书也来凑一个热闹，看能不能从简单的道理着手，探寻复杂的经济规律，使我们可以在低碳时代找到一条更加稳妥的道路。

与马克思主义经济学将经济学研究的起点放在商品及剩余价值的生产不同；西方经济学开门便从供给与需求出发，讨论供给与需求如何达到平衡，这里尝试以生产企业为研究对象，看每个企业在社会生产中处于哪种地位，寻找推动经济不断向前发展的"隐形的手。"

我们可以将整个社会看成是一个大家庭，共有四兄弟，四兄弟分别住在四个不同的村子，每家都各自经营一家公司，每个企业独立核算，都雇用了一大帮工人，他们之间的经济往来都用货币进行支付，一手交钱，一手交货，而不用打白条，也不是鲁滨逊流落荒岛，而是一个现代文明的大家庭。

因为是独立核算，都各自有一个账本，我们可以用一个公式来表示：$W = C + V + M$，W 表示总收入，C 表示固定成本，而 V 则表示工人工资，M 表示利润。在我们日常生活中，无论是做小生意，还是跨国公司，都会按这个来，收入减去各种成本，最后剩余的就是利润。

他们所进行的工作则是制作面包。生产面包需要面包机、面粉，而生产面粉则需要农具、磨制面粉的机器，搬动这些机器需要一些交通设备，如汽车，而驱动汽车则需要汽油等。

由于这些工作繁多，需要在四兄弟之间进行分工，使他们各司其职，相互协作和配合，他们的所有工作就是为了生产面包。

老大技术力量雄厚，专门制造，老二、老三、老四进行生产所需要的各种机器设备，而老二同时为另外三兄弟提供生产所需要的能源、原料，老三主要是提供服务的，组织有运输队、维修队等。

一切准备就绪后，老四从老大那里购买面包机，从老二那里购买面粉，接受老三提供的服务，这下便可以开足马力生产面包了。

在这个生产体系中，老大除了提供面包机外，还为老二生产面粉提供各种农具，将面粉磨成面粉的机器，同时也为老三提供各种运输的各种设备等。同时老二也为老大生产机器提供各种原料，如钢铁，为老三运输队提供各种油料等。

这样四兄弟之间便形成一个分工严密的生产体系，而老四是生产的最后环节，这也是四兄弟及所雇用工人、四兄弟的老人提供最基本的生活资料，先把肚子吃饱了再说其他的。

在说完分工之后，我们再来看他们之间的账是如何算的，这时我们将生产的固定成本分成了三类：第一类相当于固定资产，它是要在生产中一年以上才需要更换，它是由老大生产的，我们将它设定为 C_1。

所以，我们假设老四共有四台面包机，每年正好有一台机器换掉，而老二的农具及磨面粉所需要的机器也会每年更换一部分，同理，老三的运输队也会进行部分设备更新。对于老大自己而言，他也需要每年更新设备，这里有一个自我设备更新。

而第二类则是各种在生产中一次性消耗掉的，如老四生产面包所需要的面粉，老三搞运输所需要的汽油，我们将它设定为C2，它是由老二提供的。与老大所提供的机器不同，它是一次就消耗掉了。而老三所提供的各种服务则是C_3，和老二提供的各种原料一样，也是一次性计入成本。

这样我们用一幅图来表示，在这个图中，老大、老二和老三都会相互提供服务，他们的生产成果最终会进入别人的生产环节，成为别人生产成本的一部分，而老四则不需要直接为其他三兄弟提供服务。

我们假设四兄弟之间的生产没有出现浪费和产品的积压，即老大、老二、老三生产的东西最终都全部卖给了其他兄弟，这里有三个等式，即 $W_{老大} = C_{1\alpha} + C_{1\beta} + C_{1\gamma} + C_1$，$W_{老二} = C_{2\alpha} + + C_{2\gamma} + C_2$，$W_{老三} = C_{3\alpha} + C_{3\beta} + C_3$，老大生产的机器有一部分是自己消费的。

这里只说到生产及老大、老二、老三三兄弟之间的流通，我们知道，为了消费的生产才是有意义的，老大、老二、老三的产品都销售出去了，这里老四的东西还堆在那里，这时由谁来消费呢，这其实消费者只能是四兄弟家人及所雇用的工人。

从上面的假设可以得到一个等式：$W_{老四} = V_1 + M_1 + V_2 + M_2 + V_3 + M_3 + V_4 + M_4 = \sum (V + M)$，即老四所生产的面包的价格正好等四兄弟所赚取的利润及发给雇用工人的工资，四兄弟用自己的利润及雇用工人用自己的工资把老四生产的面包购买了。

在这里我们其实隐含了生产周期的概念，如以一年为单位，在这一年里，四兄弟开设的工厂正好对老旧设备进行了更新，老二为其他三兄弟生产所需要的面粉及汽油等正好销售完毕，到年终盘点时，又回到年初的水平，一样不多，一样不剩。

当然这四兄弟也不是从石头缝里蹦出来的，他们还供养有老人，四兄弟相当于要把自己的利润（M）拿一部分出来，而他们的老人用这些钱去老四那里购买面包，以维持生计，这个时候，整个生产仍是平衡的，所有生产仍然刚刚好，只是四兄弟把自己的购买力转移给了父母。

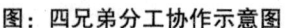

图：四兄弟分工协作示意图

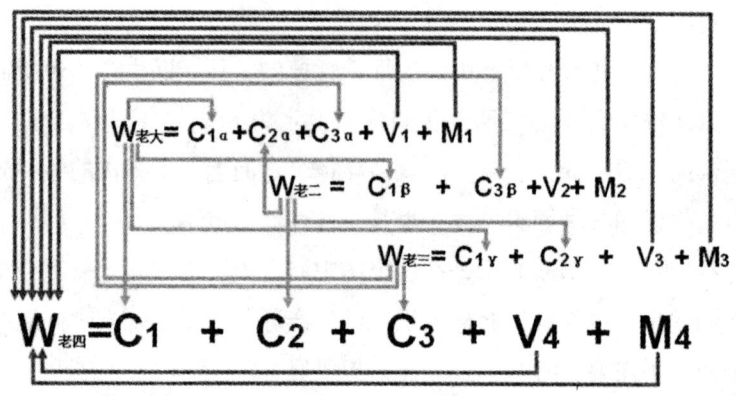

随着四兄弟的子女越长越大，他们会提出分家，这样老大可能将面包机、磨面粉的机器、运输设备等分一部分出去，而老二也可能让他的子女分别务农、磨面粉或生产各种油料，这对于老三也一样，让他们各自的子女都进行专业化的生产。

我们也知道，人仅靠面包是不够的，还需要穿衣服、要一套属于自己的房子，梦想有自己一辆汽车，这样老四家也分成很多工厂。

因此，我们仍可以用下面的图形来表示，不过不是四兄弟了，而是四大家族，和四兄弟生产不同的是，各家族之间要进行内部的交换，上图家族内部的交易用蓝线来表示，这和四兄弟生产模型中老大要自己更新自己的生产设备有些类似。

在四家族模型中仍需要假设所有的生产都没有浪费与库存积压等，即 $W_{老大家族} = C_{1\alpha} + C_{1\beta} + C_{1\gamma} + C_1$，$W_{老二家族} = C_{2\alpha} + C_{2\beta} + C_{2\gamma} + C_2$，$W_{老三家族} = C_{3\alpha} + C_{3\beta} + C_{3\gamma} + C_3$。

这样也可以得到一个恒等式，即 $W_{老四家族} = V_1 + M_1 + V_2 + M_2 + V_3 + M_3 + V_4 + M_4 = \sum (V + M)$，老四家族生产出来的产品是被四个家族及他们所雇用的工人消费掉的。

图：四个家族分工协作示意图

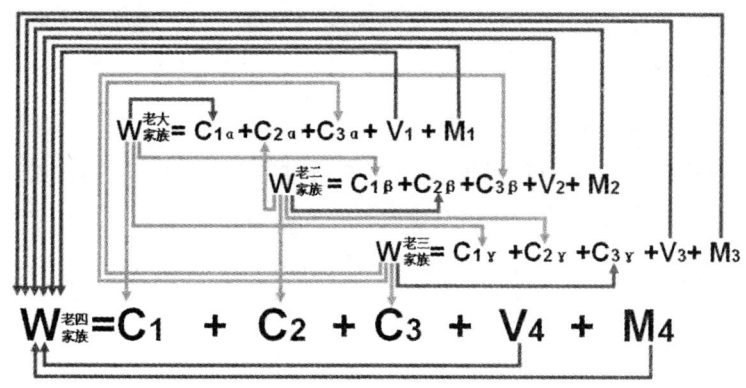

$$W^{老大}_{家族} = C_{1\alpha} + C_{2\alpha} + C_{3\alpha} + V_1 + M_1$$

$$W^{老二}_{家族} = C_{1\beta} + C_{2\beta} + C_{3\beta} + V_2 + M_2$$

$$W^{老三}_{家族} = C_{1\gamma} + C_{2\gamma} + C_{3\gamma} + V_3 + M_3$$

$$W^{老四}_{家族} = C_1 + C_2 + C_3 + V_4 + M_4$$

到这里，我们就已经模拟了一个五脏俱全的小社会，基本接近现代文明。老大家族相当于社会的重工业，它生产各种大型的机械设备，它构成各生产单位的固定资产；老二家族相当于提供各种原料，而老三家族则属于为生产服务的，如会计师、律师、咨询等，他们基本上提供无形的产品。

老大、老二、老三三个家族所提供的产品都不是直接用于消费的，在现代社会中，估计也没有谁把一辆掘土机拿来当私家车用吧，四大家族分别承担社会化大生产的一个环节，就像一场 4×100 的接力赛，老大、老二、老三分别跑前三棒，最后由老四跑最后一棒，最后荣誉则属于这个整体，老四家族生产的商品才满足四个家庭所有成员的生活需要。

这里可能有一些交叉，如果一个人到一家宾馆住宿，他自掏腰包，则属于消费，他用发票报销了则我们将它视为生产成本的一部分，这家宾馆相当于老三家族提供的服务，它最后要进入 C_3。

因此，四大家族的划分不是按照生产的最终成果来划分的，而是按照他们在整个生产中所处的环节和所起的作用。而所有社会生产的最终目的都是为了满足人们物质文化的需要。

我们在四兄弟模型中设定，靠他们供养的老人，在现代文明中则是国家机器，国家通过税收从各企业中征收一部分税款，当然工人因为有薪资收入也要缴纳个人所得税，这样构成国家机器运转所需要的费用。

上面两个模型，实质是一种简单再生产，即整个社会没有积累，生产规模维持不变，没有增加生产设备，几十年不变。但在现代生活中，这种一成不变的情况是不可能出现的，人们总有不断投资扩大生产的冲动。

上面将所有生产都假设在一个生产周期内全部完成，而实际上很多生产是错综复杂的，很难丝毫不差地分成一些小片断。但在实际的经济生活中，我们仍可以以一个固定的时间段来表示生产的周期。

由于我们假设生产单位之间都是用货币进行交换的，包括发给员工的工资，所以整个社会所需要的货币量则是各个企业所需要流动资金的总和，这时候流通中的纸币或金银都是无所谓的，货币的功用主要是为了让整个流通更顺畅。

因此，我们可以对上面的四家族模型进行扩展，使之能全面反映现实的生产。

图：四家族扩大再生产模型

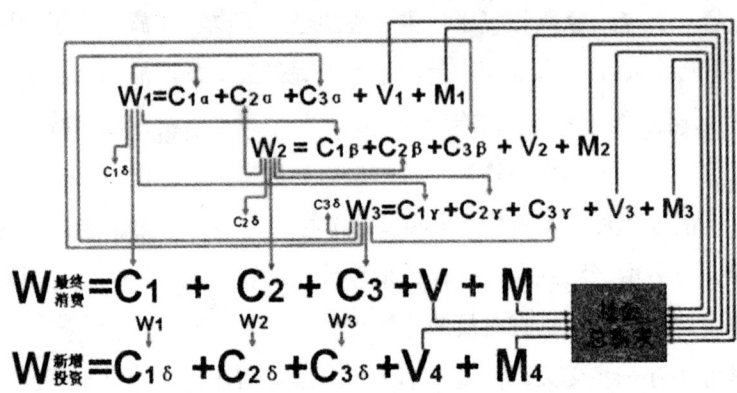

在扩大再生产模型中，我们可以假设有一个家族专门进行新增设备的生产，在一个生产周期末了，所有生产设备都安装调好，这个新增的生产能力可能是用于生产固定资产的，也可能是用于生产原料或中间产品的，或者是每个家族的生产能力都增加。

这时整个社会的产出就包括两部分，一部分是用于满足社会成员日常生活需要的，一部分是用于新增加的生产能力，即 W 最终消费 + V 新增投资 = Σ（V + M）= 社会总需求。

在最理想的状况下，新形成的生产能力会再次形成四大家族间生产与消费的平衡，而实际上这不可能做到，它只有不断调整到供给与消费合适的程度。

在现实生活中，供给与需求必须相等，所有的生产都必须销售出去才能继续进行，才能维持下去，社会经济总有一套自我调节机制，如果商品不能做到适销对路，只有减产，一旦需求增加，工厂则会开足马力。

我们可以用上面的模型来真实全面地模拟整个社会的运行机制，看清各个企业、个人及政府组织在社会大生产中的作用和地位，使我们揭开整个社会运转背后的秘密，它像一架超级精密的机器，在供给与需求最终必须相等这一规则下良好地运转。

这将有助于使我们回到本章开头的问题，看经济是如何增长的，如何看待消费、投资、出口在经济增长中的作用。

从上面三个模型我们可以看出，生产、流通、消费、交换是四个既相互独立，又紧密联系、不可分割的过程。我们都知道社会是不断循环往复的，即一件东西销售出去后，取得收入，再购进原料进行生产。

因此，消费是整个生产周期的一个部分，只有消费者将手中的钞票花完了，才可能使该生产过程完整，消费从这个意义上来说，并不能推动经济的增长。

上面的模型是一个相对封闭的，但它可以和外部进行交换，即为现实生活中的进出口贸易。就像我们常说的出口一亿件成衣换回美国一架波音飞机，这可以看成是中国数百万生产成衣的工人辛勤劳动与数十万制造飞机的工人劳动的交换，只是中国工人的劳动生产率低于美国的工人。

从经济的发展来看，进出口是互通有无，换回经济发展所必需的技术、设备等，巨大的贸易顺差只是手中握有一些其他国家的债权，只是一堆纸或美联储中央银行计算机里的一些字节数，经济的增长所生产出来的商品并没有被自己的国民消费。

过量的贸易顺差，只是消耗国内的资源，污染国内的环境，这绝对得不偿失，它同时也会增加贸易摩擦，使贸易逆差国经济受到损害，成为引发贸易纠纷最直接的原因。

中国希望通过贸易自由区、两国自由贸易协定来对抗日益严重的贸易保护主义。而在自由贸易区内部、签订自由贸易协定的两国内部是需要建立一套完善的协调机制，促进内部贸易的平衡。俄罗斯、白俄罗斯、哈萨克斯坦之间的关税同盟就面临着解体的可能，其中引发争端的还是贸易的不平衡，这需要引起中国的高度重视。

从上面的分析来看，只有投资才是经济发展的推动力，只有投资才可能形成更大的生产能力。在中国目前条件下，中西部的生产力仍然低下，人们更多地依赖于手工或半自动化生产，迫切需要对生产进行更新改造，更换更先进的生产设备，也只有这样才可能让中西部富裕起来。

资本主义世界早期都经历了一个疯狂投资的阶段，不然美国也不可能形成32万公里的庞大铁路网，中国人起早贪黑，用了60年时间才建设8万公里铁路，只有美国的1/4左右。

西方发达资本主义国家把基础设施建设好之后，便开始诋毁投资的作用，这也似乎说明了西方的经济学家也知道道路等基础设施在经济起步阶段的重要作用，但为了保持自己的优势地位，只有从理论上为投资抹黑。

投资推动经济增长并不意味着只能以政府投资为主导，政府在经济增长中的作用更多是一种引导性的，并不可能完全替代市场的作用，经济的发展更多是需要竞争。

从模型来看，完美的计划是最佳的经济增长方式，也只有这样才不会造成浪费。但这种只可能是一种理想状态，很难预见经济的长远走势，而从经济实践来看，苏联的计划经济及中国建国初期的计划经济都难以解决激励的问题，最后只会变成大锅饭，造成更大的浪费。

市场经济虽然会产生较大的浪费，但它可以激发人类的无限创造力和活力，创造出更多的需求，满足人们各种不同的需要，不断推动经济向前发展。

目前商品生产已经主导了一切，货币成为社会一切经济活动的法则。天下熙熙，皆为利来，天下攘攘，皆为利往。在目前生产力的条件下，人类仍然不可能超越商品经济，不遵守商品经济规律必然受到应有的惩罚。

在现有生产技术水平及人类思想道德水平的情况下，市场经济仍是不可超越的，它在较长时间内都将成为一种主导的方式，而计划只能作为一种重要的补充。

中国4万亿投资，最重要的还是让中西部与东部沿海的经济紧密联系起来，要想富，先修路，政府的投资正好可以解决私人资本不敢投、投不了的矛盾，它将激发各种社会投资，从而促进经济的全面升级与发展。

中国经济发展的最重要的是有自我造血功能，而不能被动地被赶着走。如今中国这架经济战车在次贷危机的冲击下，遇到一个不小的坡，如果没有政府巨大的投资计划为中国经济加把劲，将可能使中国迅速衰退，带来社会的动荡。

社会的发展，科技技术不断进步，将增长更多的需求，它自然会形成新的投资机会，而原有的设备将不断被淘汰，促进生产的更新换代。

由于中国经济体足够庞大，可以使社会分工全面展开，形成最完整的产业链。因此，在中国今后的发展过程中，我们更应关注如何发掘中国内部的潜力，而不是盲目地依赖出口。

随着欧美在碳关税、碳减排上的不断强硬，贸易保护主义将可能不断强化。在这样的情况下，国际贸易机制中多边谈判可能日益削弱，而双边机制将不断增强。在中国—东盟自由贸易区成功实践的基础上，我们可以大胆地设想中国—非洲、中国—日本—韩国或中国—中亚四国自由贸易区，这样对于实现中国战略有更深远的意义。

六、中国低碳科技大检阅

由于传统能源的不占优势，欧洲在风力发电上起步最早，丹麦、西班牙、荷兰等国技术力量最为雄厚。欧洲风电市场在 21 世纪头 6 年里经历了年均增长率 22% 的高速增长期，而在 2004 年，世界新增风力发电装机容量有 72.4% 都集中在了欧洲。

但美国及印度两个国家却后来居上，新增装机容量迅速超过大多数欧洲国家排在世界前列。

更让人吃惊的是，中国这个风力发电的插班生，在 2009 年成功将第三的宝座夺下，中国风电装机容量可能会达到 2000 万千瓦。中国风力发电实现了多级跳。

而中国在制订计划上丝毫没有含糊，根据国家出台的《新兴能源产业发展规划》，风力发电将成为中国未来重点发展的新能源产业之一，2020年风力发电总装机容量由原来规划的3000万千瓦调高至1亿千瓦以上。

前面提到了CDM在中国风力发电中功不可没，提供了大量的资金。仅有资金其实还是不够的，在中国风电获得巨大突破的背后，还站着一个中国风电巨人——金风科技。

金风科技作为中国风电设备生产商龙头老大，2009年上半年实现销售收入已占据内地国产机组市场份额八成，在全国风电机组的累积生产量和2009年上半年的新增生产量均居全国第一位，绝对地垄断了。

而金风科技走到今天，相当不容易，其间充满了无尽的坎坷。

中国在风电上根本没有任何的优势，但欧洲的风电巨人在世界各国攻城略地时，中国的风电还处在襁褓之中，对风电基本上没有什么概念，后起之秀印度也走在了我们的前面，印度的镇国之宝除了软件和医药之外，现在又多了一个风电。

如果中国没有自己的风电产业，没有自主知识产权，在风电市场中将没有任何的机会，顶多是幼稚园的水平，知道原理是怎么回事，但怎么造，可谓一头雾水，谁也不知道中国风电能不能成气候，顶多是外国设备的实验场。

中国人赶超世界先进技术的那股狠劲终于又体现出来了。从零开始显然已经不太可能，慢慢一点点地积累技术，估计中国早就错过了风电的末班车，连汤都喝不上一口。

通过多方接洽，金风科技购买德国文锡斯公司（VENSYS）70%的股权而取得了风力技术的核心部分，从此走上一条不断摸索之路。

但制造并不简单，金风科技早期的尝试是"可怕的失败"，"整个轮叶都掉下来了。主杆也断了，真的非常危险"，在巨大的失败面前，金风公司关停了3个月。

最后在863计划和其他政府资金的帮助下，最后终于解决了问题，2004年，金风公司第一批功率为600千瓦和750千瓦的产品正式下线，这给金风带来巨大了的动力，使中国风力发电不再是一穷二白了，有了小学生的水平。

经过金风科技坚持不懈的努力，3兆瓦风力发电机组在2009年末在新疆风能公司达坂城风电厂安装成功，5兆瓦风力发电机组也在研发之中，金风科技带领中国风电一下跨进了风电制造的最高水平，开始上研究生课程。从

2000 年到 2008 年，金风的销售每年增加一倍。2007 年公司上市，圈钱近 2 亿美元。

以金风科技为代表的一大批中国的风电企业以拓荒牛的精神，生硬硬地在世界风电巨头眼皮底下开辟了自己的市场。虽然目前中国的技术力量与世界四大风电巨头——丹麦、vestas、美国 GE、西班牙 Gamesa、印度 Suzlon 等尚有一定的差距，但中国有一个难以比拟的优势——较低的成本，因为在中国生产，这些涡轮机的价格还不到欧洲和美国竞争对手的 1/3，中国风电设备开始大举进入海外市场。

中国发展风电，似乎有得天独厚的优势，中国是世界上风力资源最丰富的国家之一，阿拉山口风口、达坂城风口、鄯善东部七角井风口等在世界上都有响当当的名号。其中鄯善东部七角井风口一年中 95% 以上的日子都有大风，11 ~ 12 级风也不稀奇，每当风起，飞沙走石，被称为"风之戈壁"。

2007 年 2 月 28 日凌晨，从乌鲁木齐驶往阿克苏的 5806 次列车在乌鲁木齐以东 120 公里左右的珍珠泉附近的"百里风区"遭遇特大沙尘暴，11 节车厢被狂风吹翻，死亡人数有 5 人。火车都可以吹翻，其风力可想而知了。

在众多新能源中，风力发电算最为靠谱的，其成本已经开始接近火电成本，这将使其有广阔的市场空间，中国大幅调高风力发电的计划，一是有风，二是有技术。

中国风力发电 CDM 项目虽然因为欧盟的干涉而可能再也享受不了免费的午餐，但凭借巨大的市场基础，中国风力发电的势头仍将非常生猛。

中国风力发电再发生赶超、挑战美国的霸主地位，问鼎世界冠军并不是不可能的事。

中国是一个煤炭生产和消费大国，在目前国际政治经济形势下，大幅提高石油的比例很不现实，中国要做的，仍是在煤上做文章，拉长煤化工产业链，实现部分对石油的替代。

煤化工最重要的技术就是"煤变油"，由于它将消耗巨大的水资源，中国煤炭产地大多在北方，水资源异常宝贵，其经济性、环保等方面一直受到人们的质疑。

但在巨幅波动的石油价格下，煤变油仍存在一定的商机，而影响和制约"煤变油"的关键还在于技术。

在2009年12月，经过由中化集团、清华大学和安徽淮化集团联合攻关，流化床甲醇制丙烯（FMTP）工业技术取得重大突破，这等于为中国煤化工发展寻找到一个重要的突破口。

在原有技术条件下，煤主要液化为甲醇等工业原料，但中国甲醇产量一直过剩，而通过FMTP技术，则可以将甲醇炼制成烯烃，而烯烃则是石油炼制的主要生成物，有非常多的用途，煤炭一下就由丑小鸭摇身变成贵妇人。

中国在低碳方面的技术远不止这些，截至2008年，全国累计太阳能热水器使用量超过1.25亿平方米，占世界太阳能热水器总使用量的60%以上；户用沼气池达到2800多万口，大中型沼气设施达到了8000多口，沼气年利用量约120亿立方米。

到2020年，中国核电运行装机容量有望达到7000万千瓦，中国铀矿资源丰富，将可以使核电有较强的原料保障。

与风电的红红火火相比，太阳能发电相对薄弱一些，而其主要的原因在于技术瓶颈难以全面解决。2009年8月28日，全国首座10兆光伏并网发电示范项目在酒泉境内敦煌市开工奠基，10兆，也仅相当于1万瓦，但其投资则不菲。除非有非常大的突破，太阳能发电仍将长期处于实验阶段，但中国并没有在太阳能的研发上停止脚步。

七、没有终点的赛跑

"就像电脑的操作系统Windows需要不断升级一样，智能手机时代，手机操作系统也需要不断更新。"谷歌的手机操作系统Android自2008年面世以来已经出现1.0、1.1、1.5、1.6、2.0、2.01等多个版本。

因为Android系统是开放的平台，原代码是对外公开的，中国移动在此基础上搞出了自己的OPHONE（即人们常说的OMS操作系统）。为了跟上Android 系统的步伐，中移动 OMS 平台已经推出了 1.0 和 1.5 两个版本，大致分别对应于 Android 的 1.0 和 1.5 版，在版本更新上，明显落后 Android 系统半拍。

由于 OMS 并非是独立的操作系统，只能算 Android 平台的一个分支。中国移动的 OMS 是在 Android 的核心代码层之上开发了一个独立的用户界面（UI）层，并叠加了中国移动的飞信等业务应用。

谷歌 Android 最初的版本并不完善，包括输入法等模块没有在最初的代码中加入。为了赶进度，为中国移动提供服务的播思通讯不仅开发了独立的 UI 层，还改动了 Android 的底层代码。

这样就遇到一个麻烦，随着谷歌不断推出 Android 的升级版本，并在其中加入更多的模块，而播思通讯不得不被动地进行大量的更新工作。

这像一把枷锁，让中国的 OMS 系统一直不顺利，速度和效率偏低，界面也欠美观，手机质量不如国外的同款机型。

其实这样的尴尬并不只出现在中国移动的 OMS 上，包括 LINUX，这个号称可以打败微软 Windows 的免费开放平台，在中国发展也不如意。

中国人简单地改动一些东西，然后冠个中国的名字，就对外宣传完全的自主知识产权，这样做有种自欺欺人的味道。像匹瘦弱的马，在狂奔的马群中苦苦坚持，既不能掌握主动，而且还跑得非常的辛苦，轻易就可能被队伍抛弃。

开放的平台并不是一个完全免费的午餐，它背后折射出一个国家的基础研发能力，对市场的判断，对技术发展趋势的把握，如果只是采取跟随策略，只是被动地应对，中国将很难在世界科技发展的大潮中有太多的斩获。

世界第三次信息革命正在走向深入，各国在技术上丝毫不敢有所怠慢，技术水平的高低直接反映在经济效益之上。当中国不掌握某项技术之前，只有用更多的劳动去换取。在国际分工上，中国还处于最低端，由于低端工业品有很强的可替代性，因此中国低成本劳动力的优势很难保持，很可能在产业的大规模转移时对中国经济产生严重的打击。

而技术水平的高低同时又带来另外一个更显性的竞争——标准之争。参与、制定、影响、主导国际产业标准是一个国家在国际经济竞争中的重要策略，国际标准也是应用型科技信息的战略制高点，国际标准和专利技术还是国家与国家之间、企业与企业之间最有效的竞争和制约武器。

在汽车上，我们经常听到所谓的欧Ⅰ、欧Ⅱ、欧Ⅲ、欧Ⅳ、欧Ⅴ等字眼，这是欧洲人在汽车尾气排放发布的强制性执行标准，这也意味着如果达不到相应的标准，你的汽车就将永远与欧盟市场无缘，如果想要进入，那你乖乖地购买欧盟的技术。

将于2014年9月实施的欧Ⅵ标准，柴油车每公里氮氧化物的排放量不应超过80毫克，比目前标准规定减少68%，在环保和节能技术上深耕已久的欧盟将获得更多的主动权，可以以环保的名义将不符合标准的产品驱逐出欧盟。

如果一个国家只能被动地适应，不能掌握更高的技术，则只有不断地买别人技术，这也像上面提到的中国的OMS不断在谷歌的Android系统屁股后一路狂追。

相应地，如果中国在汽车尾气排放上有更先进的技术，那中国可以以这样的技术为基础，树立一道坚强的壁垒，一夫当关，万夫莫开，要想从此过，留下买路钱。

同样，为了维护欧美在民用航空上的独霸局面，欧美联合搞出了一个国际适航证，它在安全性、舒适性、油耗等方面按他们现有的技术条件制定了苛刻的标准，凡是达不到的，就可能犯下污染欧美蓝天的不赦罪行，最终的结果只有被扫地出欧美市场。

对中国来说，制造民用飞机并不太难，但要按欧美的标准制造出相同水平的飞机就不是一件容易的事了，有可能中国造出来就已经落后于欧美的标准，到时只好在自己家里飞，想要卖到欧美那里去，基本没门。

"碳减排"除了是对世界话语权的争夺，它背后的核心问题乃是新技术问题。从人类历史看，每一次技术革命不仅可以创造巨大的经济财富，而且对这些财富的善用就可以转化为政治和军事优势，直接引发国际政治格局的改变。

科学技术是第一生产力，而低碳技术将决定着人类未来的方向，谁在低碳技术上有革命性的突破，谁将在未来的世界占据主导权。

目前发达国家牢牢占据了第一集团的位置，发展中国家存在着诸多先天的不足，在最近几百年的竞争中都处于下风，很多发展中国家都曾是西方发达国家的殖民地或半殖民地。

对于发展中国家来说，科技决定着他们在未来世界中的地位，在已经输掉上半场的情况下，只有不断努力，采取跟随策略，只有这样才有可能跟上西方发达国家的步伐。

虽然中国在低碳技术、新兴能源技术上有一些进步，但目前中国的大部分技术仍处于低端，在跟随过程中，仍显得异常吃力。

这是一场没有终点的长跑，谁也不能保证自己是最后的赢家，谁都不能有丝毫的怠慢。

目前欧美主导的"碳减排"、"碳关税"对正在崛起的中国而言，与其说是一个压力，不如说是一个考验，更不如说是一个绝好的机会。

中国经过60年的艰苦探索，已经形成扎实的基础，这将给我们信心，让我们去开创更美好的未来。

后记　2011年，重头戏在墨西哥城

哥本哈根就是一个超级秀场，在这场盛宴中，各方都充分利用难得的机会亮出身段，摆出各种POSE，希望能博得观众掌声，赢得一个好名声。

在这场超级表演中最卖力的无疑是岛国集团，岛国集团在哥本哈根几乎成了大会的主角，海平面上升、岛国沉没、人类将面临越来越严重的威胁，各种悲情铺天盖地而来，似乎要用道德的泪水将不履行减排义务的国家淹没。

在哥本哈根多股势力中，岛国集团提的方案也最为激进。关于控制地球升温，欧洲的立场是控制在2℃，美国和一些新兴国家不主张明确控制线，而图瓦卢等一些面临灭顶之灾的群岛国家，却希望控制在1.5℃。

按我们的理解，在重大国际事务上，小国的角色一般都是被忽视的，凭实力说话的今天，他们实在难以获得什么发言权。

我们知道，鲁瓦图等岛国背后站着的是强大、野心勃勃的欧盟，他们不过是欧盟的棋子，欧盟利用了他们廉价的泪水。

国际关系永远是以实力为基础的，各国制定本国外交政策的出发点是自己的利益，道德的力量仍显得弱小。

而本次哥本哈根大会的结果对欧盟来说，明显是当头一棒，自己辛辛苦苦打出来的悲情牌并没有让中国等发展中国家束手就范。

但哥本哈根也是一个各国亮底牌的大会，中国等发展中国家在维护国家发展权利方面还容不得半点商量，这也让欧洲的理想主义幻灭，认识到自己实力的差距。

可以想象，2009年末的那场大雪会让更多人对"气候变暖"有所怀疑。如果用二氧化碳导致"极端气候"来替代"气候变暖"将使该理论丧失说服力，几十年宣传下来，现在突然变调，怕是有些对不住观众。如果连续几个寒冬将可能使该套理论彻底破产，这留给欧洲的时间并不多了。

欧盟将哥本哈根大会当成"人类拯救自己的最后一次机会"，是想尽快结束战斗，在希望破灭的情况下，欧盟似乎只有指望2010年的墨西哥城了。

《京都议定书》将在2012年到期，这也意味着2011年前必须有个结果，没有约束力的气候协议必将使自己辛辛苦苦建立起来的减排事业付之东流，欧盟借碳金融再次崛起的梦想将被彻底打破。

2011年的墨西哥城对欧洲来说，极有可能成为"拯救欧盟的最后一次机会"，再也不能有半点闪失。对奥巴马政府而言，扛着环保大旗，通过"碳关税"、"碳减排"限制发展中国家的生存空间，摆脱次贷危机的影响也是当务之急。

我们也可以想象，墨西哥城对中国等发展中国家来说，将更加凶险，发达国家与发展中国家将进行一场巅峰对决。

成功脱身哥本哈根的中国又将面临一场大考。